“创意与思维创新”

环境设计专业新形态精品系列

微课版

建筑设计手绘表现技法

Architectural Design

代光钢◎著

人民邮电出版社

北京

图书在版编目（CIP）数据

建筑设计手绘表现技法 ： 微课版 / 代光钢著. --
北京 ： 人民邮电出版社，2024.7
“创意与思维创新”环境设计专业新形态精品系列
ISBN 978-7-115-64120-5

Ⅰ. ①建… Ⅱ. ①代… Ⅲ. ①建筑设计－绘画技法
Ⅳ. ①TU204.11

中国国家版本馆CIP数据核字(2024)第066834号

内 容 提 要

本书全面阐述了建筑设计手绘效果图的表现技法与创作流程。全书分为 7 章，涵盖建筑设计手绘效果图概述、基础线条训练、透视与构图、色彩与表现、建筑配景元素表达、建筑设计效果图综合案例表现及建筑设计方案快速表达。通过大量实战案例，本书将理论与实践相结合，详尽地展现了建筑设计手绘效果图的创作全过程，帮助读者迅速掌握建筑设计手绘效果图的绘制方法与技巧。

本书内容丰富，图文并茂，可作为环境设计、建筑设计相关专业的教材使用，同时也适合建筑设计师、设计专业学生及所有对建筑设计有浓厚兴趣的读者阅读参考。

◆ 著　　代光钢
责任编辑　许金霞
责任印制　陈　犇

◆ 人民邮电出版社出版发行　　北京市丰台区成寿寺路 11 号
邮编　100164　　电子邮件　315@ptpress.com.cn
网址　https://www.ptpress.com.cn
北京宝隆世纪印刷有限公司印刷

◆ 开本：787×1092　1/16
印张：14.25　　2024 年 7 月第 1 版
字数：400 千字　　2024 年 7 月北京第 1 次印刷

定价：79.80 元

读者服务热线：(010)81055256　印装质量热线：(010)81055316
反盗版热线：(010)81055315
广告经营许可证：京东市监广登字 20170147 号

前言

党的二十大报告指出：坚持以人民为中心的创作导向，推出更多增强人民精神力量的优秀的作品。建筑与人民生活息息相关，而建筑设计手绘表现是一门融合艺术与技术的综合性技能，它通过手绘的方式将设计师的创意构思转化为清晰、明确的设计图样。本书深入浅出地讲解思路，系统梳理理论知识的同时，还结合大量案例进行详细的解析，希望通过这样的方式，帮助读者更好地理解和掌握建筑设计手绘效果图的设计思路和绘制方法，培养创造性思维，并能够独立绘制出优秀的设计手绘作品。

内容上，本书首先通过讲解线条透视等基础绘图知识，为读者夯实理论修养；随后，结合丰富的案例进行技法详解，帮助读者能够在实际操作中掌握技巧。此外，本书还提供了相关教学案例表现技法的讲解视频等资料，以供读者参考和学习。

本书特点

本书精心设计了“知识讲解 + 绘画案例 + 本章小结 + 技巧提示 + 课后实战练习 + 综合案例 + 快速设计方案”的教学环节，实现教学理论与实践相融合，这不仅符合读者吸收知识的过程，也培养了读者的实践操作意识和动手能力。

知识讲解：阐述知识点，以及绘制的关键要点和相应的方法技巧。

绘画案例：结合知识点，针对性地设计案例展示，帮助读者理解和掌握绘制技巧，增强实践能力。

本章小结：对每章的知识点进行总结，帮助学生回顾所学的内容，夯实知识基础。

技巧提示：扩展重、难点的细节等知识讲解，延伸所学的知识。

课后实战练习：结合每章内容设计难度适中的课后练习，以巩固提升读者绘图能力。

综合案例：结合全书内容，展示设计的综合案例，培养读者综合绘图能力。

快速设计方案：整合全书的理论与技法，实现快速设计和方案表达。

本书内容

本书主要讲解建筑设计手绘的理论知识和表现技法，全书共 7 章，各章的简介如下。

第 1 章 着重讲解了建筑设计手绘效果图及其绘图基础。首先介绍了建筑设计手绘效果图的类型、特点，以及在设计过程中的重要意义。随后，详尽论述了绘制过程中所需的各类笔触、纸张及其他辅助工具。

第 2 章 主要以基础线条训练为主，深入解析了线条风格并介绍线的综合运用，结合了各类线条的绘制要点与实际训练方法。

第 3 章 重点阐述了透视与构图的基本原理、常见的构图类型及框景概念。针对一点透视、两点透视和三点透视进行了深入的案例解析，同时对构图比例与尺度及常见的构图问题进行了详尽的分析。

第 4 章、第 5 章 深入探讨了色彩理论知识和各类工具上色的表现技巧，同时介绍建筑配景元素的理论知识和呈现技法，为后续打造完整效果图奠定坚实的基础。

第 6 章 为综合案例的表现，力图通过具体的实例来诠释高质量的建筑设计手绘效果图。通过深入剖析这些案例，进一步提升读者的综合绘图技艺与能力。

第 7 章 致力于将全书所阐述的理论及技法应用于建筑设计效果图快速表达，涵盖从相关平面图、立面图、剖面图到透视鸟瞰图及建筑设计分析图的完整设计流程。

配套资源

本书提供了丰富的配套资源，读者可登录人邮教育社区（www.ryjiaoyu.com），在本书页面中下载。

- 配套资源：PPT 课件、教学大纲、教学教案、微课视频、拓展案例。

PPT课件

教学大纲

教学教案

微课视频

拓展案例

代光钢

2024 年 6 月

CONTENTS

目录

第1章 建筑设计手绘效果图概述

1.1 认识建筑设计手绘效果图 002
1.1.1 手绘表现的类型 002
1.1.2 建筑设计手绘效果图表现的特点 ...008
1.1.3 建筑设计手绘效果图表现的意义 ...008
1.2 建筑设计手绘效果图的绘图基础 ...010
1.2.1 绘图用笔及握笔姿势 010
1.2.2 绘图常见的用纸 012
1.2.3 辅助绘图工具 012
1.3 本章小结 014
1.4 课后准备工作 014
1.4.1 备齐需要的基础工具 014
1.4.2 认识不同工具的属性 014

第2章 基础线条训练

2.1 线条的风格 016
2.1.1 刚硬挺拔的直线 016
2.1.2 柔中带刚的软直线 018
2.1.3 曲折有序的抖线 020
2.1.4 动感独特的弧线 022
2.1.5 弯弯曲曲的曲线 024
2.1.6 方向不一的自由线 026
2.2 线的综合运用 027
2.2.1 线的基本组合形态 027
2.2.2 建筑场景中线的运用 030
2.3 本章小结 031
2.4 课后实战练习 031
2.4.1 练习不同类型的线条 031
2.4.2 使用线条创造建筑雏形 031

第3章 透视与构图

3.1 透视 034
3.1.1 透视的概述 034
3.1.2 一点透视 036
3.1.3 两点透视 039
3.1.4 三点透视 042

3.1.5 绘制平面透视图 044

3.2 构图 048

3.2.1 构图的基本原理 048

3.2.2 常规的构图类型 048

3.2.3 其他构图类型 054

3.2.4 构图要点 056

3.2.5 构图的尺度与比例 056

3.2.6 常见构图问题解析 058

3.3 框景 060

3.3.1 框景概念与实操 060

3.3.2 框景的实际运用 062

3.4 本章小结 064

3.5 课后实战练习 065

3.5.1 临摹经典作品 065

3.5.2 掌握透视规律及构图类型 066

第4章 色彩与表现

4.1 色彩的基本知识 068

4.1.1 色彩的形成原理 068

4.1.2 色彩的 3 种类型 069

4.1.3 色彩的 3 种属性 070

4.1.4 色彩的调和 072

4.1.5 色彩的冷暖 074

4.2 马克笔基础表现技法 075

4.2.1 认识马克笔 075

4.2.2 单行摆笔 077

4.2.3 叠加摆笔 078

4.2.4 扫笔 081

4.2.5 斜推 082

4.2.6 揉笔带点 084

4.2.7 点笔 085

4.2.8 挑笔 087

4.3 彩铅与色粉的笔触与上色 088

4.3.1 单色彩铅笔触讲解 088

4.3.2 彩铅笔触叠加与过渡 091

4.3.3 色粉的叠加与过渡 092

4.4 彩铅与马克笔结合上色训练 092

4.4.1 彩铅与马克笔结合笔触表现 092

4.4.2 马克笔与彩铅常见错误笔触总结 ... 092

4.4.3 彩铅与马克笔结合训练方法 093

4.5 马克笔训练 094

4.5.1 马克笔建筑体块的练习 094

4.5.2 马克笔着色的渐变与过渡 095

4.6 本章小结 096

4.7 课后实战练习 096

4.7.1 表现笔触与色彩冷暖关系 096

4.7.2 动手练习，掌握技巧 097

第5章 建筑配景元素表达

5.1 植物配景元素 099

5.1.1 建筑配景——乔木 099

5.1.2 建筑配景——椰子树 101

5.1.3 建筑配景——棕榈树 104

5.1.4 建筑配景——灌木 106

5.1.5 建筑配景——绿地 108
5.1.6 建筑配景——花卉 112
5.2 配景石头与铺装 116
5.2.1 建筑配景——石头 116
5.2.2 建筑配景——铺装 120
5.3 配景水元素 124
5.3.1 建筑配景——水面 124
5.3.2 建筑配景——跌水 128
5.3.3 建筑配景——涌泉 132
5.3.4 建筑配景——倒影 136
5.4 配景车辆与人物 140
5.4.1 建筑配景——车辆 140
5.4.2 建筑配景——人物 144
5.5 配景天空与地面 148
5.5.1 建筑配景——天空 148
5.5.2 建筑配景——地面 152
5.6 本章小结 156
5.7 课后实战练习 156
5.7.1 练习不同配景元素 156
5.7.2 尝试写生与照片写生，强化配景元素 159

第6章 建筑设计效果图综合案例表现

6.1 建筑别墅效果图综合表现 161
6.1.1 建筑别墅概述 161
6.1.2 建筑别墅效果图表达 162
6.2 欧式建筑效果图综合表现 166
6.2.1 欧式建筑概述 166
6.2.2 欧式建筑效果图表达 167
6.3 中式建筑效果图综合表现 172
6.3.1 中式建筑概述 172
6.3.2 中式建筑效果图表达 173
6.4 商业建筑效果图综合表现 178
6.4.1 商业建筑概述 178
6.4.2 商业建筑效果图表达 179
6.5 异形建筑效果图综合表现 183
6.5.1 异形建筑概述 183
6.5.2 异形建筑效果图表达 184
6.6 本章小结 189
6.7 课后实战练习 189
6.7.1 临摹综合空间案例 189
6.7.2 参考实景图案例 191

第7章 建筑设计方案快速表达

7.1 建筑设计平面绘制 193
7.1.1 平面图例与比例说明 193
7.1.2 建筑平面图绘制要点 197
7.1.3 总平面图绘制步骤 198
7.2 建筑设计立面图绘制 202
7.2.1 建筑剖面图、立面图的绘制要领 ... 202
7.2.2 建筑剖面图、立面图的绘制步骤 ... 203
7.3 建筑设计鸟瞰图绘制 211
7.3.1 建筑设计鸟瞰图的分类和绘制要点 ... 211

7.3.2 建筑设计鸟瞰图的绘制步骤解析...212

7.4 建筑设计分析图绘制...215

7.4.1 功能分区图...215

7.4.2 景观节点分析图...216

7.4.3 交通分析图...217

7.4.4 设计理念分析图...217

7.5 本章小结...218

7.6 课后实战练习...218

7.6.1 掌握设计方案快速表达要点...218

7.6.2 设计新中式别墅草图方案...219

第 1 章

建筑设计手绘效果图概述

本章概述

本章主要介绍建筑设计手绘效果图的基本概念和特点，以及手绘表现的类型和特点；同时，还介绍建筑设计手绘效果图的表现意义和绘图基础，包括常见的用笔、用纸和辅助绘图工具等。通过本章的学习，读者可以初步认识建筑设计手绘效果图，并了解其呈现的效果，为后续的学习和实践打下基础。

1.1 认识建筑设计手绘效果图

1.1.1 手绘表现的类型

1. 设计类方案草图

建筑设计类方案草图是建筑设计中至关重要的环节，它为设计师提供了一种灵活且具有概括性的表达方式，能够将设计师的初步构思转化为具体的建筑形态、空间布局、功能规划等内容。草图在很大程度上影响了整个设计方案的方向和风格，因此，掌握建筑设计类方案草图的绘制方法和技巧对于建筑设计师来说具有重要的意义。

建筑设计类方案草图具有以下特点。

首先，建筑设计类方案草图具有概括性。这种草图并不是对方案的完整呈现，而是通过简单的线条和形状来表达设计的主要构思和特点（见图1-1）。它不仅要能够清晰地传达设计师的意图，还要能够激发观者的想象力，让客户能够对设计方案有一个更加深入的理解。

其次，建筑设计类方案草图具有灵活性。由于设计是一个不断发展和变化的过程，因此，草图可以根据需要进行调整和修改（见图1-2）。设计师可以通过与他人的交流和反馈来不断完善设计方案，使其更加符合需求和实际情况，如图1-3所示。

最后，建筑设计类方案草图具有多样性。在不同的设计阶段和针对不同的设计内容时，草图的表达方式和精细程度也会有所不同。在设计初期，设计师会使用简单的线条和形状来勾勒出初步的构思（见图1-4）；而在设计深化阶段，则需要对细节进行更加具体的表现（见图1-5）。

图1-1　图1-2

图1-3　图1-4

图1-5

2. 写生类草图

写生类草图是建筑设计手绘中一种独特且富有表现力的形式，其主要强调对建筑物或建筑环境的直接描绘和记录（见图1-6）。这种表现形式注重对实物的观察和理解，通过直观的视觉感受和细致的描绘来展现建筑物的外观、材质、空间和光影等方面的特征。这种表现形式具有主次分明、细致分明的特点。

在绘画过程中，我们需要根据具体内容的差异来进行描绘。如果重点是表现建筑物或构筑物的场景，可以对配景植物进行抽象概括处理（见图1-7）；如果强调的是某种建筑风格，例如，现代极简主义建筑风格，则可以采用直线来展现建筑的刚劲有力感，并拉开建筑的黑白对比关系（见图1-8）；对于异形建筑，写生草图首先要强调的是造型及建筑的明暗关系，而对配景植物和天空则可以进行概括表现，如图1-9所示。

从"功能第一，形式第二"的原则来看，建筑设计首先要考虑的是功能，但在考虑功能的基础上，形式同样重要（见图1-10）。写生类草图的训练需要明确的目的性和针对性，应注重从实际的、具有前瞻性的建筑设计场景中进行实践训练，以便深刻理解并解读前沿的设计理念和趋势（见图1-11）。这种训练方法将为后续个人的设计工作奠定坚实的基础，确保设计思路的准确性和创新性。

图1-6

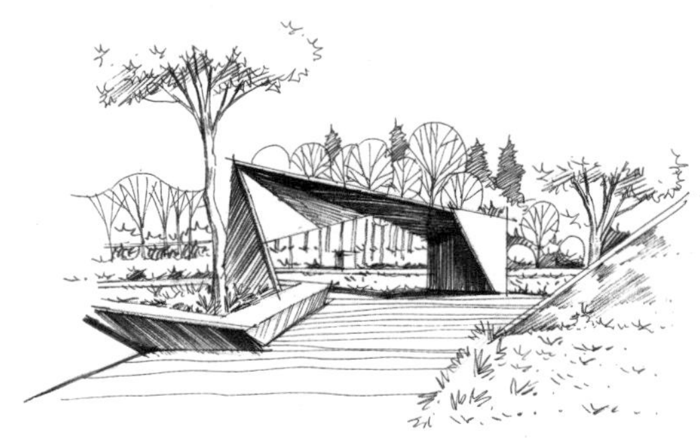

图1-7

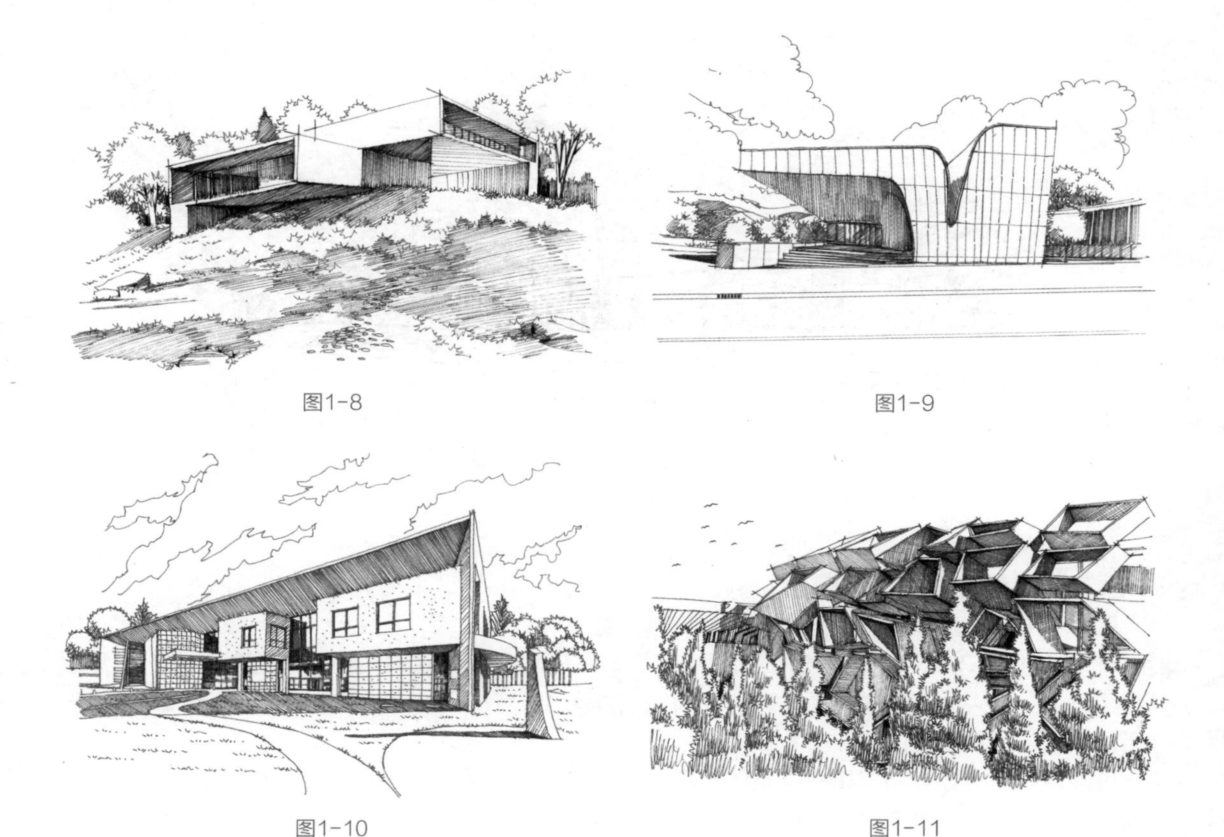

图1-8

图1-9

图1-10

图1-11

3. 写生速写

写生速写，又称“钢笔画”，作为建筑学领域中一种极其重要的表现手法，以其严谨、稳重、理性和官方的语言风格，为建筑师提供了一种记录和呈现建筑物外观、空间、体量和透视关系等元素的有效方法。例如，福建土楼集庆楼的一角，通过钢笔画的手段表现，凸显出结构的严谨性，如图1-12所示。

在写生过程中，建筑师以一种独特的语言描绘建筑，旨在更准确地传达我们的设计思维和设计理念。通过写生（见图1-13），我们可以深入探究传统建筑的构造及不同建材的处置方式，为后续新中式建筑的设计提供宝贵的启示和灵感，还为保护和修复传统老建筑提供了有益的参照。

福建土楼独特的空间布局令人叹为观止。以集庆楼为例，每户都有独立的楼梯，充分显现了中国传统社会对家庭隐私的重视，如图1-14所示。同时，集庆楼内的中心广场作为村民们重要的聚集地，使得土楼内部空间生动活泼，充满了生活气息。

绘画福建土楼时，首先要画出其基本形态，并确保圆形线条流畅。接着，需要细致地勾勒出其特色元素，如厚实的夯土墙、精致的木梁和竹木混合结构等，如图1-15所示。集庆楼的内部空间不仅是一个生活场所，更是一个文化交流和传承的空间，它完美地融合了实用性和艺术性，同时体现了中国传统社会的文化底蕴。

写生速写是建筑师用以表现建筑与环境关系，以及建筑与人的互动的一种重要手段。通过这种表现手法，建筑师能够记录自己的设计理念和思想，同时也能够提高建筑师的艺术素养和设计水平。在运用写生速写时，建筑师应注意从设计的角度出发，积累设计元素，推敲建筑结构。根据自身基础和写生的目的来调整绘画的细致程度，这与画家的写生速写的目的和要求可能有所不同，需要根据具体情况而定。

图1-12

图1-13

图1-14

图1-15

4. 设计效果图

建筑设计手绘效果图包含线稿和色稿两部分。其中，线稿部分精细程度高于草图，对透视要求严格。效果图线稿主要分为以下两类。

（1）效果图正稿，是为马克笔或水彩上色做准备，用线条勾勒轮廓和细节，最终通过马克笔或水彩完善明暗关系的图稿，它通过直观、形象地展示建筑物的外观、空间布局和透视关系等元素，为深化设计提供参考，如图1-16所示。效果图正稿不仅体现了建筑师手绘技艺和艺术修养，也精确展现了建筑物与周边环境和使用者的交互关系，提高了设计方案的合理性和整体协调性，如图1-17所示。

对于效果图正稿来说，虽然也会有明暗层次的处理排线，但相对要适度，需要留白处理的要留白，只处理核心的明暗，无须完全按照明暗光影关系处理（见图1-18）。这样在具体项目设计过程中能节省时间，同时避免过于复杂的效果图制作给设计初期的方案构思带来过多的干扰。通过简洁、明了的线条和块面来表现建筑的整体形象和空间关系，使方案的核心要素得到凸显，为后续的深入设计和沟通提供便利。优秀的建筑效果图要保持适度的明暗处理和简洁的线条运用，以便在表达创意的同时展示建筑的美学特点和设计理念，如图1-19所示。

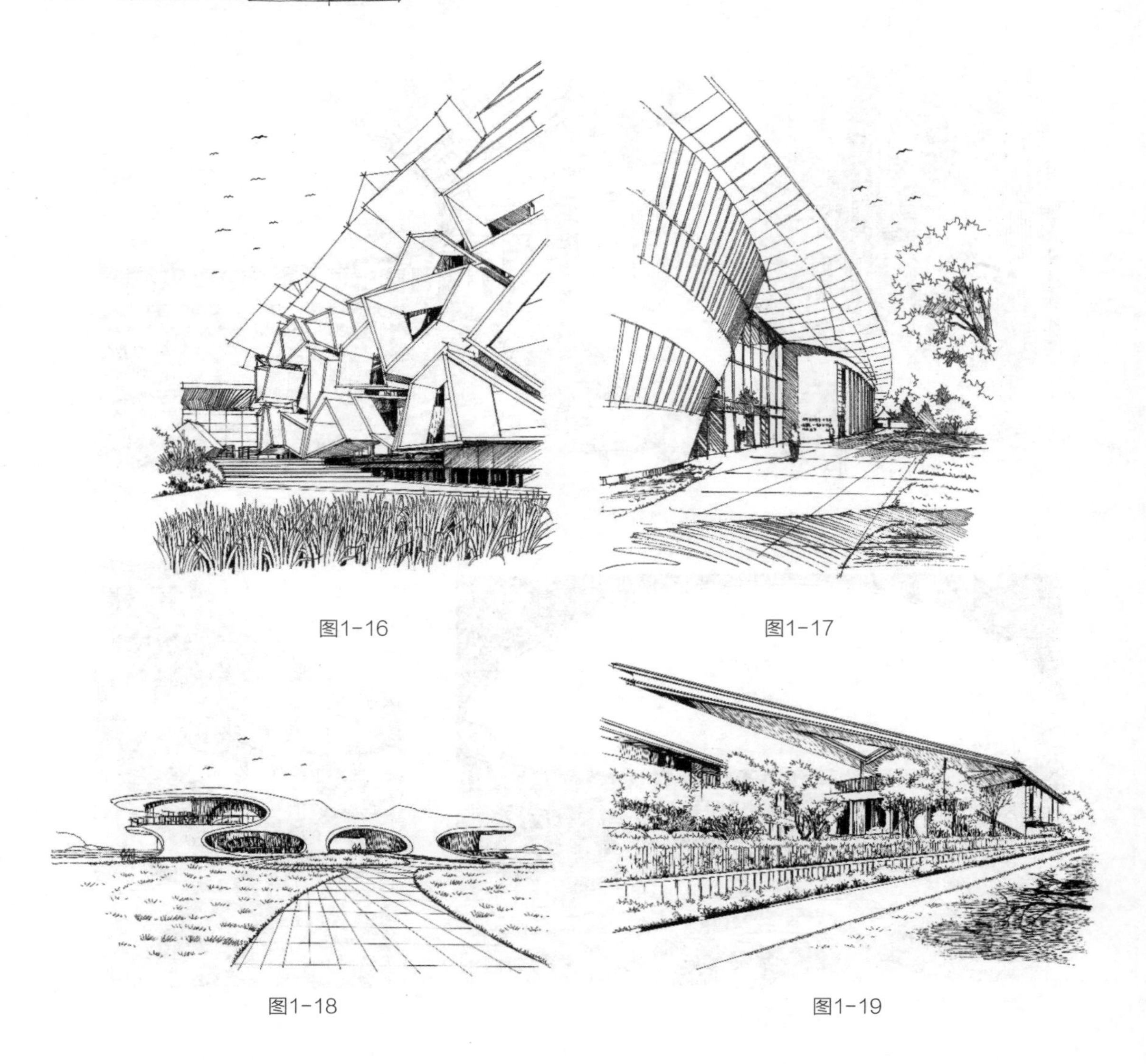

图1-16

图1-17

图1-18

图1-19

（2）钢笔画，使用排线或排点来表现建筑场景的明暗关系。根据具体需求，如果效果图不需要上色，则线稿绘画需要相对充分（见图1-20）。根据建筑的材质、光线强弱、绘画角度等的不同，排线表现背光面时，要注意疏密过渡排线方向统一，保持画面的清新，严谨地处理明暗层次和投影，以呈现出更加真实的效果（见图1-21）。为了凸显明暗层次，第一种方式可以借助马克笔的黑色进行强化表现（见图1-22），第二种方式通过排线与美工笔的宽线条来局部调整加强暗部层次，以达到理想的效果，如图1-23所示。

建筑设计手绘效果图的色稿是在线稿的基础上建立的，它简洁、快速，只需清楚表达设计意图。在追求效果的同时，也要讲究效率。色稿的目的是通过色彩的运用来增强效果图建筑物的表现力，使其更加生动逼真。通过色彩的冷暖、明暗和饱和度的变化，表现出建筑物的材质、光影和立体感等效果（见图1-24）。同时，色稿还可以突出建筑设计的风格和特点，为深化方案设计提供参考依据。在制作色稿时，建筑师应选择合适的颜色和画笔，注意色彩搭配和笔触运用，以达到理想的建筑设计表现效果（见图1-25）。

图1-20

图1-21

图1-22

图1-23

图1-24

图1-25

1.1.2 建筑设计手绘效果图表现的特点

1. 设计性

建筑设计手绘效果图是设计师对建筑创意和设计理念的具体表现形式，它向人们展示了设计师对建筑功能、空间布局、形式及材料等各方面的理解和规划。效果图中的每一个细节，包括建筑物的外观、内部空间及景观设计等，都充分体现了设计师的设计意图和审美追求。通过建筑设计手绘效果图（见图1-26），人们可以更加直观地了解设计师对建筑设计的整体把握和独特视角，从而更好地评估设计的可行性和实用性。因此，建筑设计手绘效果图作为一种表现形式，在建筑设计和规划中具有重要的地位和作用。

图1-26

2. 科学性

建筑设计手绘效果图展现独特的艺术魅力，同时具备严谨的科学特性。此类设计作品以建筑科学和工程技术为基础，如图1-27所示，建筑物玻璃屋顶结构和曲面的玻璃幕墙为室内白天提供充足的光源。设计师借助效果图具体展现建筑的结构、采光、采用的材料及构造方式，为施工方提供直观、形象的参考与指导。

3. 艺术性

建筑设计手绘效果图，运用绘画技巧和美学原理来展示建筑物的外观和空间，具有艺术性。如图1-28所示的异形建筑高端别墅，设计师通过运用线条、明暗、镜面效果及周围的坡地环境等元素，生动地表现建筑物的立体感和质感。同时，通过巧妙的构图和场景设置，营造出建筑与环境之间的和谐关系。这一艺术性使得效果图具有独特的视觉冲击力和感染力。

图1-27

图1-28

1.1.3 建筑设计手绘效果图表现的意义

在建筑设计中，手绘效果图是一种独特的表达形式，它通过绘画技巧和艺术表达，将设计师的创意和想法以直观的方式呈现出来。手绘效果图不仅是设计师与各方沟通、完善方案的重要工具，还具有审美价值。

首先，手绘效果图是设计师在方案设计阶段，记录和表现创意的重要工具。设计师通过手绘效果图，将自己的创意和想法以手绘图的形式呈现出来，以便更好地表现建筑物的外观、空间布局、材料运用等方面的构思。以展馆设计效果图为例，设计师提取蜂窝的元素，并运用五边形的玻璃窗框，通过不同大小的组合，形成建筑外立面，为白天室内展馆提供充足的光源，如图1-29所示。

其次，手绘效果图具有科学性。它不仅是一种艺术表现形式，还基于建筑科学和工程技术。手绘效果图可以帮助设计师在方案设计阶段更好地把握建筑物的结构、材料和构造方式。通过手绘效果图，设计师可以预测和评估设计方案的可塑性和可行性，从而为施工方提供有价值的参考和指导。

此外，手绘效果图以其独特的艺术性，成为设计师展示其美学追求的重要途径。通过运用绘画技巧和艺术处理手法，手绘效果图将建筑物的外观、内部空间及景观设计等方面，以生动、形象的方式展现出来。以商业办公场所建筑设计效果图为例，手绘效果图将建筑外观的组合与广场景观的设计相结合，完美呈现了整体商业办公场所的效果，如图1-30所示。这样的表现方式不仅赋予了建筑物独特的视觉冲击力和感染力，更使客户对设计方案有了更深刻的理解和印象。

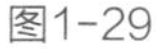

图1-29

图1-30

同时，手绘效果图也是设计师之间交流和沟通的重要工具。与施工方、业主等非专业人士相比，设计师通常具有更强的美学感和艺术素养。通过手绘效果图，设计师可以更加清晰地表达自己的设计理念和方案意图，增强与各方之间的沟通效果。这有助于减少误解和分歧，确保项目的顺利进行。

总之，建筑设计手绘效果图表现具有重要的意义。它不仅是记录和表现创意的有效方式，还是与非专业人员沟通的媒介。同时，手绘效果图具有科学性和艺术性，可以帮助设计师深化设计和提高设计能力。通过手绘效果图的实践，设计师可以激发创作灵感、展示设计理念和美学追求等。因此，建筑设计手绘效果图在建筑设计和规划中扮演着至关重要的角色。

1.2 建筑设计手绘效果图的绘图基础

1.2.1 绘图用笔及握笔姿势

1. 用笔

绘图工具的选择对于创作者来说至关重要，不同的工具具有不同的笔触和运笔方式，可以呈现出不同的视觉效果。钢笔、美工笔、针管笔、草图勾线笔、彩铅及马克笔等，都有其独特的特点和魅力。我们可以根据个人的艺术偏好和创作需求，选择适合自己的工具和纸张，以便在创作过程中更加得心应手，提高工作效率。

关于线稿的绘图用笔，以下是我们的推荐。

签字笔：适用于绘制清晰、粗细均匀的线条，如轮廓线和装饰线等。签字笔根据不同的笔尖规格（见图1-31），可以表现出不同粗细的线条效果。

钢笔：能够绘制出流畅、柔顺的线条，特别适合表现自然风景和建筑物的线条质感。钢笔的笔尖有不同的硬度，如图1-32所示，可以根据需求选择合适的笔尖规格。

圆珠笔：适用于快速绘制线条，适合在紧急情况下使用。圆珠笔的线条表现力较强，但不如签字笔和钢笔精细，如图1-33所示。

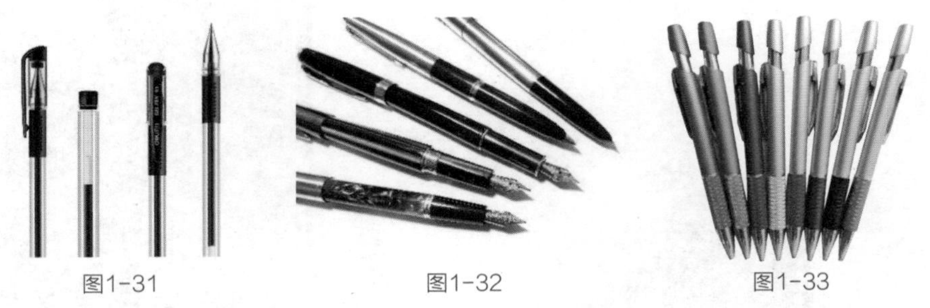

图1-31　图1-32　图1-33

针管笔：是一种非常专业的绘图工具，常被用于绘制精细的图纸或插图，如图1-34所示。其笔尖由很细的金属制成，类似于注射器的针头，因此得名"针管笔"。针管笔的墨水通常比较浓稠，可以展现更好的绘图效果。与普通的圆珠笔或铅笔相比，针管笔的线条更加均匀、细密，适合于绘制各种精细的图纸或插图，如建筑、机械、电子等领域的专业图纸。

勾线笔：是一种非常实用的绘图工具，常被用于绘制各种线条和边框，如图1-35所示。其笔尖由比较硬的材料制成，可以勾勒出比较粗的线条。勾线笔的墨水通常比较浓稠，可以在纸上留下明显的线条。与普通的铅笔或圆珠笔相比，勾线笔的线条更加明显、粗壮，适合于绘制各种边框、标题、标志等。同时，勾线笔还可以用于绘制简单的插图或草图，是一种非常实用的绘图工具。

图1-34　图1-35

此外，对于色稿，我们推荐以下绘图用笔。

马克笔：是一种绘画或书写工具，常用于设计、绘画或标记等场合，如图1-36所示。它以油墨为主要成分，具有不同的颜色和规格，使用时通常在纸张或其他光滑表面上留下明显的痕迹。

水彩笔：适用于绘制水彩画，能够表现出轻盈、透明的色彩效果，如图1-37所示。水彩笔的笔尖一般较细，适合刻画细节和表现色彩的变化。

色粉笔：是指一种由颜料粉末制成的干粉笔，通常用于涂料、染料、化妆品等领域，如图1-38所示。色粉笔的种类繁多，不同的颜色和用途需要选择不同的色粉笔。

图1-36　　图1-37　　图1-38

丙烯马克笔：与普通马克笔相比，丙烯马克笔具有更强的覆盖力和更长的使用寿命，如图1-39所示。它是一种常用的绘画工具，可用于绘制各种材质和效果。

提白笔：是一种特殊的画笔，其墨水颜色为白色，常在手绘效果图中被用来完成高光表现和修正画面，如图1-40所示。这种笔的墨水干燥后会形成一层白色的薄膜，能够有效地遮盖错误或填补空白。因此，提白笔在手绘艺术中具有重要的作用。

图1-39

图1-40

为了达到理想的绘图效果，我们可以根据不同的绘画类型和表现需求，灵活运用以上绘图用笔。同时，在选择用笔时，我们还应考虑其使用寿命和易用程度等因素，以便更好地提高绘图效率和学习效果。

2. 握笔姿势

建筑设计手绘效果图在表现过程中握笔姿势对线条流畅度和画面效果同样具有重要的影响。握笔时需注意以下几点。

第1点，适度放松，避免过紧的握笔，以保持运笔自然流畅，如图1-41所示。

第2点，将笔放在拇指、食指和中指的3个指梢之间，用指腹轻轻托住笔杆，如图1-42所示。

第3点，控制笔的移动，利用手指和轻触纸面来更好地稳定和流畅地运笔。

第4点，选择合适的倾斜角度，根据个人习惯确定笔杆与纸面的倾斜度，以增加线条的变化性和丰富性，如图1-43所示。

第5点，视线随线条运动，练习基本线条来培养这种感觉和技巧。

第6点，在起笔和落笔时注意停顿和回收，以增加线条的节奏感和韵律感，如图1-44所示。

不正确的握笔姿势会导致线条不流畅，直接影响画面的最终效果。因此，初学者应养成良好的握笔习惯，并经常练习以提高手绘技巧。

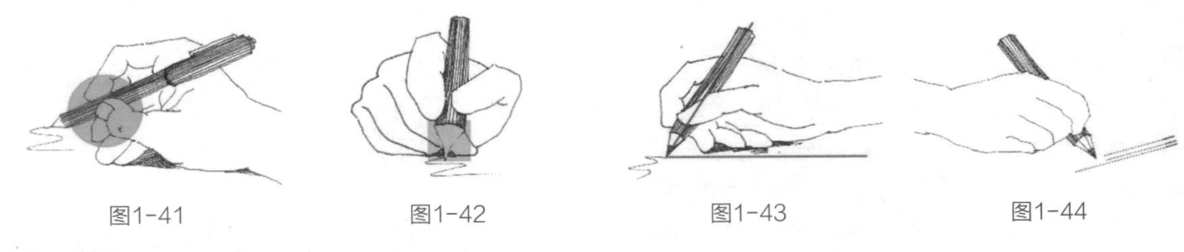

图1-41　图1-42　图1-43　图1-44

1.2.2 绘图常见的用纸

初学者在选择绘画用纸时，可以考虑以下几种类型。

速写本：适合户外写生，便于携带，如图1-45所示。

牛皮纸：可用于表现特殊的场景或渲染不同的效果，如图1-46所示。

图1-45　图1-46

拷贝纸：具有良好的通透性，常用于方案设计前期的草图推敲，如图1-47所示。

硫酸纸：同样具有通透性，可用于绘制精细的图纸或插图，如图1-48所示。

普通打印纸：较常用且适合初学者，尺寸不宜过大，以A3或A4为宜，如图1-49所示。

图1-47

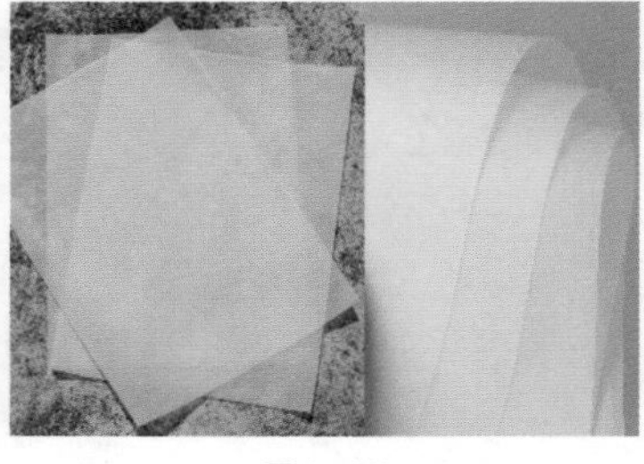

图1-48

图1-49

综上所述，初学者在选择绘画用纸时，可以根据个人需求和喜好选择适合自己的纸张类型和尺寸。

1.2.3 辅助绘图工具

1. 尺规

在建筑设计的具体手绘中，我们通常使用3种尺规，即三角板（见图1-50）、直尺（见图1-51）和平移滚动尺（见图1-52）。这些工具在辅助绘图方面发挥着重要的作用。使用这些工具，可以更准确地绘制直线并找准画面的透视，避免因手工操作而产生的误差。这些工具对于需要精确绘图的领域，如建筑、施工等，尤其重要。

此外，这些工具还可以提高工作效率，缩短和减少反复修整和重绘的时间及精力。借助三角板、直尺和平移滚动尺等工具，设计师可以快速、准确地完成绘图任务，达到更好的效果。

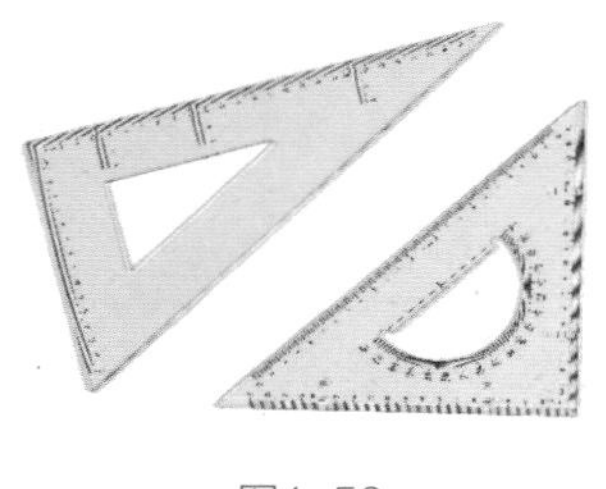

图1-50

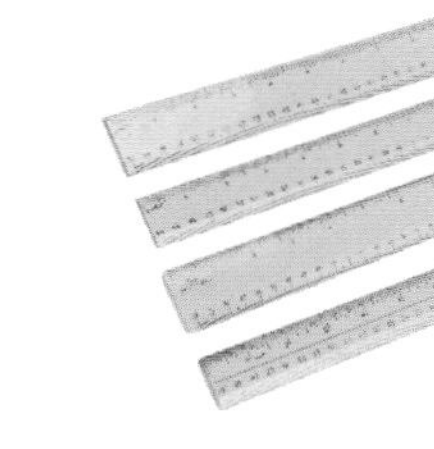

图1-51

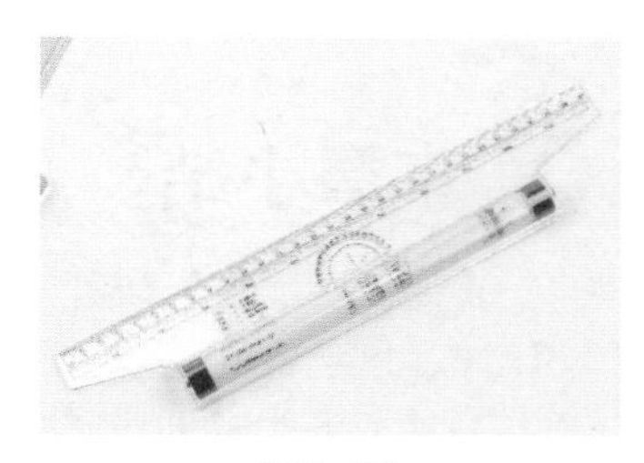

图1-52

2. 柔化工具

在绘画中，我们常使用纸笔（见图1-53）、纸巾（见图1-54）和棉签（见图1-55）等工具对画面进行柔化处理。根据画面的不同需求，我们会选择适合的工具（如使用纸巾和纸笔）进行大面积的柔化处理，而对于细节部分的处理，我们通常会使用棉签。这些工具都可以有效地完善画面效果，使黑、白、灰过渡更加自然。其中，纸笔不仅可以用于调整画面的调性，还可以制作特殊效果，其操作方式与铅笔类似，可以对画面中的小部位进行擦拭。纸巾和棉签同样可以用于擦拭和柔化画面。

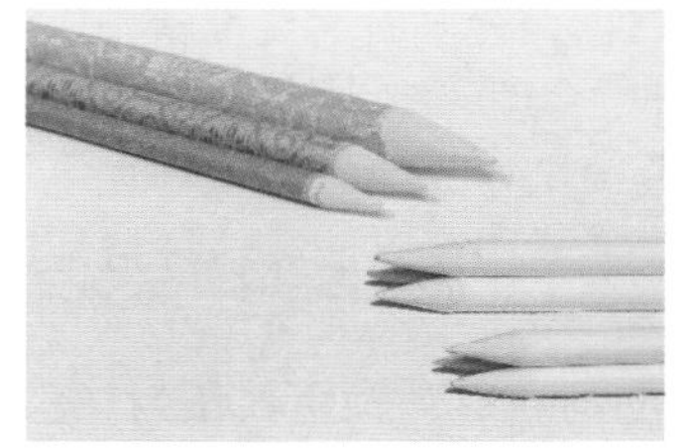

图1-53

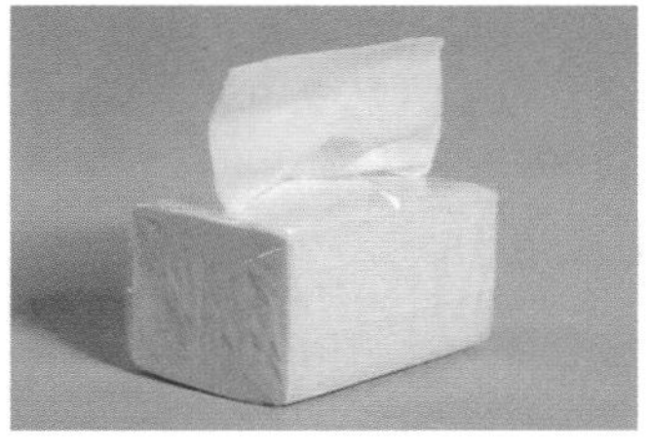

图1-54

图1-55

3. 橡皮

橡皮以橡胶或塑胶为原料制成，具有擦拭铅笔石墨或钢笔墨水痕迹的功能。其种类繁多，外观和色彩各异，有常规的橡皮，以及专用于绘画的2B、4B、6B（见图1-56）等型号的美术专用橡皮，还有可塑橡皮（见图1-57）等。

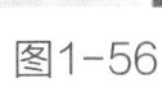

图1-56

图1-57

在建筑手绘中，美术专用橡皮和可塑橡皮尤其受到设计师的青睐。与普通橡皮相比，可塑橡皮具备以下特性。

（1）可塑性：可塑橡皮柔软且具有可塑性，能够轻易地揉捏和改变形状。

（2）黏附力：其具有优良的黏附力，可以轻松粘除作品修改部分的痕迹，使画面过渡均匀，避免画面表面出现浑浊现象。

（3）不掉色：可塑橡皮不会像某些普通橡皮一样掉色或沾染。

（4）无毒环保：可塑橡皮属于环保型产品，无毒无害。

1.3 本章小结

本章主要介绍了建筑设计效果图的基本要点、绘制工具及其适用范围，并对建筑设计效果图的设计性、科学性和艺术性三大特性进行了详细阐述。同时，还进一步介绍了绘制过程中常用的笔类工具和各类辅助工具。这些内容为后续绘制精美的建筑设计手绘效果图做好了充分的准备。

1.4 课后准备工作

1.4.1 备齐需要的基础工具

选择合适的绘画工具对于绘画者来说至关重要。在开始绘画之前，绘画者需要准备相应的绘画工具。以下是3种可供参考的方案，读者可根据个人绘画偏好进行合理、综合的选择。

第1种，对于初学者来说，建议使用一套常用的马克笔，颜色数量为60，并配备马克笔补充液。此外，还需要一套常用的油性彩铅，颜色数量为12，以及签字笔和涂改液。这种搭配既经济，又能满足基本的绘画需求。

第2种，对于有一定绘画基础的绘画者，建议使用一套常用的马克笔，颜色数量为168，同样配备马克笔补充液。此外，还需钢笔、签字笔、针管笔各1支，常用油性彩铅一套48色，以及涂改液。这种选择能够更好地满足绘画者的需求。

第3种，若长期坚持绘画并要求画面效果优秀，可以选择以下工具：一套常用的马克笔，颜色数量为168或360，配备马克笔补充液；鲶鱼防水墨水；丙烯马克笔；钢笔、签字笔、针管笔、勾线笔各1支；油性彩铅72色；色粉及水彩颜料等。这种方案适合对画面效果要求高的绘画者，但成本也较高。

总之，根据个人绘画偏好和需求选择合适的绘画工具能够更好地发挥绘画者的潜力，提高作品质量。

1.4.2 认识不同工具的属性

手绘前期和色稿阶段是绘画过程中非常重要的环节，因此需要重点介绍相应的绘画工具。在线稿阶段，主要涉及绘图用笔，包括钢笔、美工笔、签字笔、针管笔及勾线笔等。而马克笔和彩铅则是在色稿阶段的主要用具。同时，纸张的选择也是需要注意的因素。

马克笔的覆盖性较差，因此需要按照从浅到深的顺序进行绘画，以避免颜色叠加。而彩铅叠加次数过多容易导致画面脏腻，因此需要注意使用技巧和适度叠加。

在选择纸张时，常用的有打印纸、硫酸纸和拷贝纸等，纸面要尽量光滑，不宜使用素描纸等具有凹凸感和颗粒感的纸张。不同纸张对于马克笔和彩铅的表现效果也会产生影响，因此需要根据个人偏好和需求进行选择。

要想获得更好的手绘效果，需要在实践中不断尝试和感受不同工具的属性特点。同时注意不同工具的搭配使用，充分发挥各自的优势，以达到更好的画面效果。

第2章 基础线条训练

本章概述

本章主要介绍不同类型的线条及其绘制技巧和训练方法，包括直线、软直线、抖线、弧线、曲线和自由线等。这些线条在建筑设计中被广泛应用，因此掌握它们的绘制方法和技巧对提高建筑设计绘图的质量和效率至关重要。通过学习本章，读者可以了解不同线条的特点和用途，并掌握其绘制技巧，从而为后续的建筑设计绘图打下坚实的基础。

2.1 线条的风格

2.1.1 刚硬挺拔的直线

1. 直线的概念

直线是空间中点以相同或相反方向运动的既无起点也无终点的轨迹。直线两端无限延伸，不可测量长度。在手绘中，为了线条的美观和虚实变化，我们通常将直线视为具有起点和终点的线段，如图2-1所示。

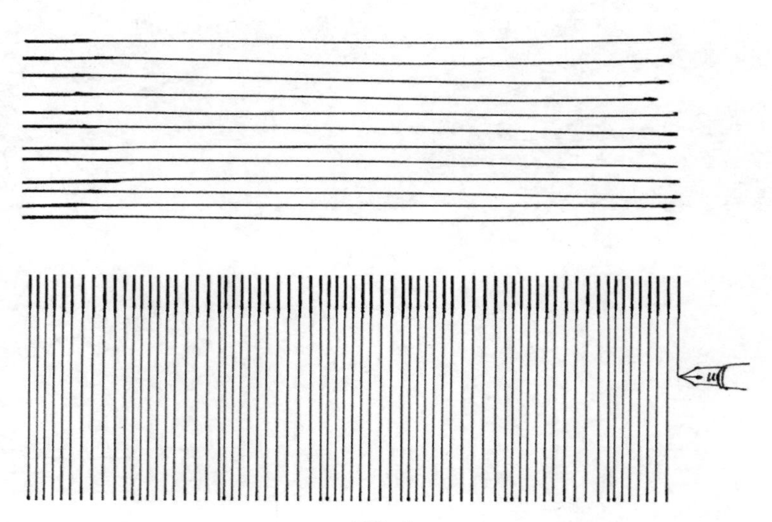

图2-1

2. 硬直线的绘制要领

硬直线在绘画过程中，强调起笔、回笔、运笔和收笔的规范性。起笔和回笔的书写速度要快，收笔要平稳。同时，起笔、回笔和收笔应保证在同一条直线上，如图2-2所示。这种绘画方式旨在体现硬直线的严谨、稳重、理性和硬朗。

图2-2

以下是硬直线常见的4种错误的画法。

错误1：起笔、回笔、收笔不在同一条直线上，如图2-3所示。起笔、回笔和收笔应该呈一条直线，以保持线条的硬直和稳定。

错误2：收笔起钩，如图2-4所示。这种情况发生在收笔时，钩的形状会破坏线条的整体美感，应该避免。

错误3：手腕活动导致线条弯曲，如图2-5所示。在这种情况下，手腕的活动会导致线条不够硬直，从而影响画面的整体效果。

错误4：刻意强调起笔和回笔，导致反复读线，线条多次重叠，如图2-6所示。这种情况通常是由于过度强调起笔和回笔，导致线条不够流畅，从而影响画面的整体效果。

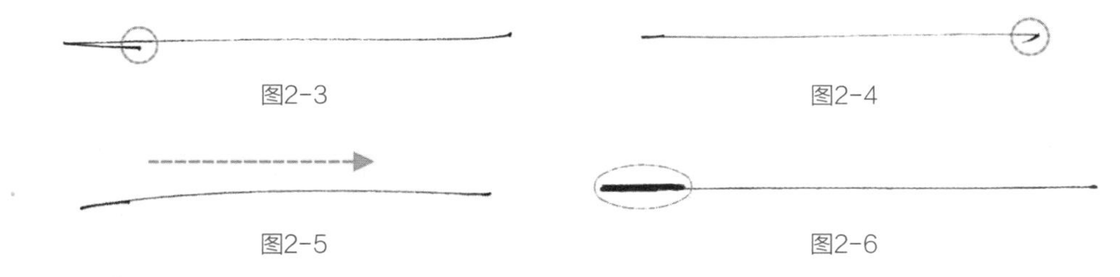

图2-3　图2-4

图2-5　图2-6

对于设计类绘画用线，图2-7所示的线条特点是两头沉重，中间轻盈，这种线条在设计中非常实用。而在图2-8中，素描用线的特点则是两头轻盈，中间沉重，这种线条在素描中能更好地突出虚实关系、立体感和阴影效果。

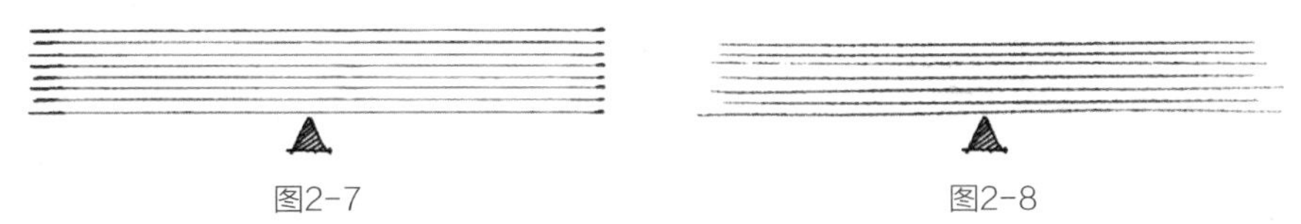

图2-7　图2-8

在绘制硬直线时，让线条的交界处稍微出头，这样可以增加设计感，如图2-9所示。对于较长的硬直线，可以在中间进行断开，以避免重叠而产生黑点，如图2-10所示。尤其当竖向的直线较长时，我们可以采用硬直线与软线相组合的方式来绘制。其中，硬直线的部分主要是通过食指垂直向下推动来绘制，如图2-11所示。通过这种方式，我们可以更加灵活地表现线条的质感与走向，增强整体设计的表现力。

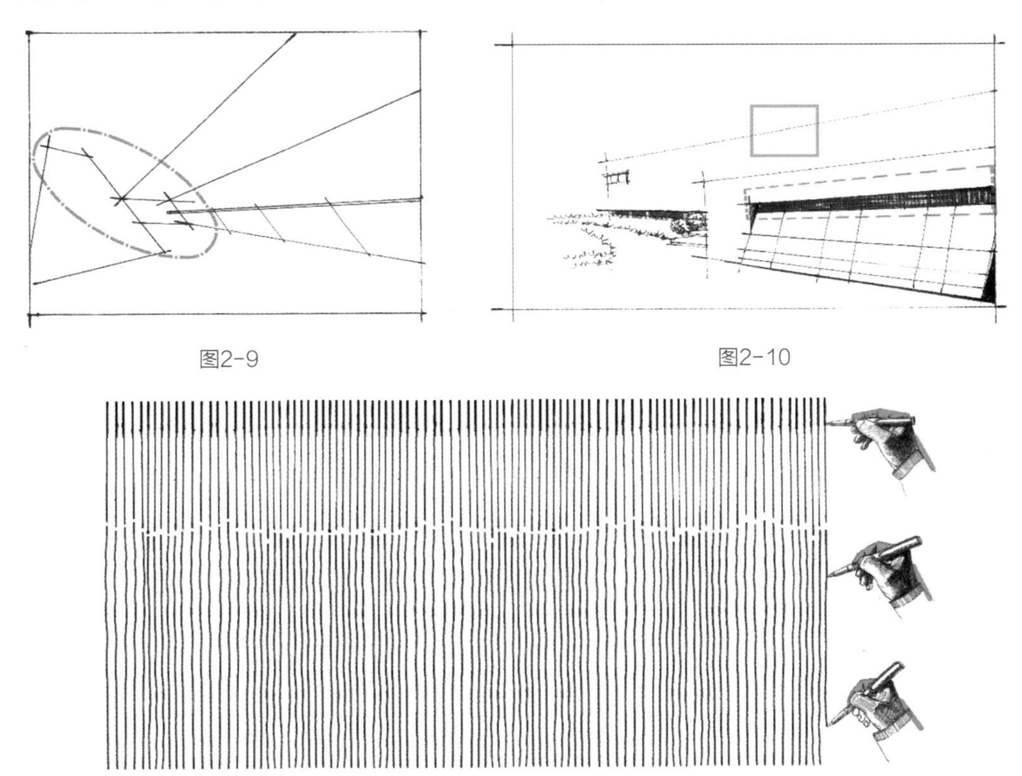

图2-9　图2-10

图2-11

3. 硬直线的训练方法

在建筑设计手绘中，训练硬直线最好的方法是结合现代方盒子建筑造型进行练习。现代建筑大多采用几何形体的造型结构，单纯的线条练习作用有限。例如，可以通过极简主义建筑造型的训练（见图2-12）和几何形体的明暗关系训练（见图2-13）来提高硬直线绘图的准确性。此外，还可以采用打点法进行硬直线的训练（见图2-14），这有助于提高设计师的控笔能力。

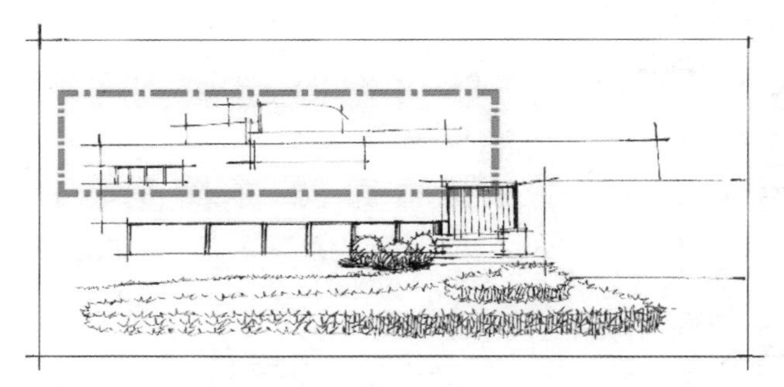

图2-12

图2-13

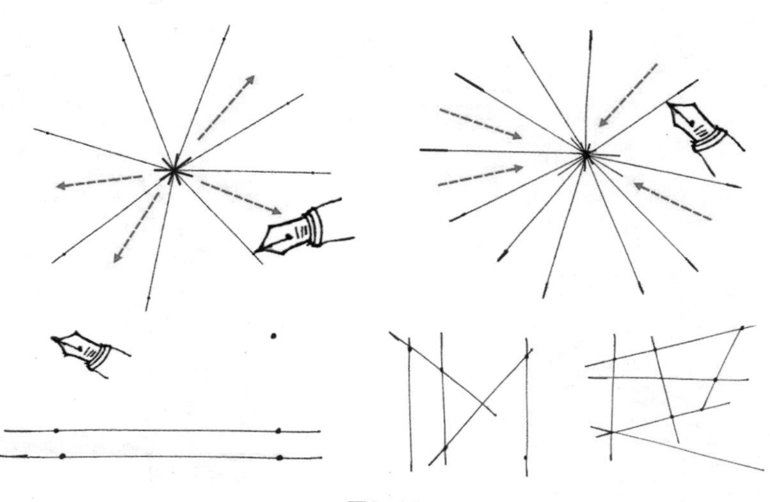

图2-14

2.1.2 柔中带刚的软直线

1. 软线的绘制要领

软直线追求的是曲度较小但走势平滑、生动且美观的效果，如图2-15所示。在绘制软直线时，需要留意的是，它并不像硬直线那般完全笔直，而是在保持整体趋势为直线的状态下，具有一定的弯曲程度。在绘制过程中，对力度的控制至关重要，下笔力度不宜过大，以免线条显得过于粗重，失去轻盈感；同时，速度也不宜过快，以确保线条流畅，达到预期的呈现效果。

以下是几种常见的软直线错误绘画表现。

错误1：在绘图过程中，反复读取线条，导致线条出现不必要的曲折和细节，如图2-16所示。

错误2：绘图时停顿时间过长，线条出现黑点，通常是缺乏连续性和流畅性，如图2-17所示。

错误3：用力平均且缓慢，线条显得生硬且缺乏生气，缺乏变化和动感，如图2-18所示。

错误4：绘图时控笔能力较弱，导致线条相交过多，通常是缺乏技巧或练习，如图2-19所示。

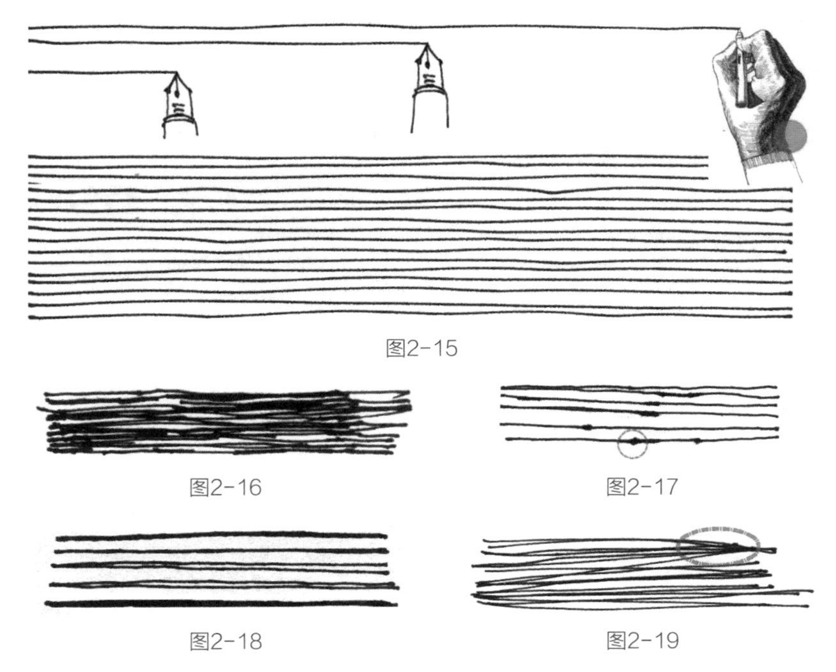

图2-15

图2-16

图2-17

图2-18

图2-19

2. 软直线的训练方法

对于软线的练习，除了基本的理论知识外，主要从建筑造型能力和线条的控笔能力两方面入手。最佳的训练方式是结合简单的单体建筑（见图2-20）、几何形体的建筑外轮廓（见图2-21）、建筑相关外立面结构（见图2-22）及建筑明暗关系（见图2-23）进行训练。在建筑设计手绘中，建筑是核心主题，因此从线条开始，我们就应该抓住这个核心。在具体通过软直线绘制建筑造型时，需要仔细观察建筑的特点，抓住线条的基本走向和趋势（见图2-24）。通过软线绘制现代几何建筑，可以展现出线条的优美和流畅度，同时也可以表现出建筑的几何美感和现代感（见图2-25）。通过这种方式，我们可以更好地掌握软线的运用技巧，提高绘图的准确度和表现力。

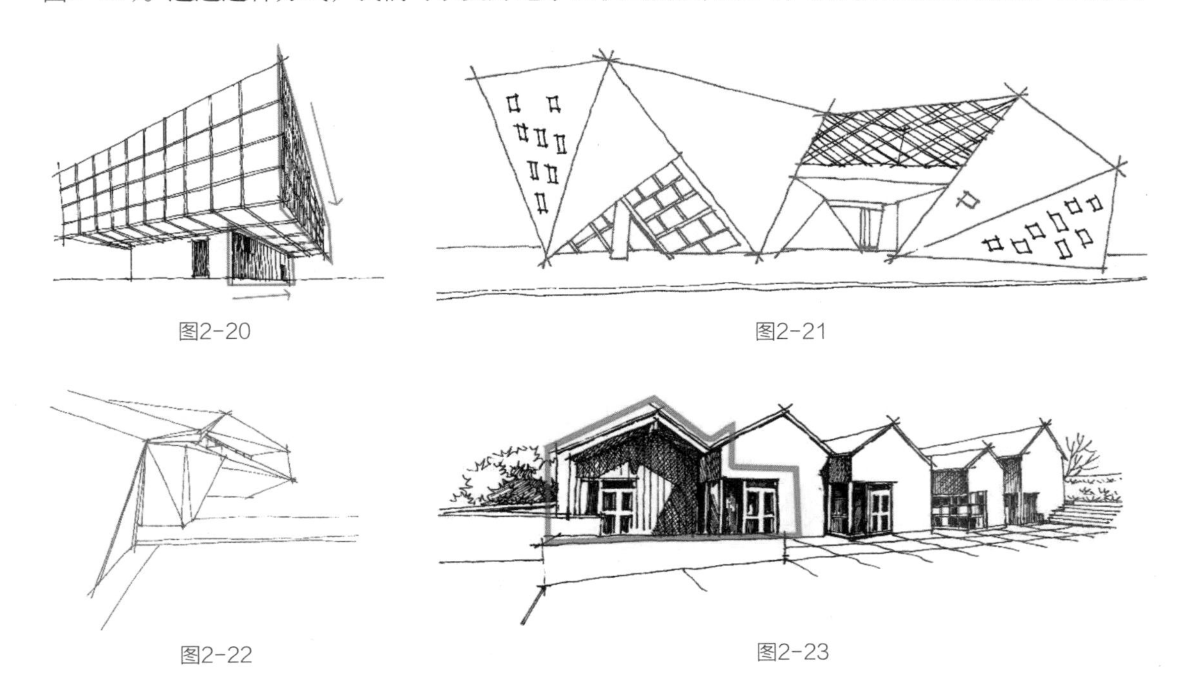

图2-20

图2-21

图2-22

图2-23

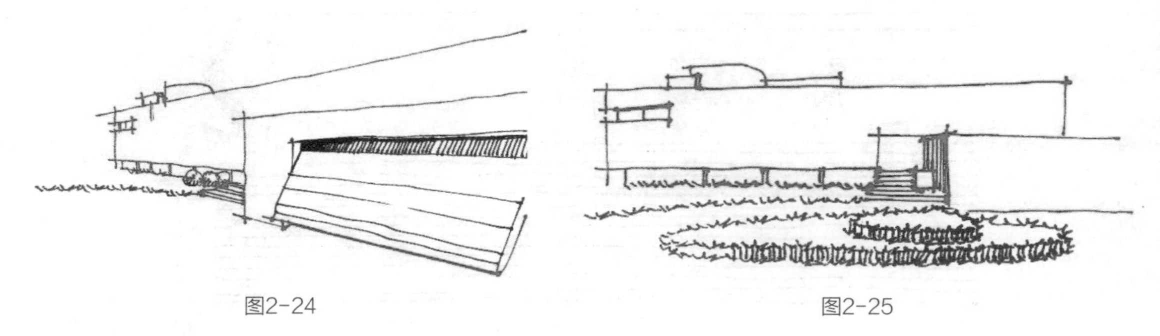

图2-24　　图2-25

2.1.3 曲折有序的抖线

1. 抖线的概念

抖线是建筑设计手绘过程中常见的线条表现方式。这种线条是通过手的抖动产生的，通常用于表现乔灌木树冠、草地、绿篱等元素。在表现抖线时，可以采用“几”字形、“3”字形、“W”字母形和“M”字母形等不同形式呈现，如图2-26所示。

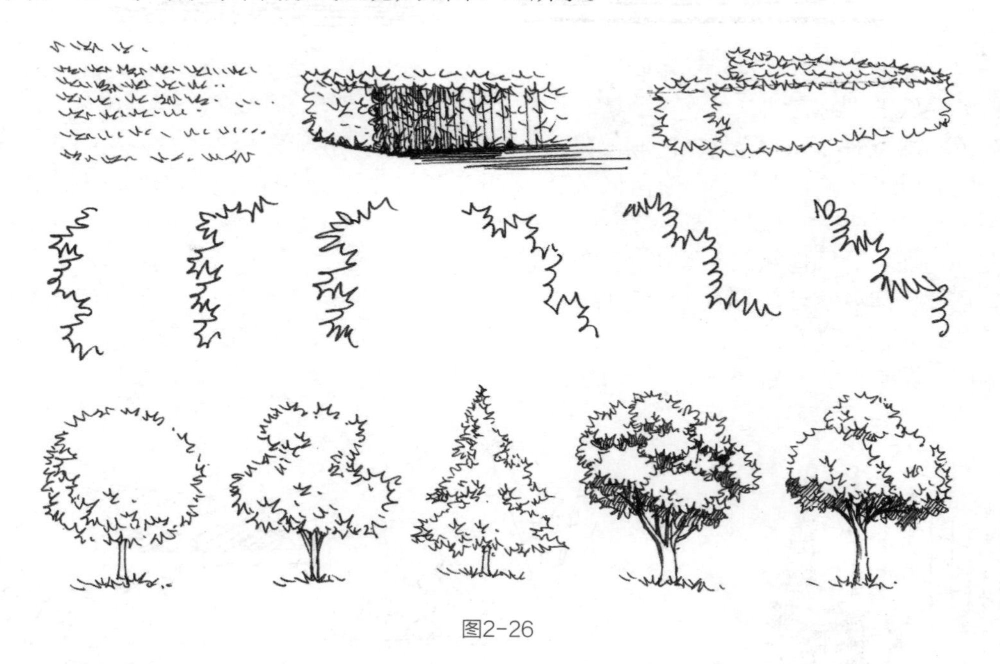

图2-26

2. 抖线的绘制要领

在绘制抖线的过程中，需要对其“出头”的方向进行关注，以防止全部呈现出同一方向的视觉效果。从而使画面更加活泼且变化丰富，如图2-27所示。线条要注意伸缩自如，起伏错落，高度切勿太过平均，如图2-28所示。绘画树冠的关键在于轮廓的表现，勾线时要注意形体的伸缩变化，体现不规则的轮廓美感，如图2-29所示。

几种常见的绘画抖线错误。

错误1：出“头”过长，如图2-30所示。

错误2：出现“套锁”，如图2-31所示。

错误3：出“尖儿”的地方画成了圆形，如图2-32所示。

错误4：线条过于紧密且没有伸缩，如图2-33所示。

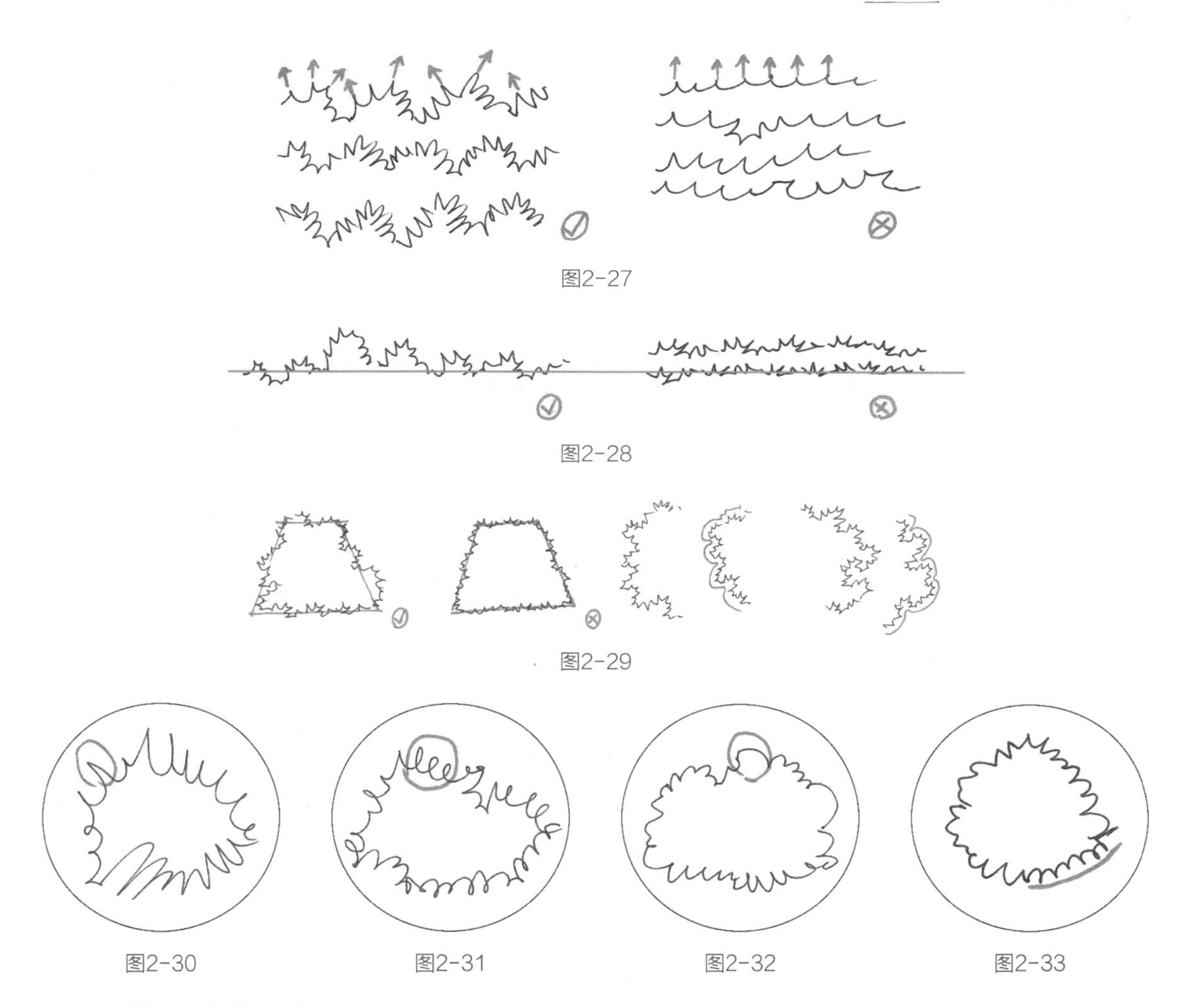

图2-27

图2-28

图2-29

图2-30 图2-31 图2-32 图2-33

3. 抖线的训练方法

在进行抖线训练时，可以将树冠归纳为不同的几何形态，并运用抖线技巧进行形态塑造与明暗关系的练习。如图2-34所示，通过这种方式，可以有效地提高线条的流畅度、造型和控笔能力。

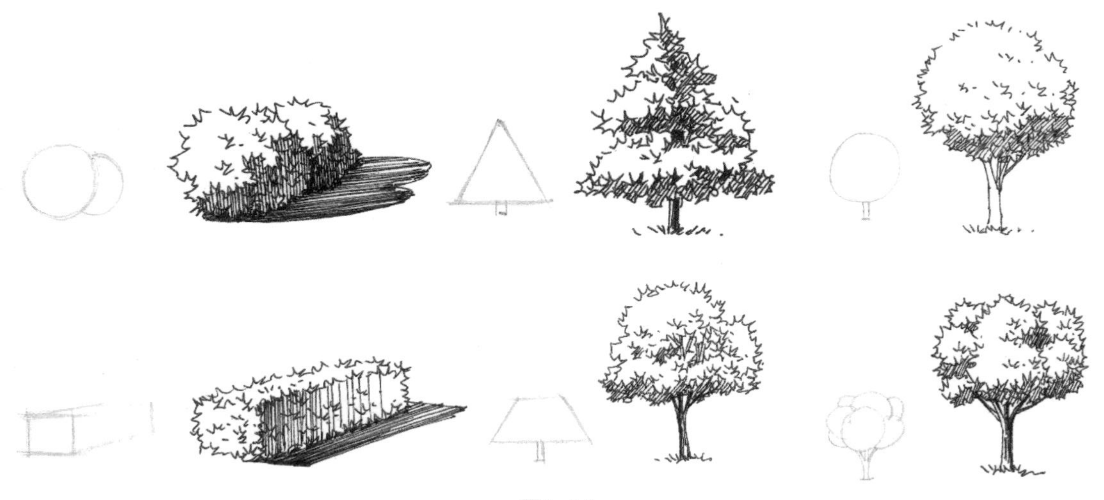

图2-34

2.1.4 动感独特的弧线

1. 弧线的概念

建筑设计手绘中的弧线是指两点之间在平面上的曲线部分，其形态既非完全的直线，也非完全的闭合曲线，如图2-35所示。弧线在建筑设计中得到了广泛的应用，它能够为建筑创造独特的形态、流畅的线条及美观的视觉效果。在建筑领域中，弧线被广泛应用于设计拱门、圆顶、扶手等建筑元素，如图2-36所示。这些弧线的应用，不仅增强了建筑物的结构稳定性，同时也为其增添了美观的外形。

图2-35

图2-36

2. 弧线的绘制要领

将从以下4个方面详细阐述弧线绘制的要领。

确定弧线的最高点：绘制弧线时，先确定弧线的最高点，也就是确定弧度的大小。通常弧线的最高点位于弧线中心，但是在透视图中，由于透视的变化，所看到的弧线最高点位置会随观察角度的变化而变化，如图2-37所示。

连接弧线的起点和终点：寻找到弧线的最高点后，我们需要使用线条将该最高点与其他点连接起来，以形成弧线的初步轮廓。在此过程中，注意控制线条的弯曲程度和弧度变化，如图2-38所示。

注重整体效果：在绘制弧线时，应关注整体性观察物体的形状、结构和比例等，不要过于沉迷于细节而忽略了整体的效果。如果发现整体外观不协调，则需要进行调整，如图2-39所示。

处理细节：初步完成弧线的绘制后，我们需要对线条进行进一步的细节处理，无论是明暗关系，还是线条连接的优化，都可以使线条更加圆润和流畅，如图2-40所示。

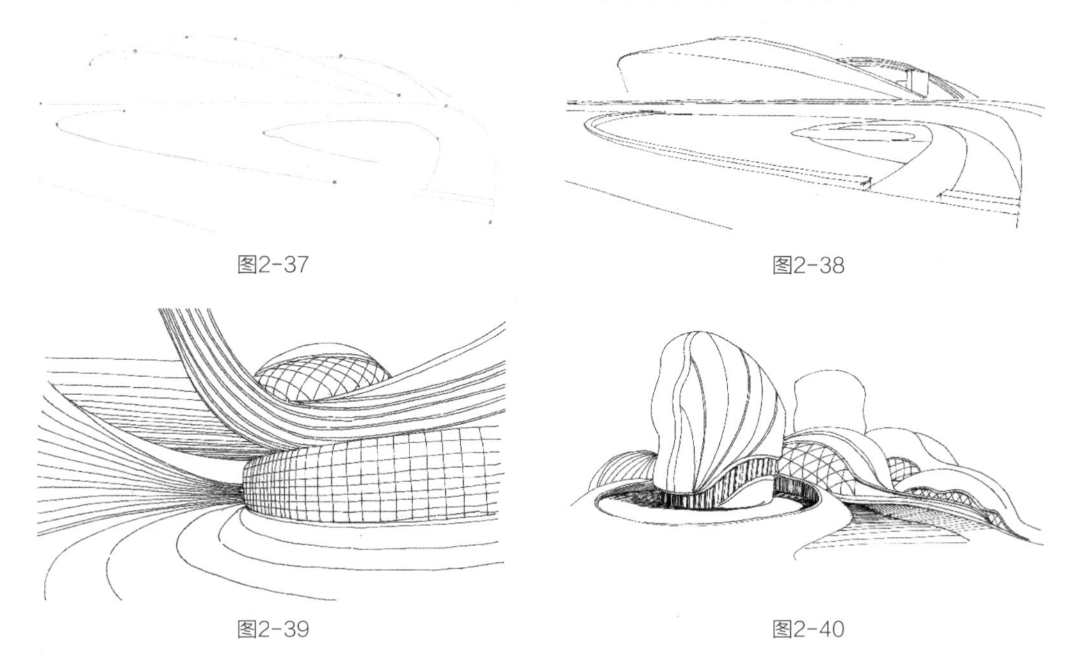

图2-37 图2-38

图2-39 图2-40

3. 弧线的训练方法

绘制弧线的最佳方法是从圆形造型开始，划分几个弧度，根据不同方向弧度的大小进行弧线练习。同时，可划分不同弧度，根据不同弧度训练弧线，以实现理想的效果，如图2-41所示。

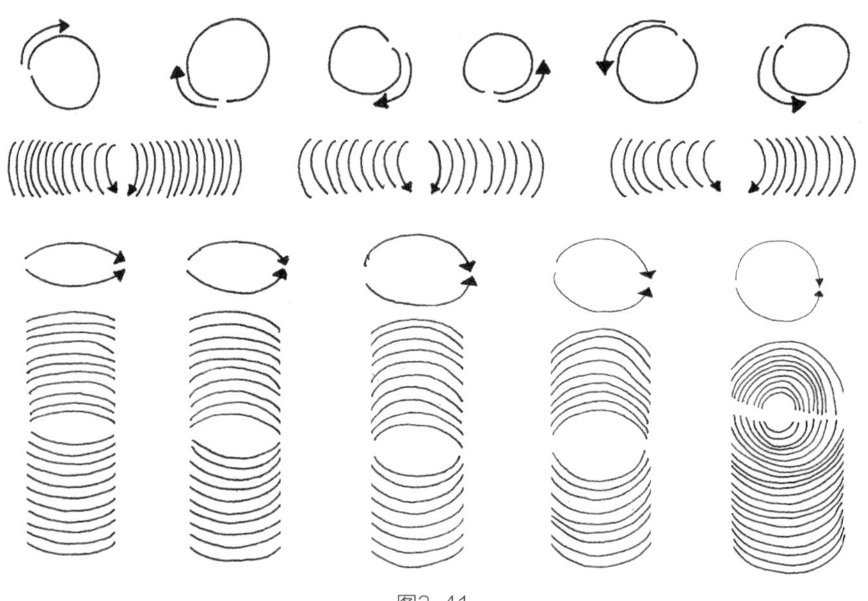

图2-41

练习弧线是建筑手绘中提高绘图技巧的关键环节，读者可从简单的屋顶、拱门、窗户等结构开始，逐渐增加难度，尝试模仿更复杂的建筑元素，如图2-42所示。通过观察和模仿真实的建筑元素，并付诸实践和尝试，可以提高手绘弧线的技巧和表现能力，为建筑设计打下坚实的基础。

图2-42

2.1.5 弯弯曲曲的曲线

1. 曲线的概念

曲线是由折线、线段和圆弧等元素组合而成的综合线条，如图2-43所示。曲线在自然景观和建筑设计中具有广泛的应用。在建筑设计中，曲线被用来表现建筑的柔美和流畅度，例如拱形结构、桥梁和建筑立面设计。同时，曲线还能实现功能性，例如，弧形楼梯和曲线阳台（见图2-44）。因此，曲线在建筑设计中具有重要的地位，能够赋予设计作品独特的魅力和表现力，既能满足人们实际功能的需求，又能满足人们对于美的追求。

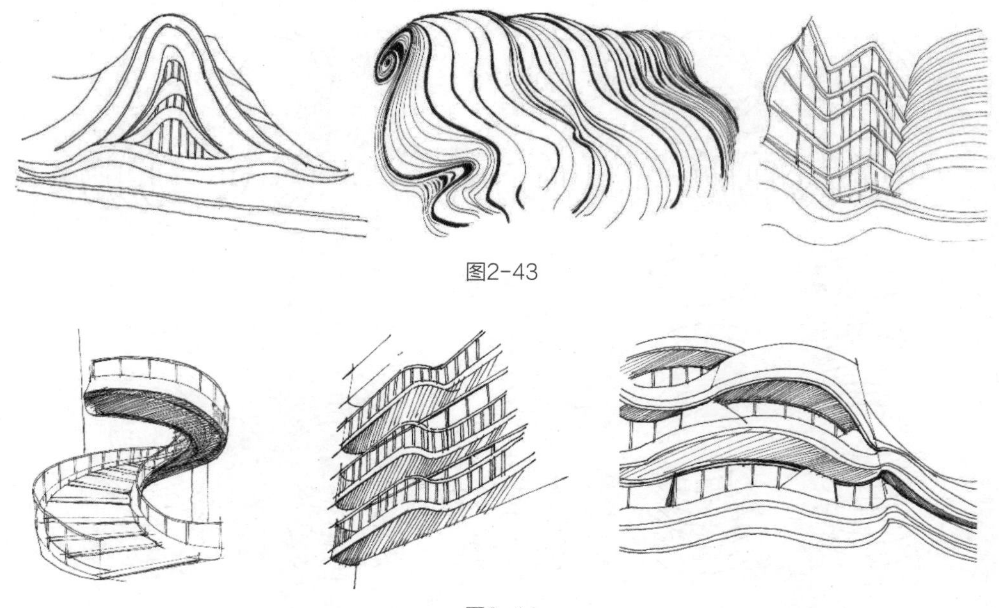

图2-43

图2-44

2. 曲线的绘制要领

曲线的绘制与弧线相似，但难度更高。曲线由连续的点构成，线条更长，需要更高的精确度和流畅度。掌握曲线绘制技巧，需要注意以下3方面。

（1）线条的流畅度：控制运笔速度和压力，确保线条连续平滑。如图2-45所示，绘制曲线来塑造异形建筑，精确控制线条的方向和弯曲程度。

（2）曲线的灵动感：通过多点定位控制线条的走势。如图2-46所示，描绘出更加丰富和生动的曲线，表现轮廓并进行曲线训练。

（3）长曲线的处理：如果一笔画不到位，可以将线条断开，避免重叠或交叉，确保线条连贯清晰。如图2-47所示，可将曲线分成几段，并确保每段曲线的走势和方向在整体上连贯且不突兀。

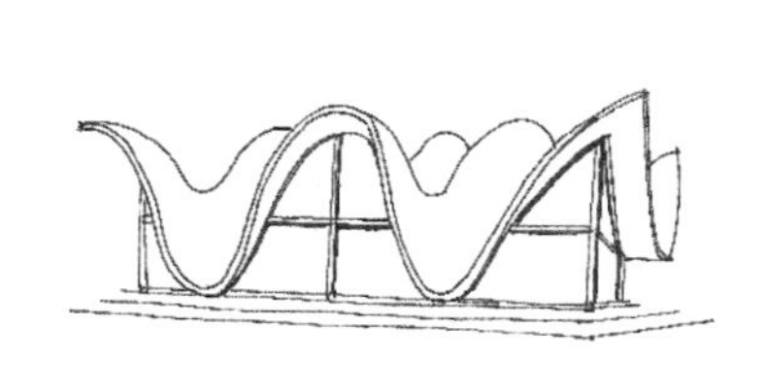

图2-45

图2-46

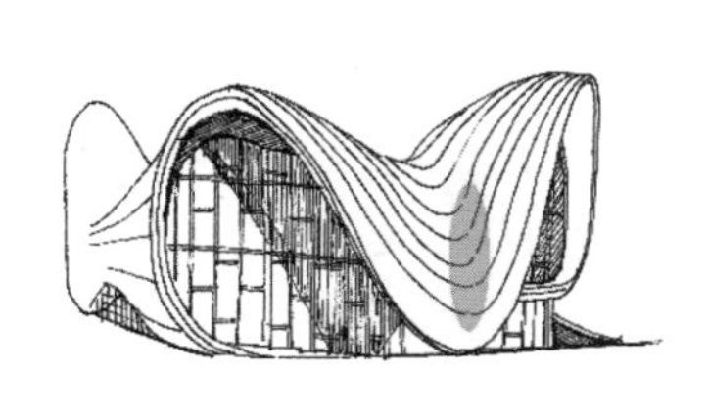

图2-47

3. 曲线的训练方法

在建筑设计领域，培养对曲线的敏锐感知能力是一个关键的训练环节。这种能力可以通过多种方法进行锻炼，其中主要涉及对点的精确调控，即通过定点的方式，将若干个点有机地连成一条曲线，如图2-48所示。在具体画面中，这种训练有助于我们更准确地把握透视效果。

图2-48

一旦熟练掌握了定点技巧，我们可以进一步挑战自己，借助其他元素进行曲线的训练。例如，拱形门窗是建筑中常见的曲线元素，我们可以在门窗设计中巧妙地融入曲线元素，以增强建筑的曲线美感，如图2-49所示。此外，绘制不同形状的曲线建筑轮廓也是锻炼曲线的有效途径，如图2-50所示的圆形、S形、螺旋形等。

在实践过程中，我们要注重曲线的流畅度和自然感，同时要紧密结合实际建筑的设计要求进行练习。通过大量的练习和经验的积累，我们能更熟练地运用曲线进行建筑设计的创作。

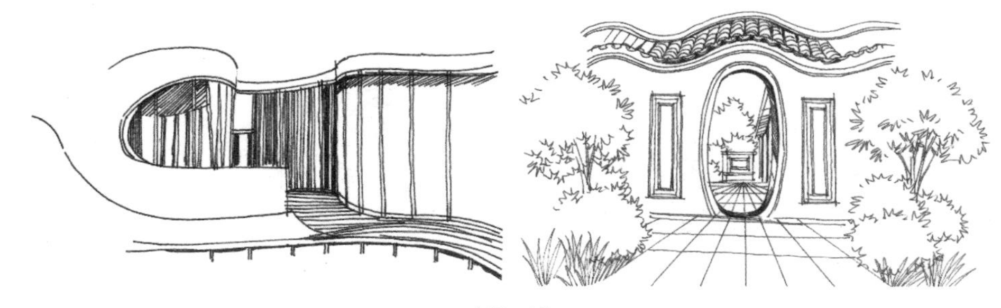

图2-49

图2-50

2.1.6 方向不一的自由线

1. 自由线的概念

自由线是一种松散的、可朝任何方向运动的线条，它通常具有凹凸的变化，如图2-51所示。在建筑手绘中，自由线是一种常用的线条类型，它能够表达出线条的自由感和动态特征。自由线可以用来表现建筑草图的轮廓、结构、纹理等元素，也可以表达透视和阴影效果，如图2-52所示。自由线的绘制需要掌握一定的技巧并加以练习，才能够达到流畅、自然、有力的表达效果。

图2-51

图2-52

2. 自由线的绘制要领

自由线的绘制是在直线和曲线的基础上进行的，熟练掌握这两种基本线条之后，可以随意地绘制出千变万化的自由线。在绘制自由线的过程中，关键要注意以下4点。

第1点，自由线速度快，轻松流畅，如图2-53所示。

第2点，可以将多种线条糅合在一起，如图2-54所示。

第3点，自由线一般运用在树冠、石头、门窗等大面积的暗部层次表现，如图2-55所示。

第4点，自由线要体现出线条的灵动与自由感，不需太在意线条的具体造型，一般草图绘画中运用较多，如图2-56所示。

图2-53

图2-54

图2-55

图2-56

3. 自由线的训练方法

自由线的练习方法具有多样性，包括借助建筑局部门窗暗部、整体建筑明暗关系及乔灌木树冠暗部等进行练习。具体来说，通过自由线表现建筑的明暗关系练习（见图2-57）、乔灌木树冠的自由线练习（见图2-58）及自由线疏密的排列练习（见图2-59），可以更好地控制画面的暗部层次。这些练习方法不仅有助于提高绘画技巧，还可以为创作出更为生动的作品打下基础。

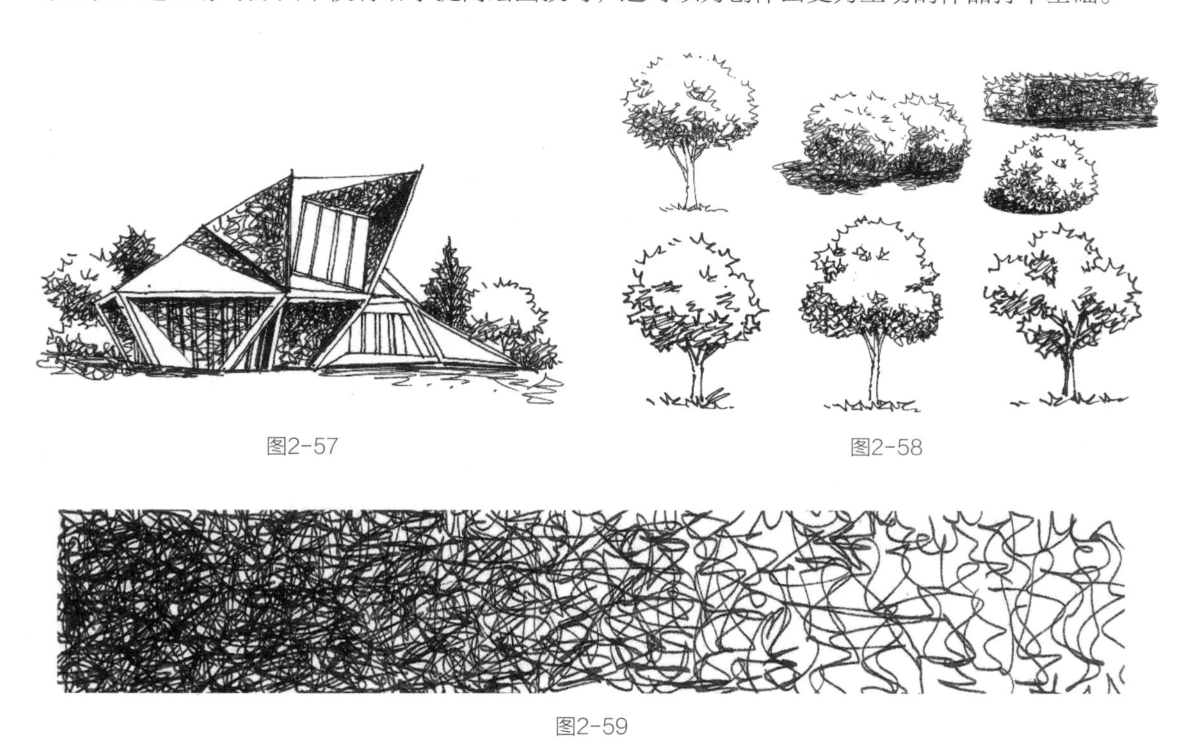

图2-57

图2-58

图2-59

通过以上练习，可以更好地绘制和应用曲线技巧，为建筑设计增添更多变化和生动性。

2.2 线的综合运用

2.2.1 线的基本组合形态

线条是构成画面的基本要素，线条的运用是影响画面美观的关键因素。通过对现代建筑轮廓基本组合形态的线条练习，可以逐步强化读者的基础造型能力，如图2-60所示。熟练掌握现代建筑轮廓的线条表现后，可以逐渐提高难度，通过对建筑结构进行细分，初步掌握画面的明暗关系，如图2-61所示。通过一系列实景建筑线条训练后，可以进行建筑概念设计并创造形体，如图2-62所示。例如，可以对现代方盒子建筑进行抽象概念性的设计造型，如图2-63所示。面对异形建筑时，通过曲线、弧线、直线的练习，打好造型基础，如图2-64所示。最终，回归到从落地建筑中提取元素，重塑并创作新的建筑造型，如图2-65所示。

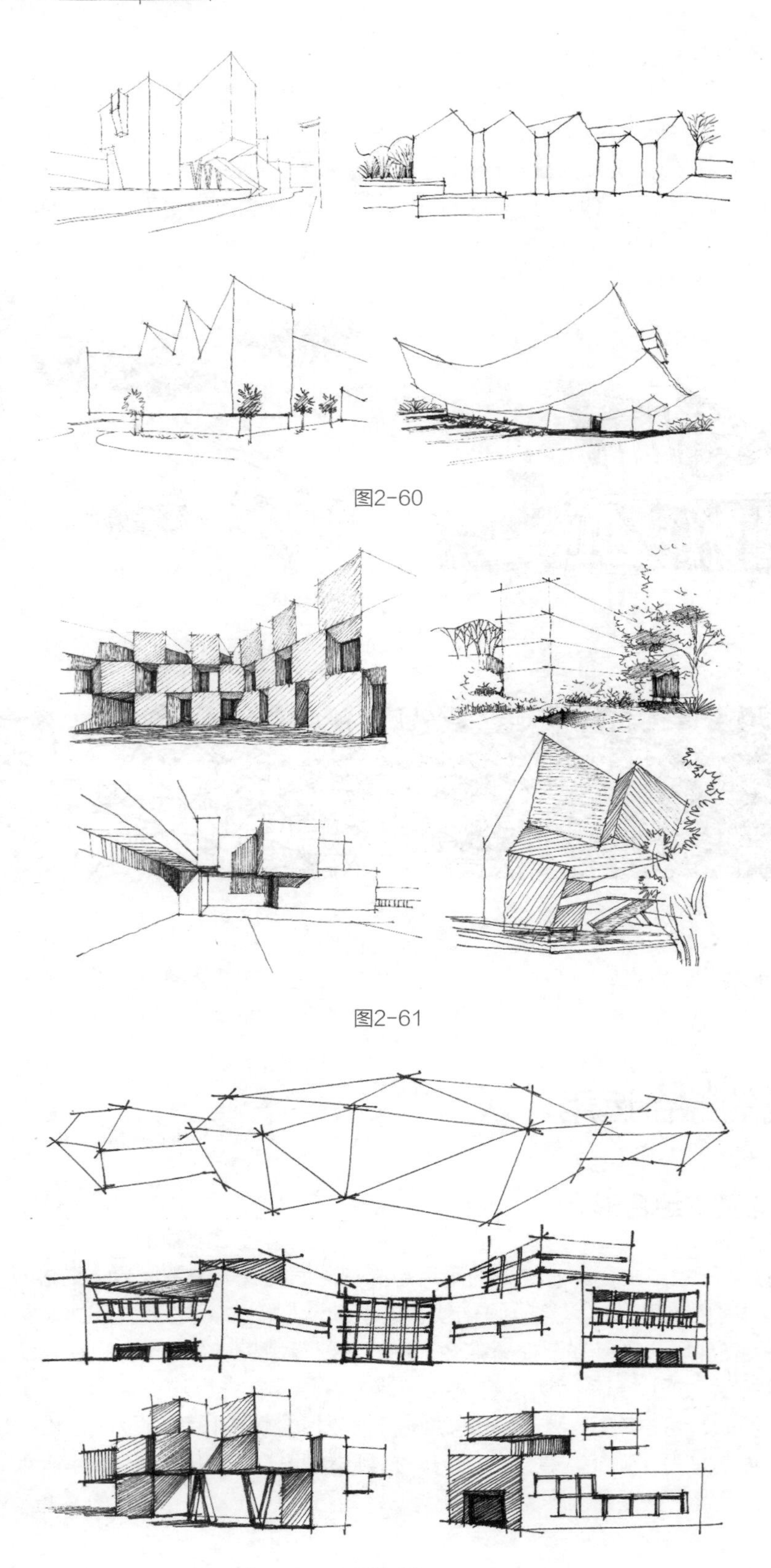

图2-60

图2-61

图2-62

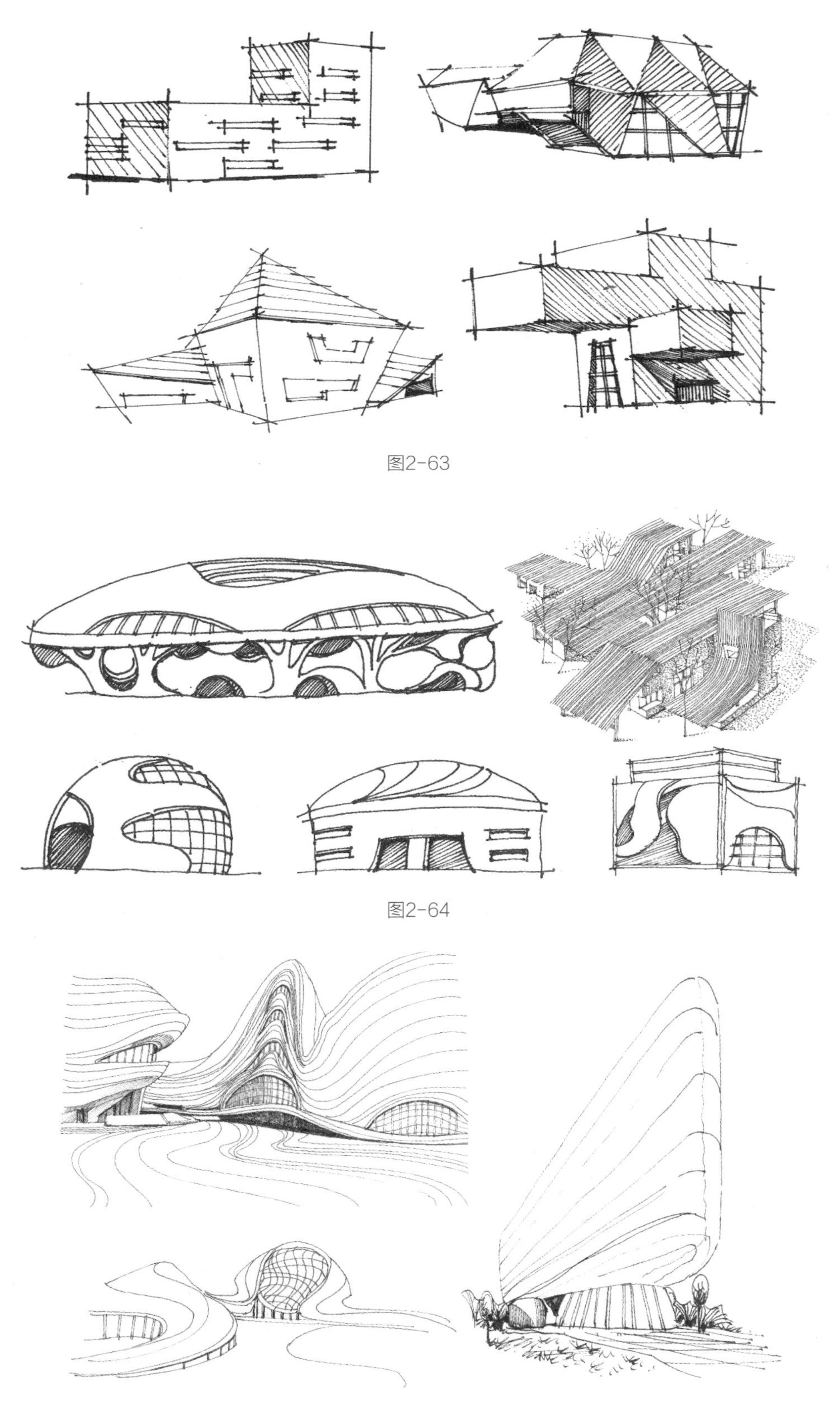

图2-63

图2-64

图2-65

2.2.2 建筑场景中线的运用

线条是建筑设计中一种非常重要的元素，通过不同线条的运用，可以营造出独特的美感。例如，在图2-66中，通过不同线条的运用，营造出了硬质元素与植物元素的刚柔并济的画面。硬质矮墙的直线给人稳重、坚实的感觉，而绿植和花的曲线带来轻盈、优雅的视觉效果。植物叶片和树干的弧线与曲线相映成趣，增加画面的层次感，使整个场景显得轻盈美观，增添立体感和真实感。

在图2-67中，方盒子建筑线条刚健，展现出建筑稳重坚固的特性。轮廓以直线为主，形成简洁明快的几何美感。与之相对，植物元素的线条柔和多变，充满生命力。叶子和树干的线条流畅自然，形成生动活泼的姿态。特别是树冠抖线与方盒子建筑的直线形成鲜明对比，营造出一个和谐统一的画面，既有建筑的稳重坚实感，又有植物的轻盈优雅感。

在图2-68建筑别墅线稿效果图中，展现了泳池喷泉、躺椅和植物等元素。通过弧线、抖线、直线的运用，营造出舒适休闲、自然美丽的氛围。喷泉线条柔和，水花飞溅与躺椅的硬朗线条形成对比。躺椅线条流畅自然，呈现舒适休闲感，与别墅建筑的直线形成对比。植物叶子和树干的线条生动活泼，与建筑线条形成对比。

在图2-69新中式建筑线稿效果图中，直线元素构成了建筑的主要轮廓和结构。呈现出一种简洁明快、现代感十足的建筑风格。同时，近水平台周边的绿化乔灌木、竹子及水生植物的各类线条的表现，对整个画面具有柔化作用，呈现出一种生动活泼的感觉。荷叶和水草的线条细腻柔美与其他元素的直线形成了鲜明的对比。而轻盈飘逸的水草线条与其他元素的直线、抖线等形成了鲜明的对比，使得整个画面更加生动有趣。

图2-66

图2-67

图2-68

图2-69

2.3 本章小结

本章深入探讨了硬直线、软线、抖线、弧线、曲线及自由线的概念，详细解析了它们的绘制方法和技巧。通过不同线条对建筑造型的练习，以及线条的综合运用，我们能够以较直接的方式将线条展现出来。需要明确的是，线条的练习并非只是单纯地训练线条本身，而是需要结合具体的建筑场景进行实践。

2.4 课后实战练习

2.4.1 练习不同类型的线条

以下是针对基本掌握前提下的短期突击训练计划，使用A4纸按照训练方法练习建筑设计手绘效果图常用的线条，线条的熟练掌握需要长期练习。

（1）每天用A4纸练习4张，主要结合简单的异形建筑实景训练曲线和弧线。

（2）结合极简主义风格建筑进行造型和明暗关系练习，坚持一周。

（3）搜集建筑设计相关实景图作为绘画参考。为后续设计积累素材，进行针对性训练即可，坚持一周。

（4）结合简单的建筑形体，大面积的暗部进行自由线的训练，塑造暗部的深浅层次，坚持一周，为后续设计草图打下坚实的基础。

2.4.2 使用线条创造建筑雏形

线条在建筑设计中至关重要，可以用于创造建筑雏形并赋予独特形态。直线传达稳重，曲线展现优雅，组合线条可创造多样建筑造型。线条不仅影响建筑外观，还关乎其功能和空间布局，可分割和组织空间，营造特定氛围。因此，设计中应充分考虑线条特性和表现力，合理运用和组合，以创造美观实用的建筑作品。

接下来提供几幅通过线条创造的建筑雏形作品以供参考。

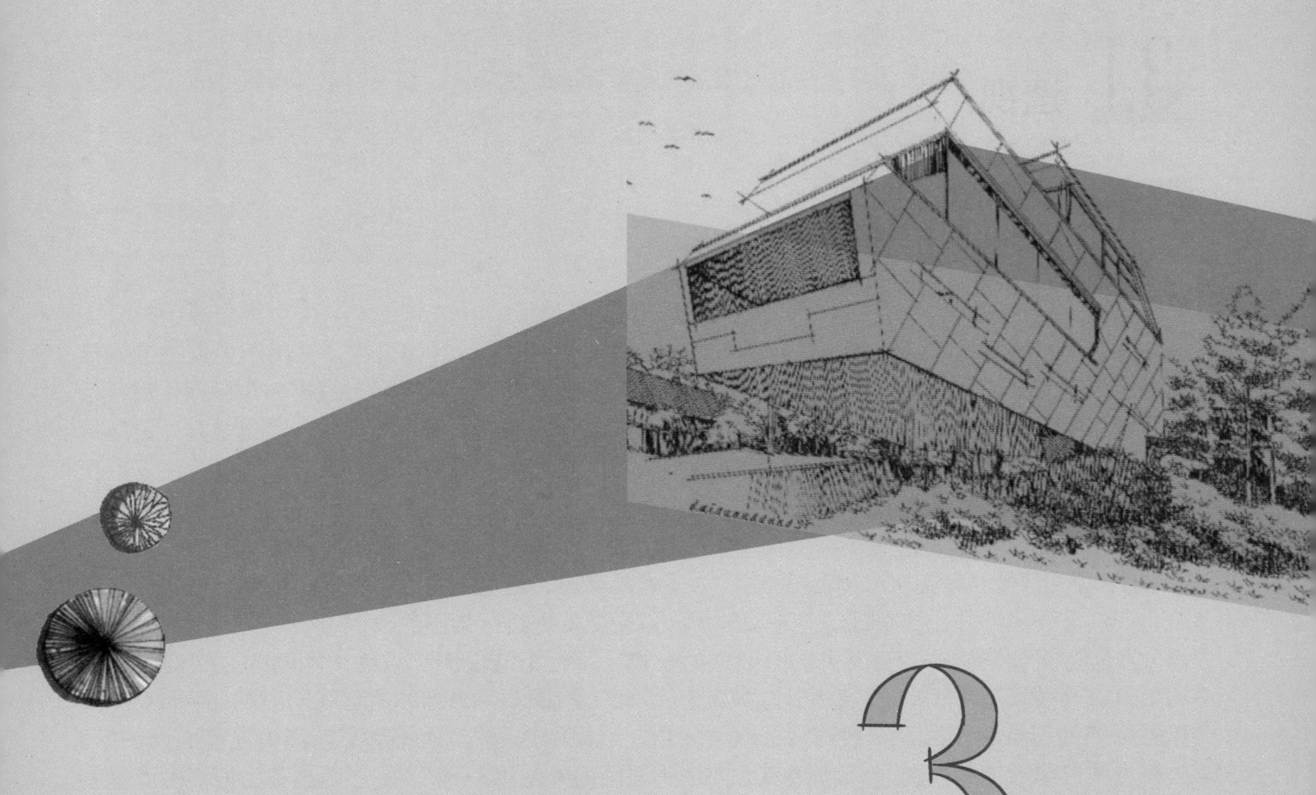

第3章 透视与构图

本章概述

本章介绍透视和构图的基本知识。首先，讲解透视的概念、术语和视平线，以及一点透视、两点透视和三点透视的案例表现和构图注意事项。接着，探讨常见的构图类型和要点，包括均衡式构图、对称式构图、垂直式构图等。最后，介绍框景的概念与实操，以及场景的选择与表现示范。通过学习本章，读者可以更好地理解透视与构图在绘画中的重要性，掌握绘制透视图的基本技巧，以提高构图能力和表现水平。

3.1 透视

3.1.1 透视的概述

1. 透视的概念

透视（perspective）是指在平面上描绘物体空间关系的方法或技术。这个概念源于拉丁文“*perspclre*”（看透），最初研究透视是通过一个透明的平面去看立体景物，并将所见景物准确描画在这个平面上，即成该景物的透视图。后来，人们逐渐发展了在平面上根据一定原理，用线条来显示物体的空间位置、轮廓和投影的科学，并将其称为透视学。在绘画中，透视学被广泛应用于描绘物体的空间关系，以增强画面的立体感和深度。

为了更好地理解透视与构图的关系，我们需要对透视进行深入剖析。透视与图形密不可分，因此我们需要深入了解透视图。如图3-1所示，展示了3种透视图融合在一幅画面中的示例，这有助于我们更好地学习。在绘画过程中，为了追求美感，这些消失点（灭点）通常会被省略。然而，我们需要理解并扎实掌握这些基础知识，以便更好地进行绘画创作。

方体边线朝向中心VP3消失的图形称为一点（平行）透视图。当物体两侧的边线同时朝向VP2和VP3两个灭点消失时，我们称为两点（成角）透视图。当方体的边线同时朝向VP1、VP2和画面外的灭点消失时，它被称为三点（斜角）透视图。另外，朝S点方向消失在画面外的第3个灭点图形称为“仰视图”，而朝*Q*点方向消失在画面外的第3个灭点图形则被称为俯视图。这些透视图在大场景创作中非常常见。

综上所述，我们需要充分了解并掌握这些透视图的特征。在绘画创作过程中，我们需要能够灵活运用这些透视图的技巧和判断方法，快速绘制出所需的设计效果图。

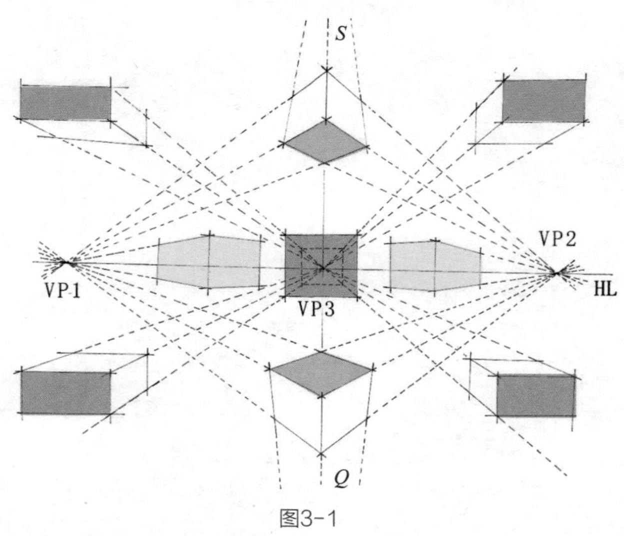

图3-1

2. 透视的基本术语

画面：是介于眼睛与物之间的假设透明平面，透视学中为把一切立体的形象都容纳在画面上，这块透明的平面可以向四周无限放大。

基面：承载着物体（观察对象）的平面，如地面、桌面等，在透视学中基面默认为基准的水平面，并永远处于水平状态，并与画面相互垂直。

基线：画面与基面相交的线为基线。

景物：所描绘的对象。

视点（目点）：就是画者眼睛的位置。

站点：从视点做垂直线与基面的交点，又称立点。

心点（视心）：中视线与视平线的交点。

基点：心点到基线的垂点。

视平线：是指与视点同高并通过视心点的假想水平线。

中视线：视线与视平线的垂线。

视高：心点到基点的垂直距离，或者视点到站点间的距离。

视距：站点至画面的垂直距离，在视平线上，视距等于目点至心点的距离。

消失点：与视平线平行，而不平行于画面的线会聚集到一个点上，这个点就是消失点，又称灭点。

图3-2详细阐述了透视的基本术语。

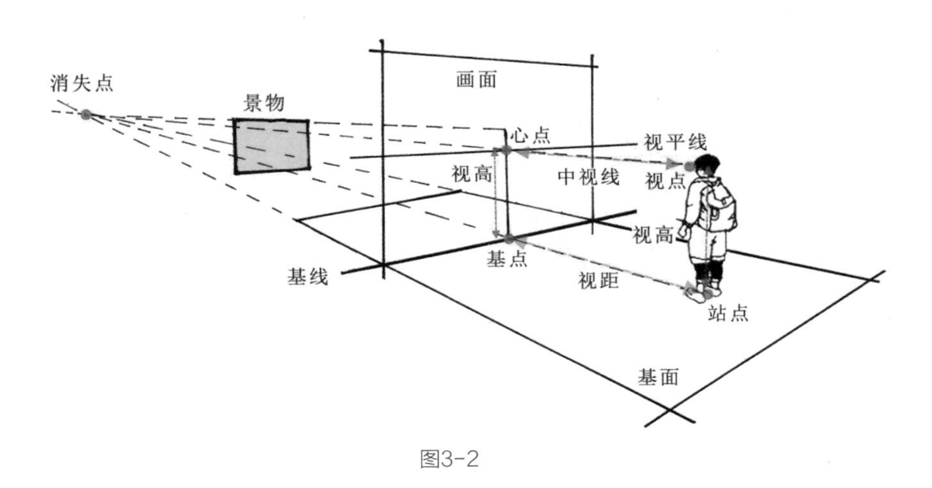

图3-2

3. 视平线

视平线在建筑设计和绘画中占据着重要的地位。它是一条与眼睛高度平行的水平线，为绘画者和设计师提供了参考，以创造出更具立体感和真实感的作品。在建筑设计中，视平线还有助于确定内部空间布局和视野范围，以提供更舒适和宽敞的体验，如图3-3所示。

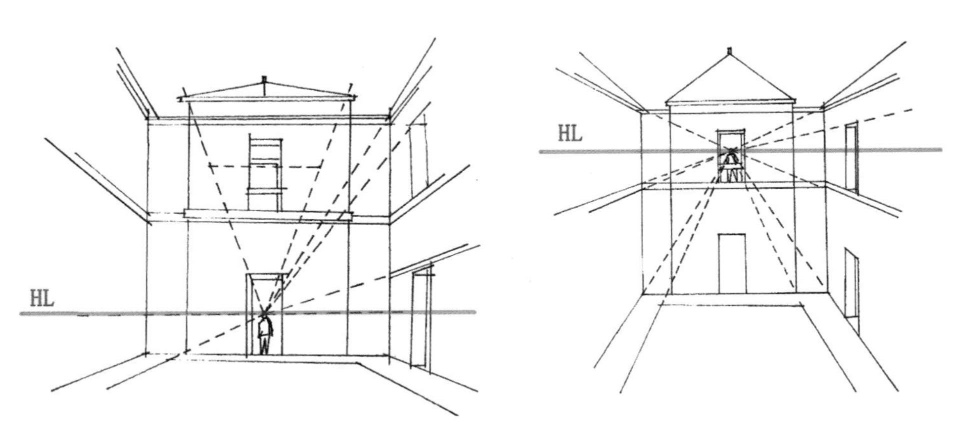

图3-3

视平线始终保持水平，扮演着我们所能看见的物体的分界线角色。通过视平线，我们可以确定被画的物体的视角，如图3-4所示，通过视平线（HL）可以确定仰视、平视及俯视3种视角。

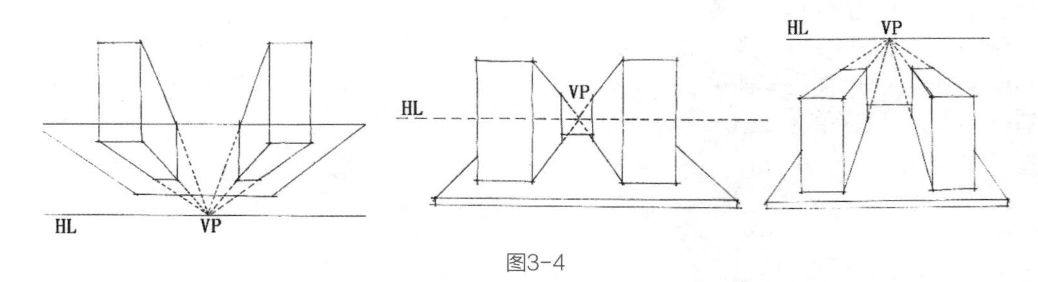

图3-4

在建筑设计线稿效果图中（见图3-5），以成人的视角分别看向3个景物：视角①是看向建筑体悬挑暗部，此时视线高于视平线，因此这是一种仰视角度；视角②看向泳池水面，视线低于视平线，因此水面的面积相对较多；视角③是看向前景方体石凳，视线低于视平线，属于俯视角度，因此可以看到石凳顶面的面积相对较多。

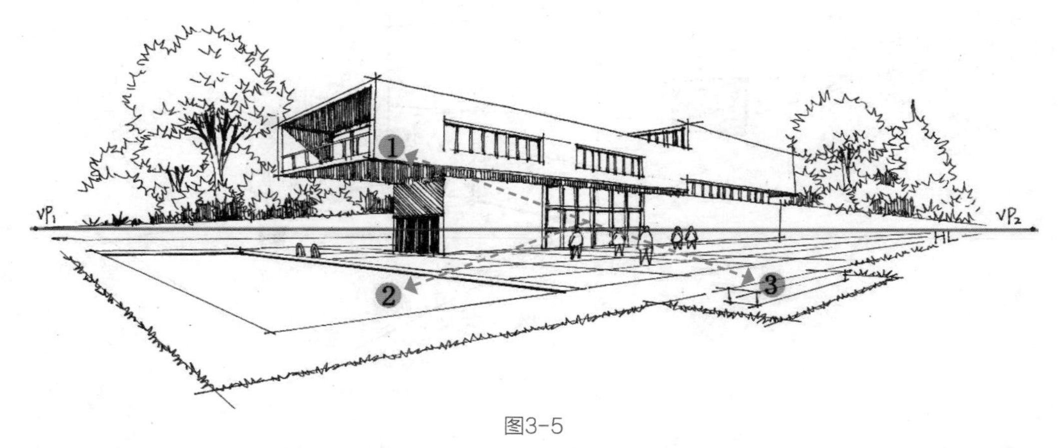

图3-5

综上所述，视平线在建筑和绘画中起重要作用，是观察和创作的辅助线。它帮助创造立体感和真实感，影响空间布局和视野。通过视平线，可确定观察物体的视角，丰富创作内容。

3.1.2 一点透视

一点透视概念与案例讲解

1. 一点透视的概念

一点透视，又名平行透视，其独有特质在于视平线上仅存一个灭点（见图3-6）。当画者视线与所画物体正面形成直角时，物体纵深线条会汇聚于一点，这就是一点透视的原理。为了更好地掌握一点透视的表现技巧，建议利用方体多进行练习，如图3-7所示。

2. 一点透视案例表现

一点透视案例以简洁的几何形状展现极简主义美学，无多余装饰，强调实用与简约。通过一点透视，建筑的外观与内部结构得以清晰呈现，凸显其精致简约。

（1）确定一点透视的消失点，然后根据消失点绘制出透视线和建筑立面的造型，如图3-8所示。

（2）根据消失点将建筑体整体造型轮廓绘制完善，保持线条清晰明朗与画面的整洁，如图3-9所示。

（3）根据建筑造型，完善周边植物配置的轮廓造型绘画，统一画面节奏，如图3-10所示。

（4）通过排线的方式，加强建筑体的明暗和对比关系，塑造建筑的体积感，如图3-11所示。

（5）加强配景植物的明暗及水池的表现，添加飞鸟以活跃画面气氛，最后整体调整画面，如图3-12所示。

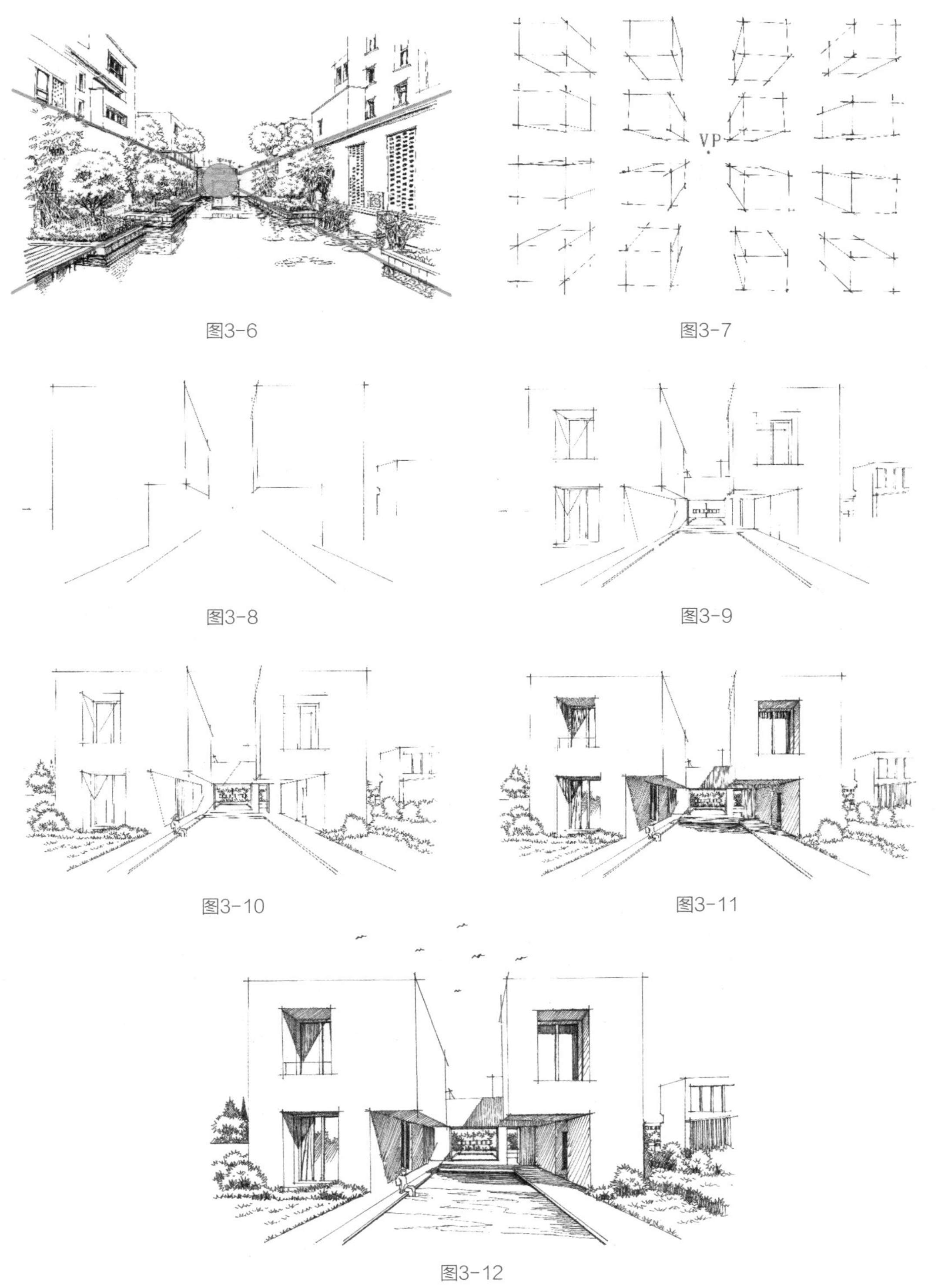

图3-6

图3-7

图3-8

图3-9

图3-10

图3-11

图3-12

3. 一点透视构图注意事项

在一点透视的构图过程中，需关注视平线、消失点、透视变线距离、主景放置及遮挡关系5大要素。

（1）视平线

画面视平线的位置应尽量位于画面的1/3处，如图3-13所示。降低视平线能使画面中的景物形成遮挡关系，降低作画的难度，方便表现。

图3-13

（2）消失点

消失点的移动对一点透视的空间有影响，消失点的位置决定了透视空间的方向和深度。如图3-14所示，当消失点在左侧时，画面会感觉向右延伸，左侧物体远离，右侧物体靠近。

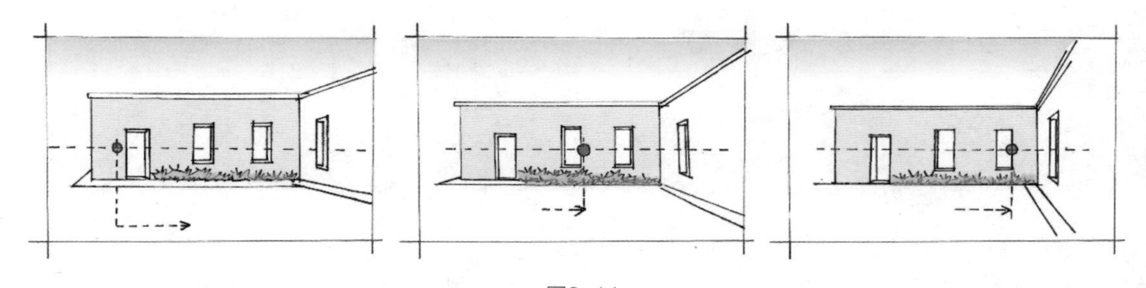

图3-14

（3）透视变线距离

除景物本身大小之外，画者与景物的距离是由纵向的变线（透视线）决定的。变线越长，透视场景的景深越大，透视空间也会越大，如图3-15所示。

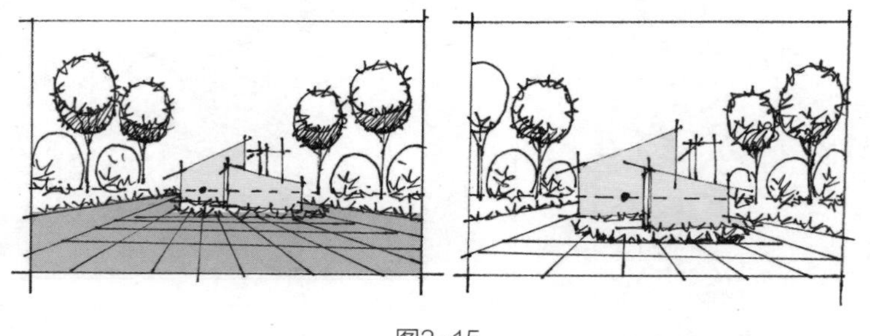

图3-15

（4）主景放置

在一点透视场景中，透视灭点是所有透视线的交点，将主要景物置于透视灭点周围，具有集中和突出景物的效果，能够更好地突出主要景观，如图3-16所示。

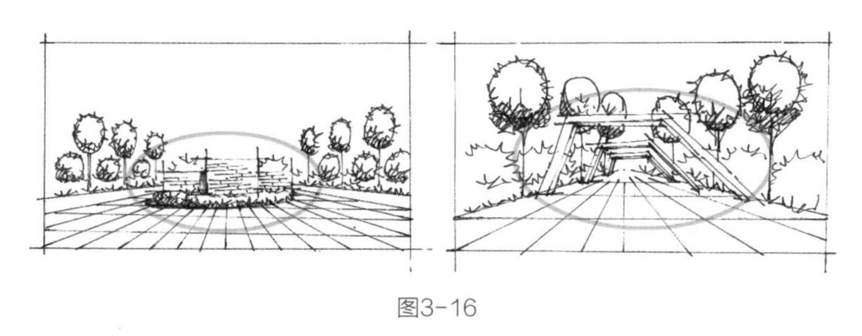

图3-16

（5）遮挡关系

植物遮挡对画面的透视空间产生影响。随着植物遮挡程度的增加，画面的空间感和延展性逐渐减弱。如图3-17所示，当植物遮挡较多时，画面的空间感和延展性明显降低。

图3-17

3.1.3 两点透视

两点透视概念与案例讲解

1. 两点透视的概念

两点透视也称为成角透视，是当画者的视线与所画物体的立面形成的夹角为锐角时形成的透视效果。在这种透视中，两个消失点（VP1和VP2）位于同一条直线上，该直线称为视平线（HL）。两点透视是绘画中较为常见的透视角度，经常以方体的形式进行练习和表现，如图3-18所示。接下来，我们将通过两点透视的手绘作品进一步展示这种透视效果，如图3-19所示。

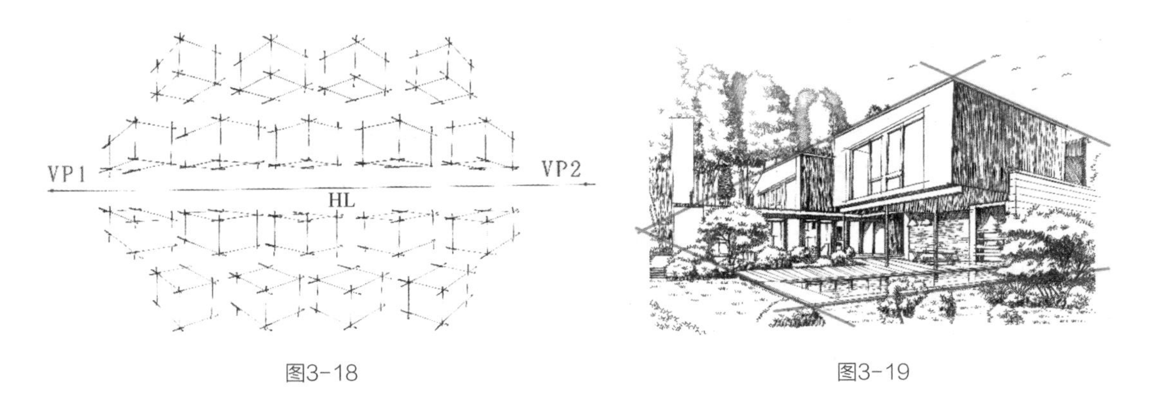

图3-18 图3-19

2. 两点透视案例表现

为了帮助初学者更好地理解和掌握两点透视的表现，本次将以简单的方盒子建筑作为案例进行表现。通过对方盒子建筑的透视表现，初学者可以快速掌握两点透视的基本原理和技巧，为后续的学习和实践打下基础。

（1）使用铅笔绘制底稿，轻轻勾勒出建筑的大致体块和造型，如图3-20所示，为后续步骤打下基础。

（2）使用墨线笔将建筑的外轮廓和道路清晰地描绘出来，如图3-21所示，确保线条流畅、准确。

（3）进一步细化建筑结构，将建筑的窗体结构仔细绘制完成，如图3-22所示，注意细节和准确性。

（4）初步表现建筑的窗体局部的明暗层次，同时简单描绘出沿路的草地，如图3-23所示，增强画面的立体感和空间感。

（5）全面绘制乔灌木和草地，完善建筑的明暗层次，使画面更加丰富，更有立体感，如图3-24所示。

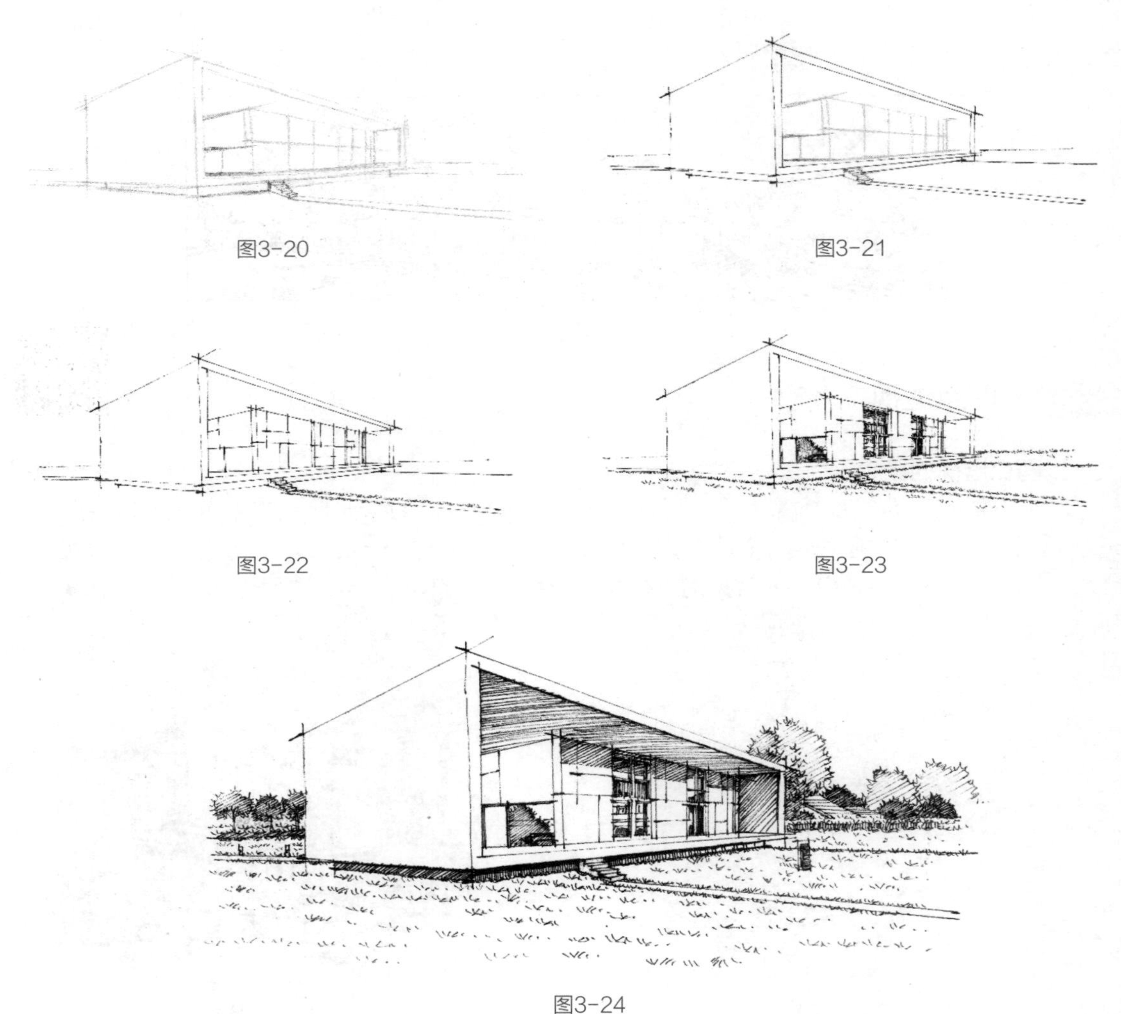

图3-20

图3-21

图3-22

图3-23

图3-24

3. 两点透视构图注意事项

两点透视构图的注意事项主要是视平线、消失点、配景和遮挡关系等方面，这可以帮助我们更好地掌握透视技巧，提高绘画水平和画面效果。

（1）视平线

为了更好地掌握两点透视，视平线依然处于画面的1/3处较为合适，这样视平线相对较低，画面的部分景物可以形成遮挡，能更好地控制画面，如图3-25所示。

图3-25

（2）消失点

在绘制建筑两点透视构图时，通常将建筑主体放置在靠近画面中心的附近，以突出建筑的特色。此时，两个消失点通常位于画面之外，如图3-26所示。如果两个消失点同时出现在画面之内，这种场景下的建筑所占画面面积较小，视觉场景较大，如图3-27所示。但有时为了表现建筑的特定面，可能会出现一个消失点在画面内而另一个出现在画面以外的情况，如图3-28所示。这种场景也是常见的两点透视构图。

图3-26

图3-27

图3-28

（3）配景

当两个消失点同时出现在画面以内，主体建筑所占画面比例较小，整体画面会出现空洞，为了弥补这一缺陷，通常会使用相关的配景元素进行补充，一般会在空旷的场景中添加配景人物、车辆、丰富铺装等方式完善画面构图，添加的配景要注意与视平线的关系，人视角的场景，成年人物的头部一般处于视平线上，如图3-29所示。

图3-29

（4）遮挡关系

两点透视建筑构图中，当画面两侧空洞时，可以适当添加一些压边乔木，使画面构图均衡饱满，当建筑被遮挡太多时，也可以适当删减部分遮挡的乔灌木，以凸显主体建筑，如图3-30所示。

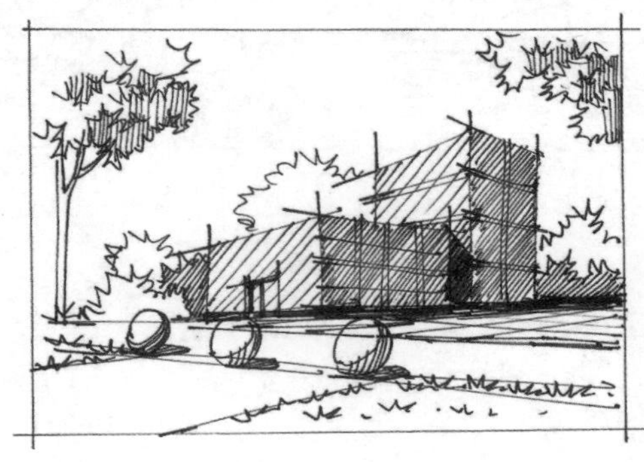
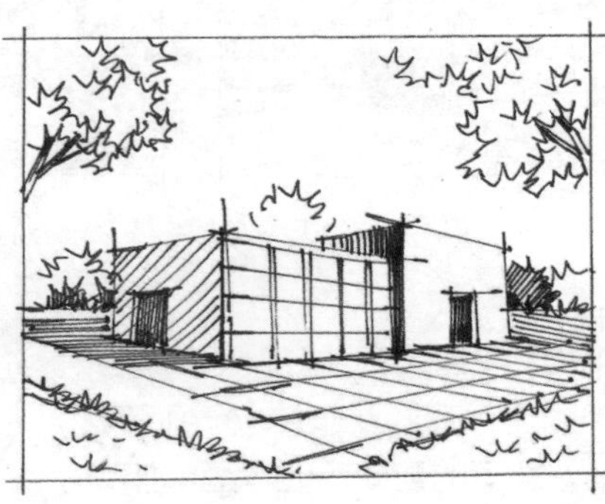

图3-30

三点透视概念与案例讲解

3.1.4 三点透视

1. 三点透视的概念

三点透视也称为斜角透视，是一种在画面中存在3个灭点的透视方法。这些灭点是由于观察者与倾斜的景物之间不存在平行于画面的边缘线、面或块而产生的。在三点透视中，通常会有2个灭点位于视平线上，而第3个灭点则位于视平线以外，以方体例作为展示，如图3-31所示。这种透视效果通常出现在观察者与景物之间存在一定的角度时，例如，在仰视（见图3-32）或俯视建筑物时。三点透视能够创造出强烈的视觉冲击力和纵深感，因此经常被用于表现高大的建筑、山脉或城市景观等场景。

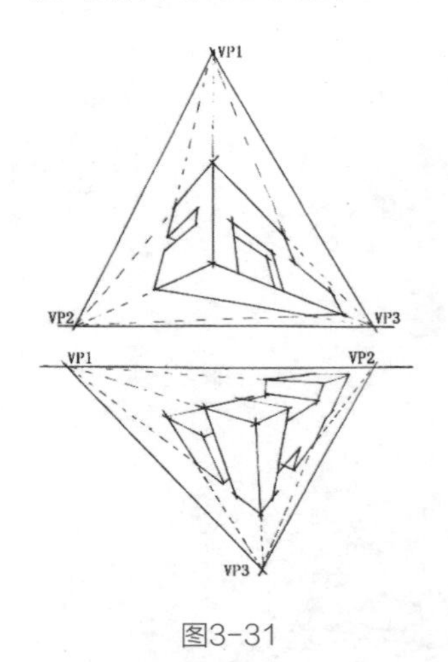

图3-31

图3-32

2. 三点透视案例表现

下面我们将以三点透视为例，用简单方体组合创作现代建筑。三点透视相对较难，因此以简单体块为例，这样可以更好地理解原理和应用，为未来建筑绘画打下基础。

（1）使用铅笔准确描绘出整体建筑物的轮廓，同时需注意整体透视线的倾斜角度，以确保构图的准确性，如图3-33所示。

（2）根据铅笔草图，绘制出建筑轮廓，并确保线条流畅，如图3-34所示。

（3）细化建筑结构，并绘制出建筑周围的乔灌木、草地、铺装及围墙轮廓造型，如图3-35所示。

（4）加强建筑体块的明暗对比关系，塑造画面的光影关系，如图3-36所示。

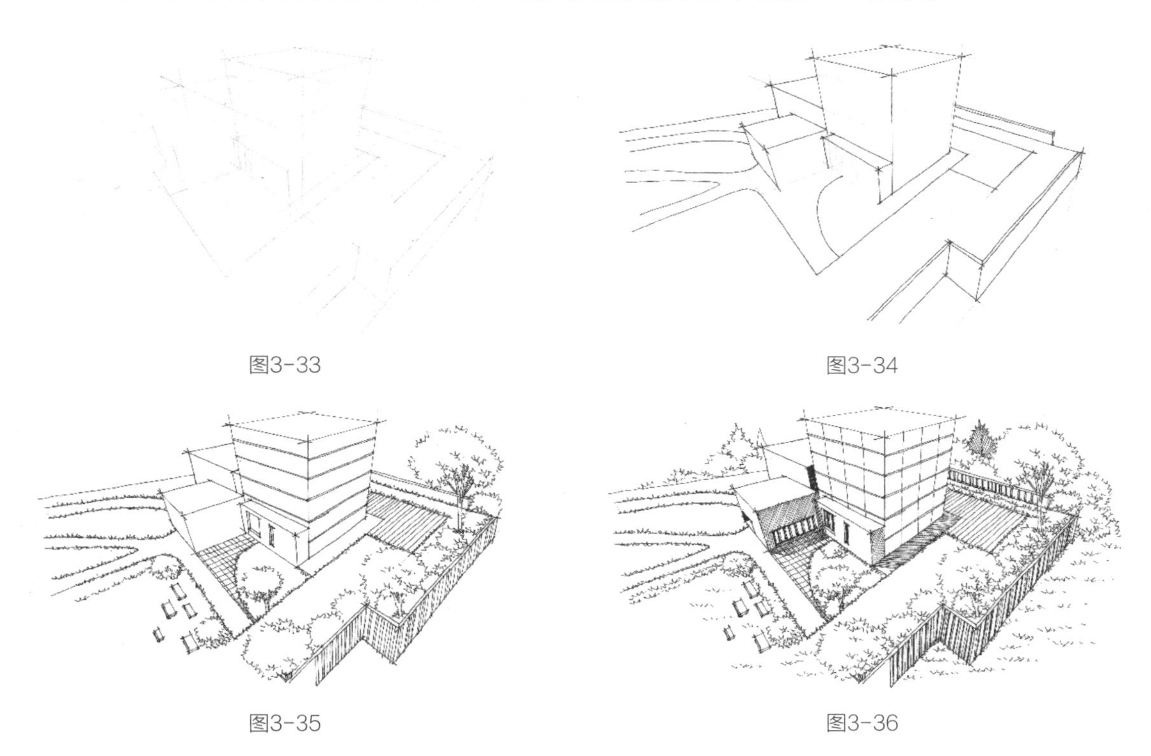

图3-33　图3-34

图3-35　图3-36

（5）整体调整画面，进一步强化前景围墙、乔灌木的背光面，加强画面视觉冲击力，如图3-37所示。

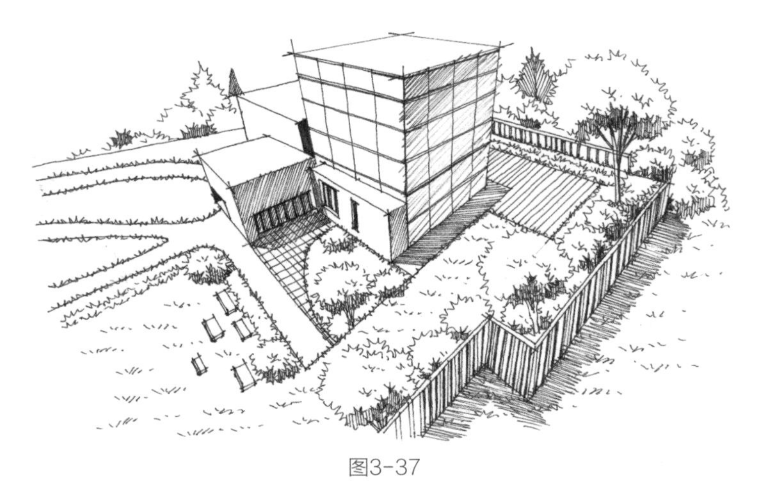

图3-37

3. 三点透视构图注意事项

在构图阶段，三点透视需要注意合理安排消失点。当画面中3个消失点（灭点）都能找到时，透视变线的倾斜度会增大，徒手表现会更加困难。因此，可以借助尺规作图，如图3-38所示。这种构图适用于绘画大场景，如城市规划、景观及建筑全局图，也适用于绘画高楼的仰视图和俯视图。

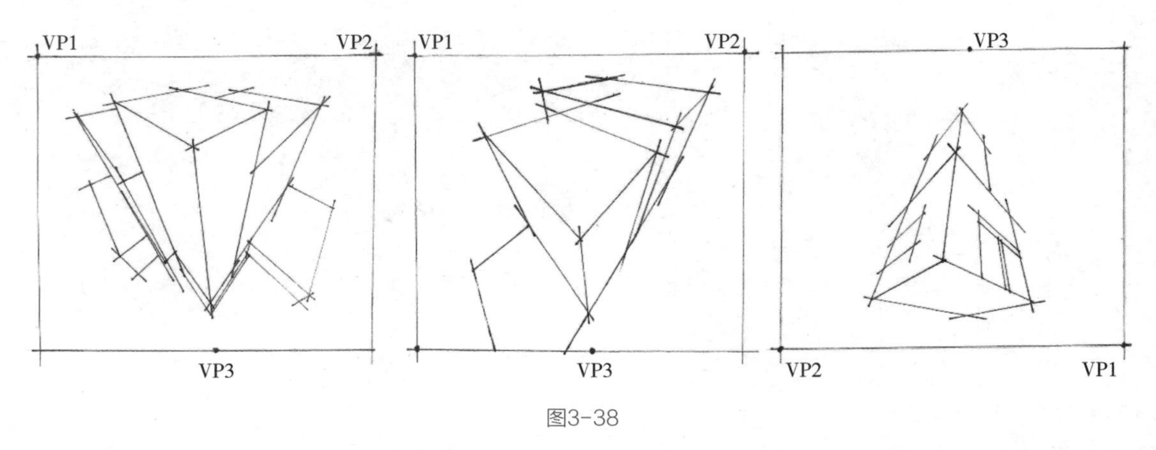

图3-38

当画面中出现两个消失点时，与画面中存在3个消失点的场景相比，我们与主体景物的距离会更加接近。如图3-39所示，在只有2个消失点的透视场景中，我们对主体景物的表现相对更为细致，而找不到消失点的透视变线表现则更加灵活。

当灭点位于画面之外时，这类景物是我们在绘画中经常遇到的情况。这类场景往往能够更好地展现局部细节和魅力，但在宏观空间上缺乏延伸感，图3-40展示的就是这种情形。

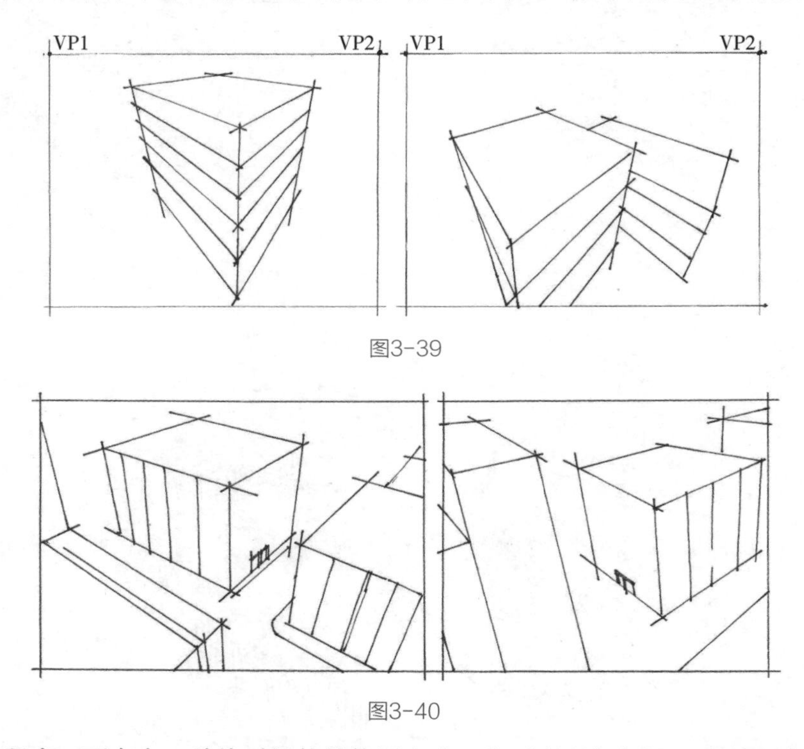

图3-39

图3-40

在构图过程中，不存在一种绝对最佳的构图方式，也无所谓好与坏，而只取决于设计师想要表现什么样的场景效果。因此，对于构图而言，需要考虑具体建筑场景和设计师的设计意图。

3.1.5 绘制平面透视图

绘制平面透视图视点1

为了训练绘制平面透视图的能力，我们采用快速表现方法来勾画透视空间，以建筑平面图作为示范，如图3-41所示。我们选取3个视点作为透视图的转换，以便

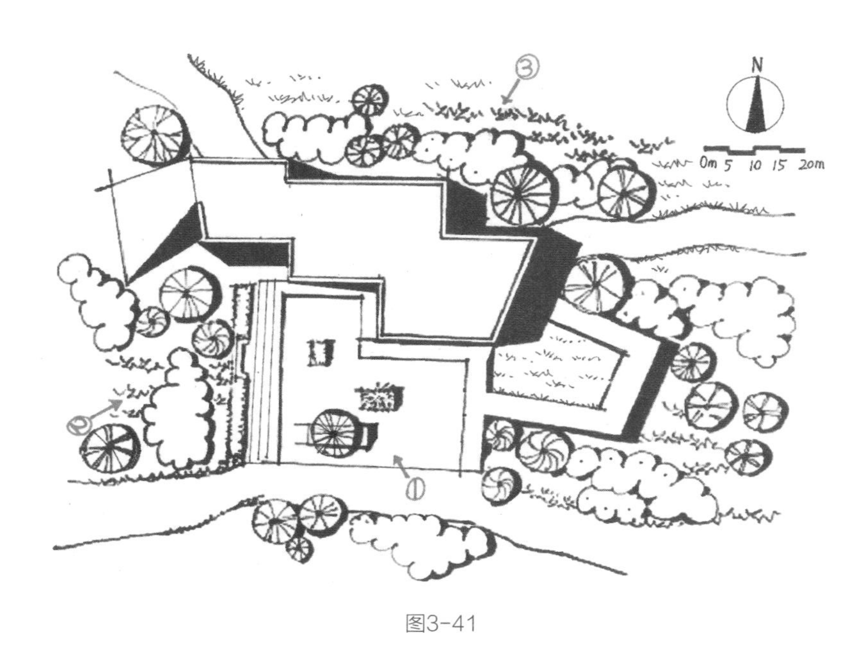

图3-41

更好地表现透视效果。

这种方法可以帮助设计师快速推敲空间，并提高空间感知能力。同时，掌握透视原理和规律是必要的，但完全遵循这些原理进行绘画对于具体设计方案来说可能不够灵活和快速。因此，我们采用常规的绘制方法：先找到消失点（灭点），然后根据画面的灭点来推敲和绘制空间。这种方法使空间更具灵活性，也使设计师能够更快地掌握透视图的绘制技巧，并在具体设计方案中更加灵活地表达空间效果。

1. 视点1案例表现

（1）使用铅笔，预先规划好建筑透视场景的整体布局，如图3-42所示。

（2）根据铅笔草图，迅速勾勒出建筑物的整体轮廓，并描绘出前景的乔灌木造型，如图3-43所示。

（3）调整画面节奏，完善远景乔灌木和道路的绘画，并对建筑体结构进行更精细的表现，如图3-44所示。

（4）强化配景乔灌木的明暗层次关系，并对建筑的门窗进行局部处理，如图3-45所示。

（5）加强建筑玻璃幕墙的表现，对整体画面进行调整，最终完成线稿的绘制，如图3-46所示。

图3-42

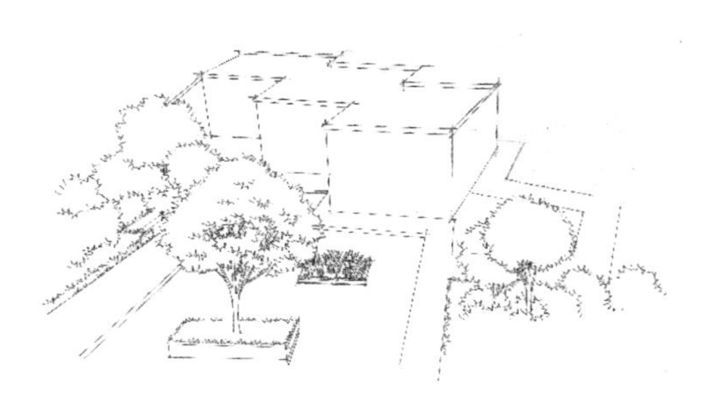

图3-43

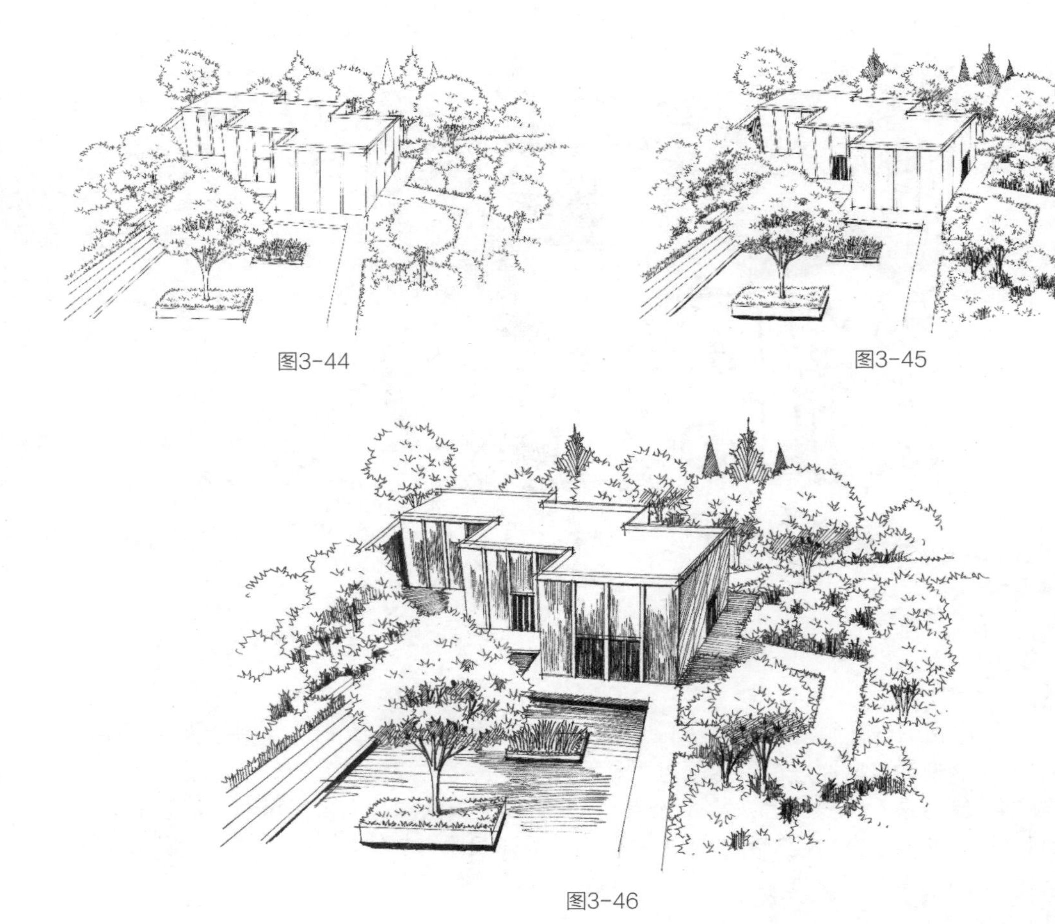

图3-44

图3-45

图3-46

2. 视点2案例表现

绘制平面透视图视点2

（1）利用铅笔进行底稿的推敲，仔细地绘制出整体建筑、周边植物及水池的造型，如图3-47所示。

（2）根据铅笔草图，快速地表现出建筑、植物及水池的轮廓，如图3-48所示。

（3）细化前景的乔灌木和建筑细分结构，局部表现门窗的深层次，如图3-49所示。

（4）通过排线整体加强乔灌木的暗部表现，拉开明暗关系，如图3-50所示。

（5）塑造光感，加强建筑玻璃幕墙、水池及乔灌木暗部层次的表现，使画面更具立体和空间感，如图3-51所示。

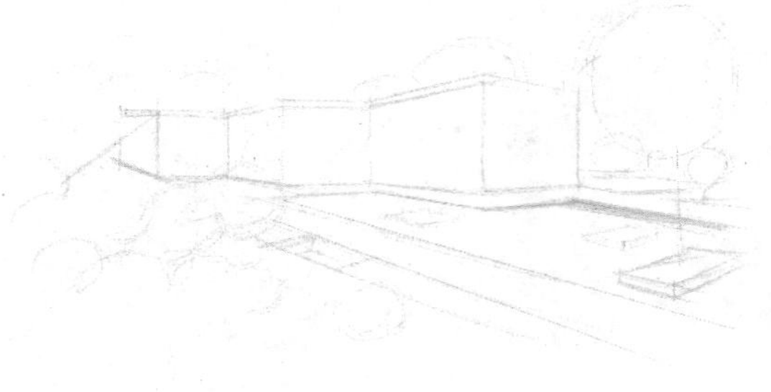

图3-47

图3-48

图3-49

图3-50

图3-51

3. 视点3案例表现

绘制平面透视图视点3

（1）使用铅笔轻轻地勾勒，将建筑物、乔木、灌木及道路轮廓描绘出来，如图3-52所示。

（2）根据铅笔草图，首先绘制出前景的乔木和灌木，并合理搭配植物，然后进一步表现建筑物的体块，如图3-53所示。

（3）完善场景的细节，补充前景的草坪、花卉、灌木球等元素，并通过抖线技术区分出明暗转折，细化建筑物门窗的结构，如图3-54所示。

（4）强化建筑物玻璃幕墙、乔木和灌木的明暗层次表现，如图3-55所示。

（5）对画面的明暗关系进行整体调整，通过同一方向的排线对树冠的明暗层次进行进一步的调整，并添加飞鸟来活跃场景氛围，如图3-56所示。

图3-52

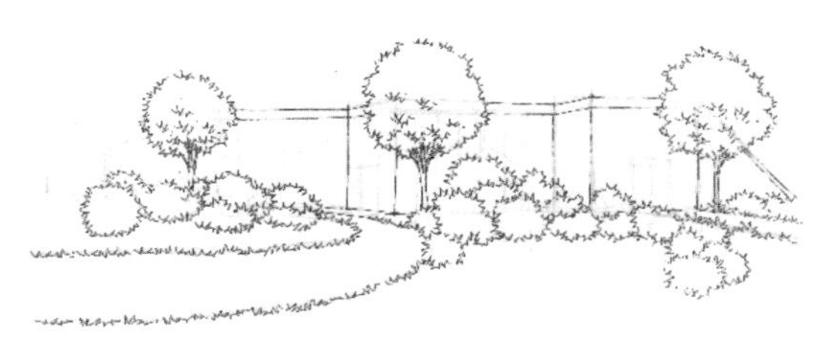

图3-53

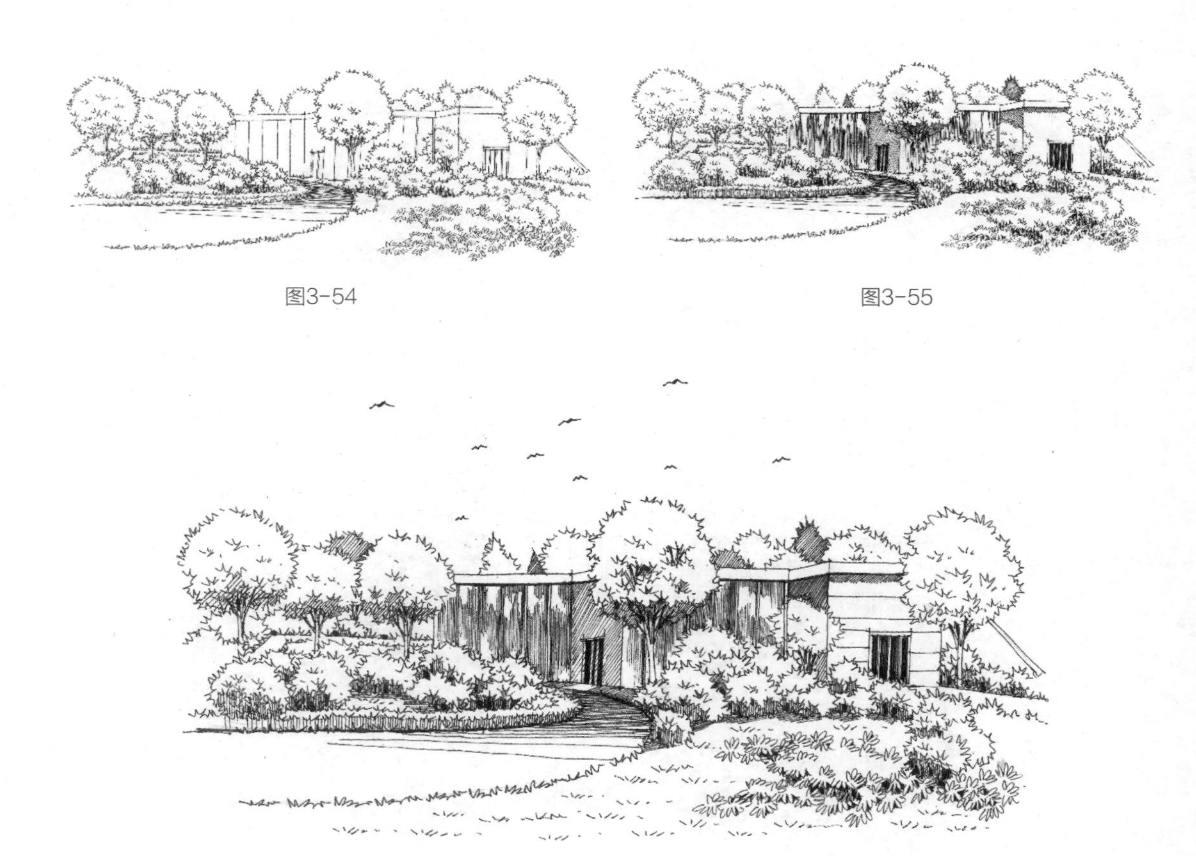

图3-54

图3-55

图3-56

3.2 构图

3.2.1 构图的基本原理

建筑设计手绘需要遵循基本的构图原理，注意主题明确、平衡稳定、透视正确、比例协调和细节质感表现。要确保画面中心突出，元素间保持适当的间距，并采用正确的透视原理和比例关系来表现建筑物的形态和空间关系。同时，注重表现建筑材料的纹理、质地和颜色等细节特征，以增强手绘的真实感和生动性。

3.2.2 常规的构图类型

1. 均衡式构图

均衡式构图是建筑设计手绘的关键原则。它通过巧妙地布置元素，使画面在结构上呈现出完美的状态，并给观众饱满、完美的视觉感受，这种构图方式可以形成强烈的整体感，而如果画面中的某一部分被移除，可能会导致重心偏移，产生不完整和空洞的感觉，图3-57就很好地诠释了均衡式构图。

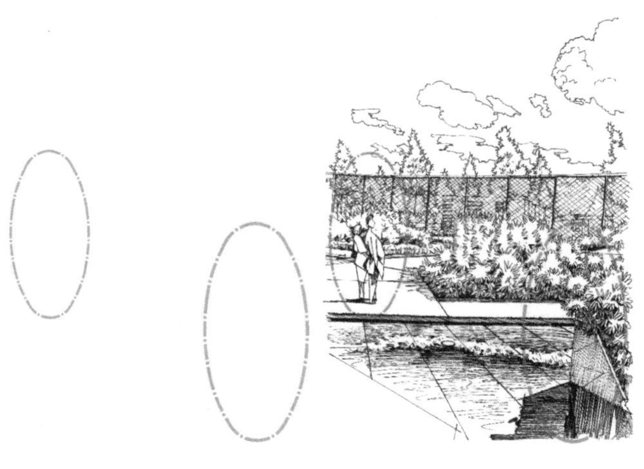

图3-57

2. 对称式构图

在建筑设计手绘中，对称式构图能展现建筑物的对称性和稳定性，以某线或某点为基准，两侧绘制相对应的建筑元素，从而创造出平衡、和谐的效果。对称式构图也可用于建筑群或城市景观，以增强视觉冲击力和表现力，如图3-58所示。

图3-58

3. 垂直式构图

在建筑设计手绘中，垂直式构图注重强调建筑物的竖向线条，以突出其高大、挺拔和庄严的特点。手绘者需要选择合适的角度，强调建筑垂直线条，并合理运用透视法来增强画面的立体感和空间感。同时，要注重画面的整体平衡和协调性。通过灵活运用垂直式构图方法，可以更好地展现建筑物的特点和魅力，如图3-59所示。

图3-59

4. 变化式构图

在建筑设计手绘中，多变式构图作为一种独特的技巧，通过灵活变化构图元素的位置和形态，激发观众的想象力，使画面在保持平衡的同时，呈现出意犹未尽的感觉。这种构图方式可以有效地引导观众的视线，并激发他们的思考和联想，为建筑手绘者提供了创作出别具一格、引人入胜作品的有效途径，如图3-60所示。

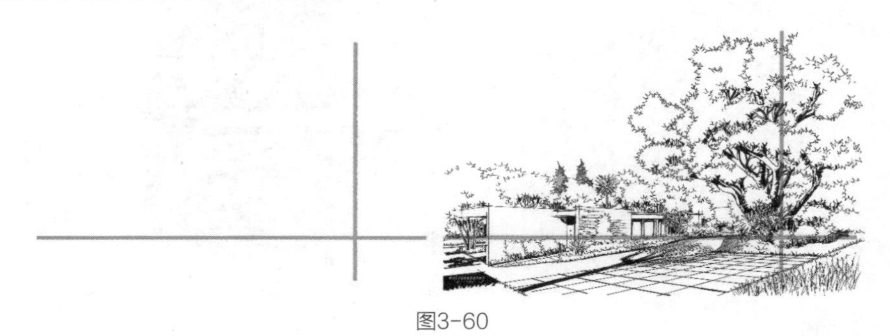

图3-60

5. 中心式构图

中心式构图是指将主体放置在画面中心进行构图的方式。这种构图方式的最大优点在于主体突出、明确，且画面容易取得左右平衡的效果，如图3-61所示。对于严谨、庄严和富有装饰性的主题作品，中心式构图尤为有效。

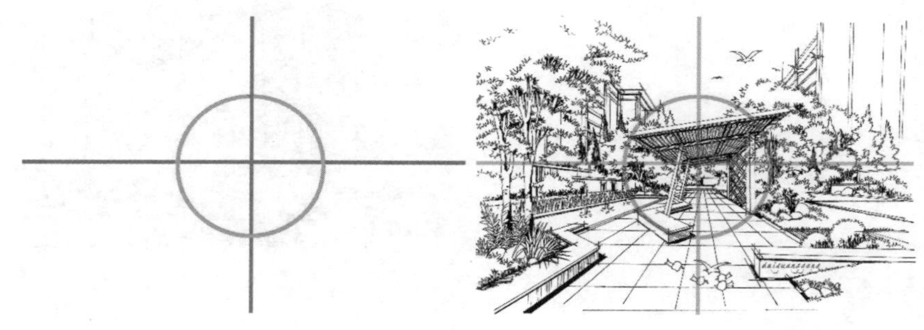

图3-61

6. 几何构图

（1）水平式构图

水平式构图是建筑设计手绘中实用的构图技巧，以水平线条为主，将画面分为上下两部分，突出建筑的稳定感和平衡感，同时表现建筑的空间感。水平式构图常被用来描绘静谧、平和的场景，通过镜面般的湖面、水波荡漾的水面等，表现建筑的形态、比例关系和空间感，同时营造宁静、平稳的氛围，如图3-62所示。

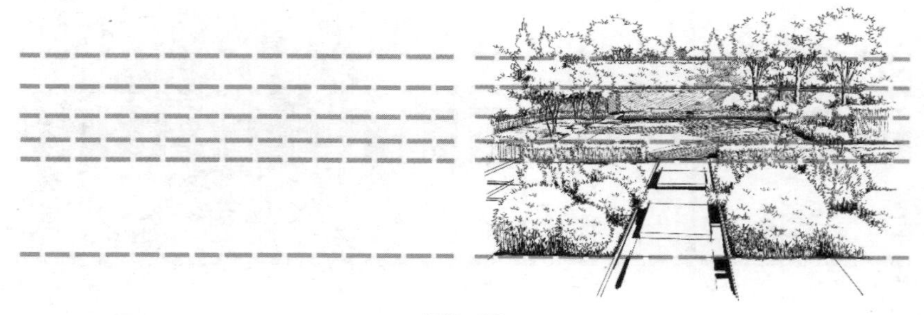

图3-62

（2）L形构图

L形构图呈现为正L形或倒L形，是一种有效的构图技巧，它将人们的视线集中在构图内的主体上，使主题突出、明确。在规律性、线条感的画面中，L形构图可以增强视觉效果，使画面更协调、平衡。建筑设计师合理运用L形构图，精确展现建筑物的形态特征、比例关系和深度空间感，使画面更具吸引力，如图3-63所示。

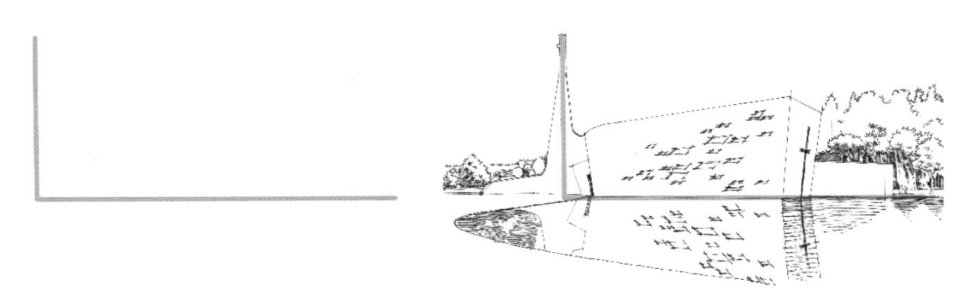

图3-63

（3）S形构图

S形构图灵活优美，展现出强烈的韵律感和动态美。主要景物以优美的S形曲线分布，精准展现景物的造型特征、尺度和空间层次感，为画面增添引人入胜的视觉魅力，如图3-64所示。

图3-64

（4）X形构图

X形构图是画面中的线条呈X形状分布，有很强的透视感，常用于一点透视构图。其特点是以画面中央为起点，景物向四周扩散，以引导观众视线，突出主体，如图3-65所示。

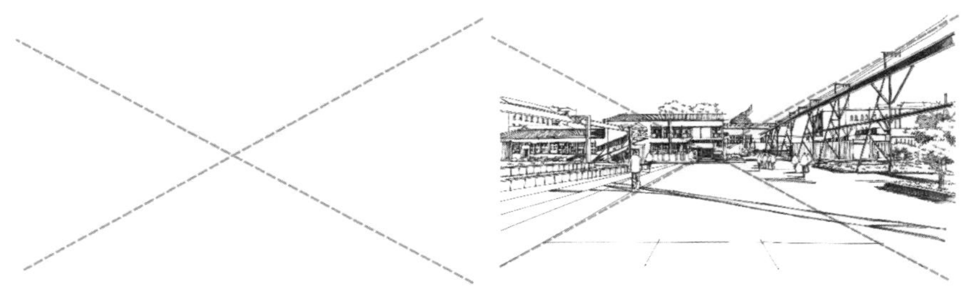

图3-65

（5）三角形构图

三角形构图由于其稳定性，通常能给人带来稳固的视觉感受，如图3-66所示。这种构图能够很好地突出画面的主体物。为了增加画面的灵活性，我们可以采用不同类型的三角形构图，例如，斜三角形构图和倒三角形构图等。

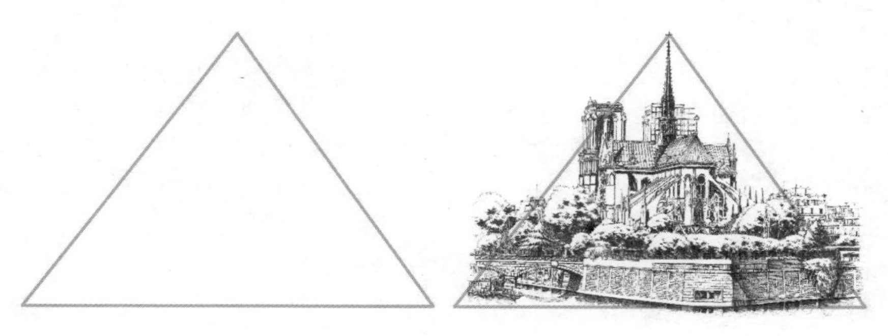

图3-66

（6）方形构图

方形构图将物体集中在方形的框架内，呈现出饱满的整体感，这是一种常见的构图形式。它巧妙地安排了画面结构，具有平衡和稳定的特点（见图3-67）。

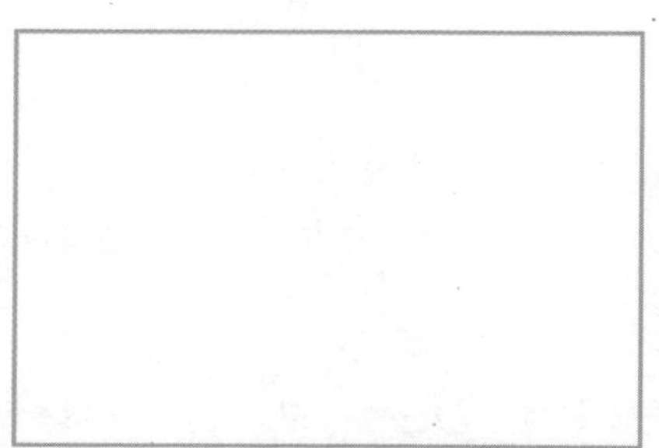

图3-67

（7）圆形构图

圆形构图通常是指画面中主体呈现为圆形。圆形构图在视觉上给人以旋转、运动和收缩的审美感受。在圆形构图中，如果存在一个聚焦视线的趣味点，整个画面将以此点为轴心，产生强烈的向心效果，如图3-68所示。

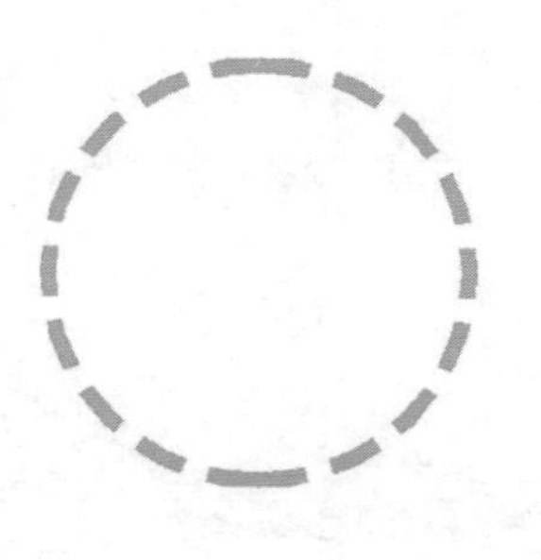

图3-68

（8）椭圆形构图

椭圆形构图能产生强烈的整体感，并带来旋转、运动、收缩等视觉效果。它常被用于表现不需要特别强调的主体，而更加注重表现场景或气氛的画面内容，如图3-69所示。

（9）梯形构图

梯形构图是一种经典的构图手法，且具有稳定性，能使画面内容产生变化和层次感，并呈现出典雅、高贵和庄重的氛围，如图3-70所示。

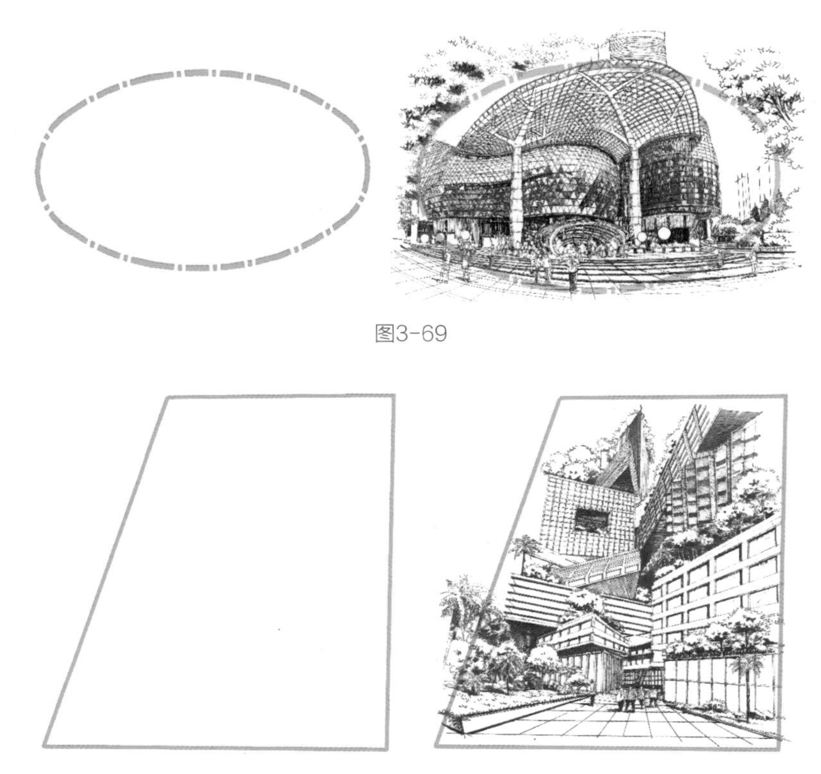

图3-69

图3-70

7. 对角线构图

对角线构图是一种动感、简洁且能突出主体的构图方式。画面中的主体物沿画面对角线布局，或与对角线相近，从而增强视觉冲击力，使画面更加活泼、吸引人，如图3-71所示。

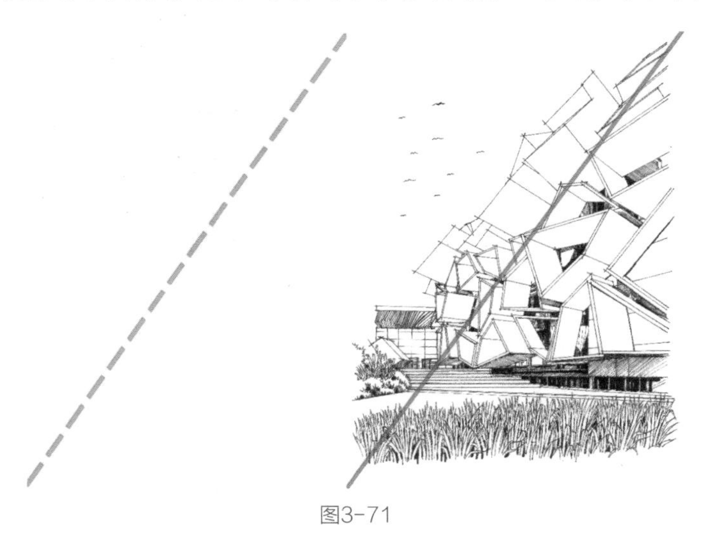

图3-71

8. 黄金分割构图

黄金分割构图，又称为九宫格构图，是一种被广泛应用的视觉艺术形式，如绘画和摄影的经典构图法则。其原理是基于黄金分割公式，将画面从水平和垂直方向都均分为三等分，形成9个等分区域。这4个交叉点被视为黄金分割点，而4条线则被视为黄金分割线，如图3-72所示。

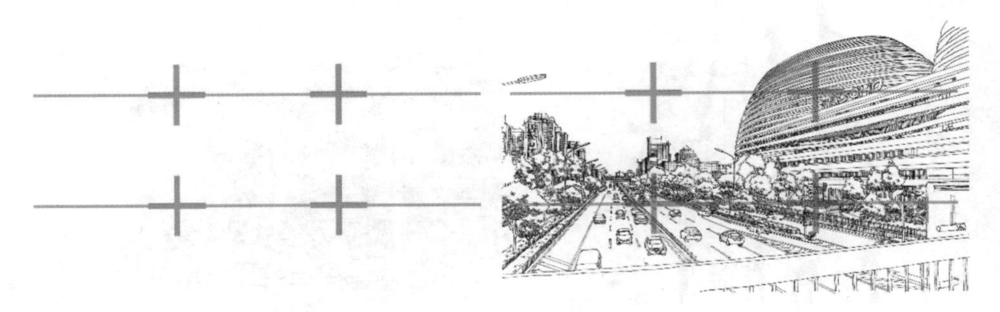

图3-72

当设计对象被安排在这4条线或4个点上时，能够营造出画面的平衡感，提升视觉舒适度，从而体现出美感。在建筑设计中，设计师经常运用黄金分割构图法来安排画面的元素，从而使照片更加生动和具有吸引力。

这种构图方法不仅能够帮助摄影师在视觉上实现平衡和美感，同时也能够引导观众的视线，使画面的主题更加突出。黄金分割构图法是一种被广泛应用于各种形式的视觉艺术中的经典构图法则，其应用价值得到了广泛认可。

3.2.3 其他构图类型

1. 紧促式构图

紧促式构图是一种将景物主体以特写的形式放大，使其以局部布满画面的构图方式。这种构图方式具有紧凑、细腻、微观等特点，能够将观众的视线集中在一个点上，产生强烈的视觉冲击力。在人物肖像、显微摄影或者表现局部细节时，这种构图方式常被用来突出主题，刻画细节，达到传神的境地，令人难忘，如图3-73所示。

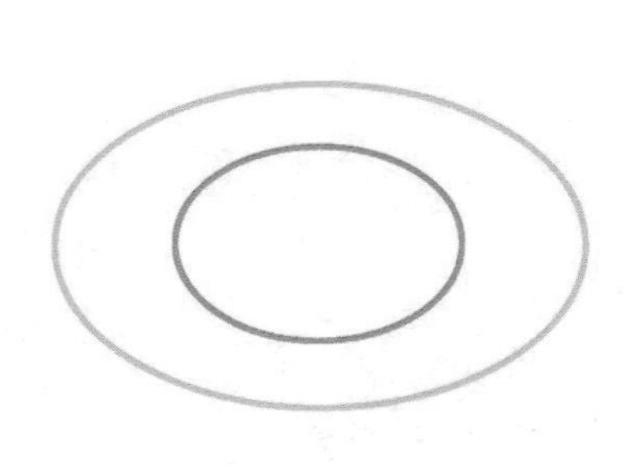

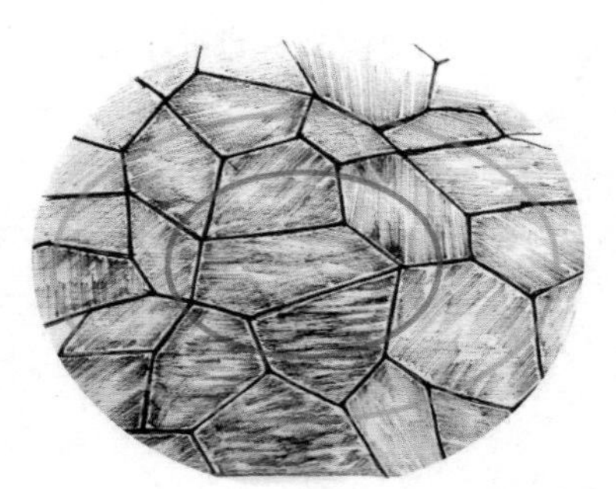

图3-73

2. 小品式构图

小品式构图是一种通过近距离拍摄等手段，将平凡小景物转化为富有情趣、寓意深刻、幽默画面的构图方式。它具有自由想象、不拘一格的特点，没有固定章法，通常以物体独特的形态作为构图基础，注重景物的细节表现，将景物放在画面的中心位置，以产生强烈的视觉冲击力，如图3-74所示。

3. 斜线式构图

斜线式构图是绘画和手绘中常用的技巧，分为立式斜垂线构图和平式斜横线构图两种。它常用于描绘动荡、紧张的场景，引导观众视线。灵活运用这两种构图可以增强画面的视觉冲击力和形式感。设计师应根据表现对象、场景和主题选择合适的构图方式和角度，并保持画面的平衡和稳定，以创造更具美感和表现力的作品，如图3-75所示。

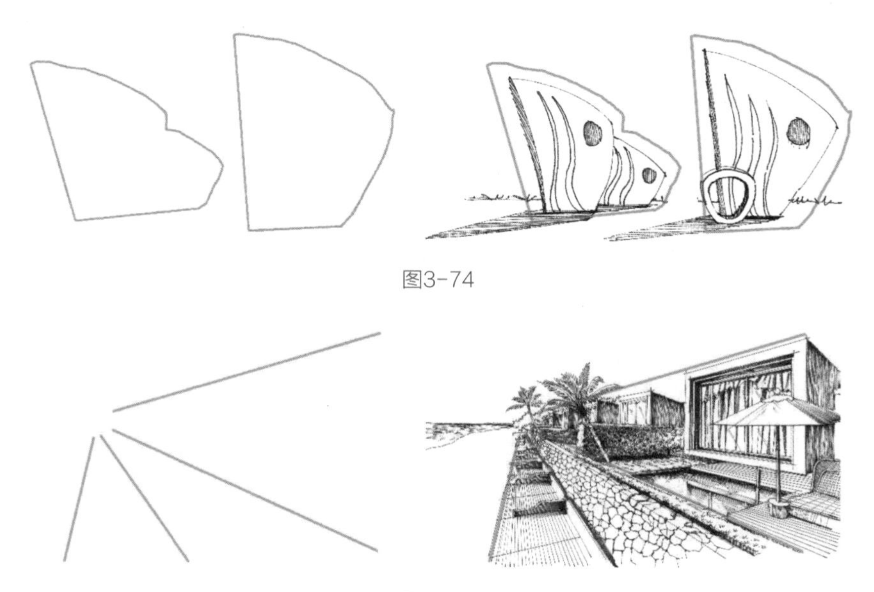

图3-74

图3-75

4. 放射性构图

放射性构图是一种以主体为核心的构图形式，通过将景物向四周扩散放射，可以有效地将观众的视线吸引到主体上，并突出主体的特点。这种构图形式常用于需要突出主体且场景较为复杂的场合，也适用于在较复杂的情况下制造特殊效果，如图3-76所示。

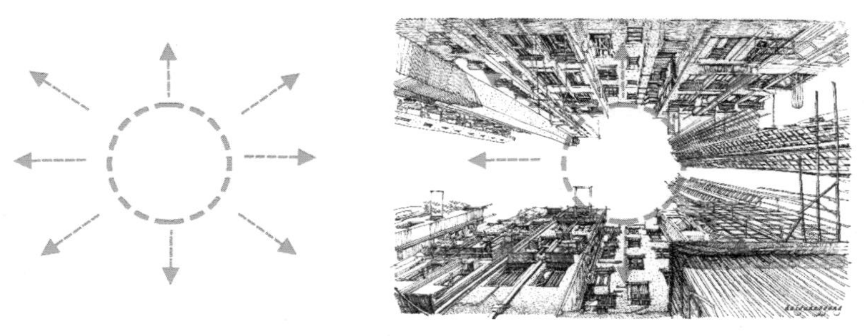

图3-76

在放射性构图中，主体通常位于画面的中心或焦点位置，四周的景物则呈向中心集中的趋势，这种构图方式能够将观众的视线强烈引向主体中心，并起到聚集的作用。这种构图形式具有突出主体的鲜明特点，但有时也可能产生压迫中心、局促沉重的感觉，如图3-77所示。因此，在使用放射性构图时，需要根据具体情况进行选择和调整，以达到最佳的画面效果。

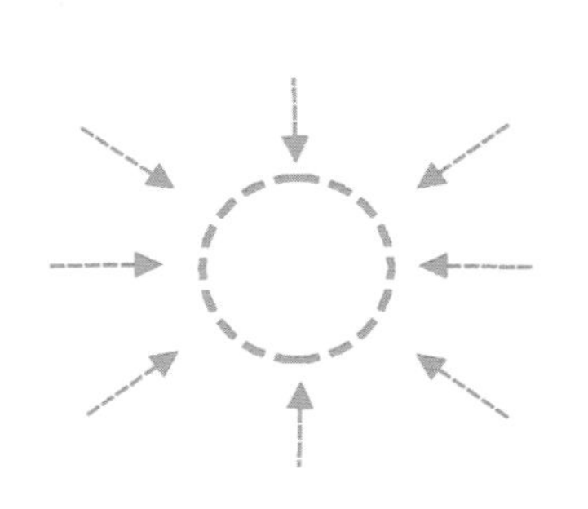

图3-77

3.2.4 构图要点

1. 布局合理

布局合理是指画面的布局要疏密有致，通过运用合理的构图方法来系统地安排画面的结构。在构图中，画家需要注重平衡、稳定、对比和变化的关系，同时考虑整体和局部的协调一致。合理地确定画面的重心和视觉焦点，使画面更加清晰、有序。在画面中，主体和陪体的关系要协调一致，相互呼应，以增强画面的整体感和表现力。避免出现过于集中、分散、偏移或模糊不清等问题，以达到整体和局部的和谐统一，如图3-78所示。

2. 主次分明

画面布局主次分明，主体突出且与周围环境相互协调。主体是画面的焦点和中心，通过合理的构图方式被强调出来。陪体与主体相呼应，辅助表现主题，但不会抢夺主体的地位。在材质、肌理、明暗、线条等方面，主体和陪体的处理要有所区别，突出主体的重要性。整体画面主次分明，层次感和空间感强，能够引导观众的视线并传递画面的主要信息，如图3-79所示。

图3-78

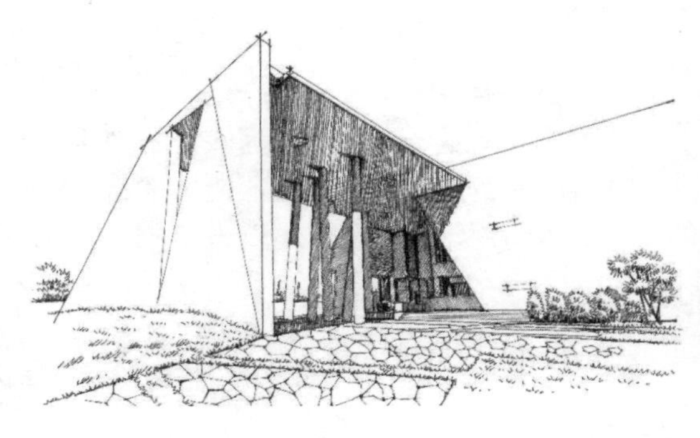

图3-79

3. 特点突出

特点突出是艺术表现的重要手法，其通过明确画面中的重点表现对象并凸显其特征基调，从而吸引观众的注意力，增强作品的艺术价值和表现力。在绘画、摄影和建筑设计中，特点突出地运用都能够使作品更加独特、有趣并给观众留下深刻印象。如图3-80所示，通过建筑材质、窗体及植物等方面的表现，就能体现出新中式建筑风格的特点。

图3-80

3.2.5 构图的尺度与比例

1. 尺度与比例感

配景人物：在建筑设计中，配景人物可以提供尺度参考，帮助设计师更好地掌握建筑物的大小和比例。通过观察配景人物，设计师可以直观感受建筑物的高矮、宽窄，以及与其他元素的协调性，如图3-81所示。

建筑小品：建筑小品可以作为参照物，帮助设计师确定建筑物的大小和比例。观察建筑小品的位置、大小和形状，可以更好地掌握建筑物的高、宽、长，以及与其他元素的对比关系，如图3-82所示。

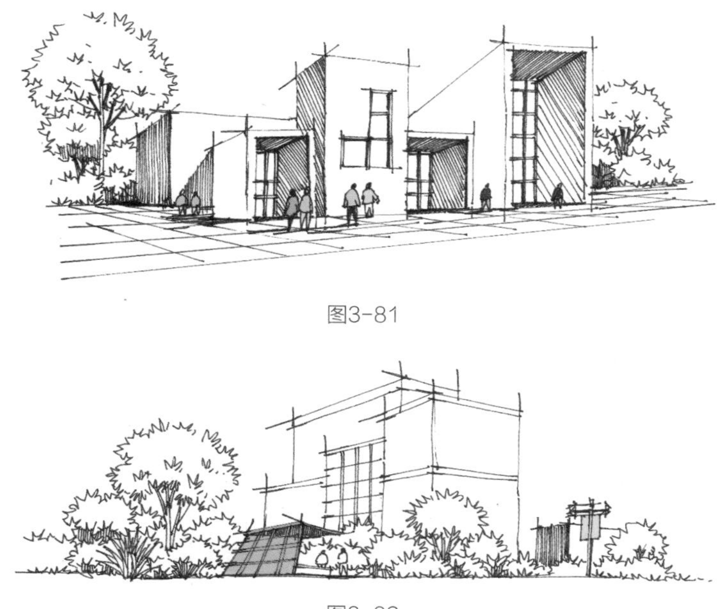

图3-81

图3-82

建筑楼层：建筑楼层也是重要的参照元素，它们可以帮助设计师确定建筑物的高度和比例。观察建筑楼层的高度和间隔，可以更好地掌握建筑物的高矮、宽窄，以及与其他元素的协调性，如图3-83所示。

图3-83

以上这些参照元素可以帮助设计师在构图和设计中更好地把握建筑物的尺度和比例，创造出更加舒适、协调且具有特色的建筑空间。

2. 空间感

空间感是建筑手绘中一项重要的表现元素，其营造受到三大因素的影响：对比关系、构图布局和光影关系。首先，对比关系在建筑手绘中起到强化或弱化特定部分的作用。通过比较建筑物与周围环境，内部与外部空间的形态、大小、远近及明暗等元素，可以强调或减弱特定部分，从而表现出合理的空间感，如图3-84所示。

图3-84

其次，建筑手绘中的构图布局在引导观众视线方面发挥了至关重要的作用。通过巧妙地构图布局，可以有效地组织和引导观众的视线，从而营造出空间感。如图3-85所示，该作品采用了对角线构图布局，成功凸显了水面的纵深感和空间感。

最后，光影关系在建筑手绘中对于塑造建筑物的立体效果和空间感具有重要作用。通过掌握光线的投射方向及阴影的形成，能够塑造出建筑物的立体效果和空间感，同时凸显建筑材质和纹理，从而提升画面的真实度和立体感，如图3-86所示。

图3-85

图3-86

综上所述，空间感的营造在建筑手绘中受对比关系、构图布局和光影关系的影响。从构图比例和尺度来看，灵活运用这些因素可以创造出富有深度和层次感的画面空间。

3.2.6 常见构图问题解析

1. 构图偏小

问题分析：构图偏小这个问题是初学者常出现的一个问题，这种情况会造成画面空洞、视觉冲击力不强。构图偏小的原因有以下几点：作画者缺少整体把握画面的能力；作画者选取参照物开始画得过小，导致画面到最后留有很多空白；作画者因实际景物的庞大而给自己一种心理暗示，暗示自己一定要缩小，否则画不下，在实践写生当中产生一种不良的心理导致越缩越小，最后导致画面拥挤，如图3-87所示。

矫正方法：首先，作画者要找准参照物在画面上的大小位置，整体观察能否把想表现的对象表现在画面当中；其次，观察整体，开始勾画轮廓要不拘小节，多参考景物之间的距离、大小、高低等；最后，只要确定能画得开，能在画面上把想表现的景物表现出来，就要做到画面内容有中心、有重心、不浓缩、不下沉、不偏离、不膨胀、不面面俱到、一味刻画局部等，这样就能很好地克服构图偏小等问题。矫正后的画面效果，构图适中饱满，视觉冲击力相对会较强，如图3-88所示。

图3-87

图3-88

2. 构图过满

问题分析：如果整幅画面过于饱满，就会给人一种拥挤、不透气的感觉，甚至产生压抑的情绪。这种情况通常会导致后续需要绘制的物体无法正常地添加到画面中。造成这种构图问题的原因在于，作者在绘画前没有进行充分地分析，没有重视各物体在画面上的比例关系，只是一味地刻画细节，从而忽略了整体效果。因此，建议初学者应该先从整体着眼，然后深入刻画各个细节，这样就可以避免这类问题的出现，如图3-89所示。

矫正方法：正确的构图应当使纸张边缘留有一定的空白，为观者提供想象空间，同时也是画面由实到虚的一种过渡。在构图和绘画的过程中，一定不要局限于细节的刻画，从一开始就要做到从整体到局部的掌握，全面把控画面。通过这样的矫正措施，画面构图将更加恰当，主题将更加突出，空间关系将更加合理，如图3-90所示。

图3-89

图3-90

3. 构图偏移

问题分析：通过之前学过的均衡构图技巧，我们知道画面的主体物应当摆放得当。特别是大型建筑为了增强视觉冲击力常被安排在画面中心稍有偏移的位置。然而，如果这个偏移没有掌握好度，会导致画面重心失衡，例如，偏左（见图3-91）或偏右（见图3-92）都会对视觉效果产生负面影响。如果我们只是一味地关注细节刻画而忽略整体视角，将很难控制画面的整体比例关系。因此，在动笔之前，我们需要构思好整个画面的构架。

图3-91

图3-92

矫正方法：针对这类景观，应采用均衡构图技巧来确保主体物在画面中的重要性，使画面重心稳定，同时实现上下和左右的虚实得当。这样可使画面不偏、不下沉、不膨胀，并且主次分明，如图3-93所示。

图3-93

4. 主体不明确

问题分析：初学者往往因为对整体画面的掌控能力不足，容易产生构图主体物不明确的问题。他们在作画时过于关注局部细节，结果导致构图过于平淡，前后虚实模糊不清，主体与配景难以区分，使画面丧失了视觉焦点。例如，在图3-94中，由于没有处理好草地与建筑之间的虚实、明暗和层次关系，画面显得平均且缺乏主体物，没有形成有效的视觉引导。

矫正方法：为了解决构图主体物不明确的问题，初学者需要增强对整体画面的把控能力，加大主体物的刻画力度，使其从配景中突显出来。经过矫正后（见图3-95），通过加深主体建筑的明暗层次，与地面铺装、草地等形成了鲜明的明暗对比，成功地突出了主体建筑，为观者提供了明确的视觉焦点。

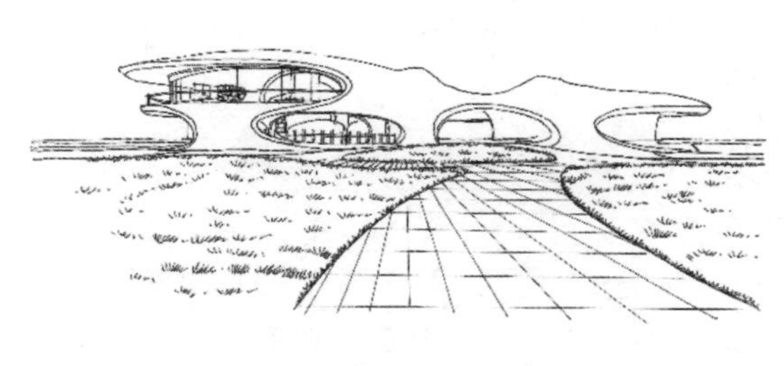

图3-94

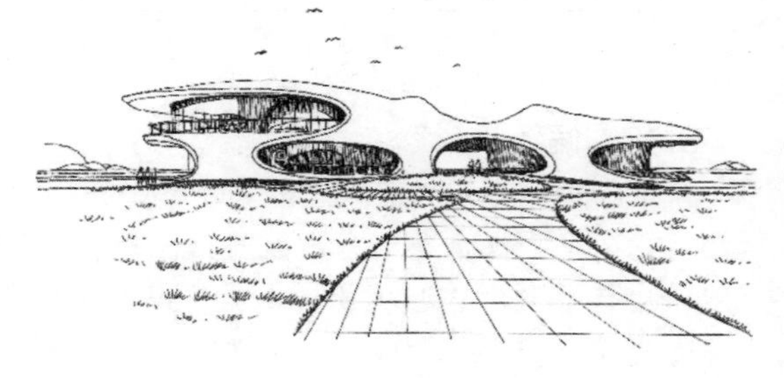

图3-95

3.3 框景

3.3.1 框景概念与实操

1. 框景的概念

框景是建筑艺术园林构景方法之一，当空间内的景物无法完全展现，或者虽然平淡但有值得欣赏的景致时，可以采用框景手法。通过利用门框、窗框、树框、山洞等结构，有选择地捕捉并呈现出空间的优美景色，就像将画面嵌入镜框中一样，如图3-96所示。在中国古典园林中，建筑的门（见图3-97）、窗、洞，或者乔木树枝抱合形成的框景，往往将远处的山水美景或人文景观囊括其中，这就是框景。在中式建筑景观设计中，建筑小品灯具通过半月形空间错位的方式，营造幽静的园林小路，如图3-98所示，框景被视为中国古典园林中较具代表性的造园手法，彰显了其独特的艺术价值和审美意义。

图3-96

图3-97

图3-98

2. 框景的实操

框景，一种富有创意的构图技巧，通过双手、特定形状或自然元素的巧妙运用，将视野中的景物有选择地框选出来。这种方法不仅在绘画中广泛应用，也为摄影、设计等艺术领域提供了灵感。具体的框景操作主要有以下几种。

（1）手框框景

顾名思义，手框框景简便易行，只需伸出双手，大拇指与食指轻轻围合，便可将感兴趣的景物囊括其中，如图3-99所示。这种选景方式常用于室外写生，使设计师、艺术家能快速聚焦主题，捕捉瞬间的美感。

（2）圆形框景

圆形，寓意着圆满、和谐。透过圆形框架，景物仿佛被柔和的线条轻轻拥抱，观众的视线自然而然地被引向圆心，从而营造出一种独特的视觉体验，如图3-100所示。

（3）六边形框景

六边形以其独特的稳定性和平衡感，为画面注入一种和谐、统一的美感。通过六边形选框，景物被有条理地组织起来，既保持了各自的特色，又在整体上呈现出一种和谐的视觉效果，如图3-101所示。

图3-99

图3-100

图3-101

（4）植物围合框景

借助自然元素如树枝、叶子等作为框架，将景物巧妙地围合起来，如图3-102所示。这种方法不仅突显了所选景物的自然美，还为画面增添了一种自然、生动的气息。

（5）矩形框景

矩形作为较常见的构图形式，通过其明确的边界和条理分明的结构，为设计师提供了广阔的创作空间。矩形框选出的景物在画面中呈现出一种稳定、和谐的视觉效果，使观众能更加专注地欣赏画面的美，如图3-103所示。

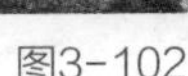
图3-102

图3-103

3.3.2 框景的实际运用

1. 矩形框景的运用

（1）建筑写生中矩形框景的运用

在建筑写生中，矩形框景的运用对构图和视觉效果至关重要。以下是矩形框景的3个要点。

主景观的显著性：选择特色鲜明、面积较大的主景观，以增强画面的视觉冲击力，如图3-104所示。

强化明暗对比：布局明暗层次分明、光影交错的场景，以增强画面的立体感和空间感，如图3-105所示。

近距离的视线处理：优先选择主体景观距离视线较近的场景，以突出画面的层次感和纵深感，如图3-106所示。

在建筑写生时结合矩形框景，能创造出更具活力。更有立体感和吸引力的画面。

图3-104

图3-105

图3-106

（2）建筑设计效果图矩形框景的运用

在建筑设计效果图中，矩形框景的运用是较常见的。以下是3个核心要点。

凸显风格：确保设计效果图准确展现建筑的独特风格和特点，通过矩形框景强调新中式建筑的特色元素，如图3-107所示。

手绘技巧：设计师运用个性化手绘技巧传达设计理念，而矩形框景则为庭院别墅（见图3-108）的手绘构图提供了优化布局的可能性。

强调空间感：注重展现空间和立体感，确保设计意图明确且真实感强，矩形框景的布局和光影处理是关键，如图3-109所示。

遵循这些要点，设计师可以在建筑设计效果图中巧妙运用矩形框景，创造出更具吸引力和表现力的作品。

图3-107

图3-108

图3-109

2. 框景运用示范

框景的实际运用
写生案例示范 1

建筑写生框景手绘表现示范如下。

（1）整体构图布局，运用钢笔勾勒出拱桥和建筑的外轮廓，如图3-110所示。

（2）绘制出拱桥上石缝生长出来的植物、建筑屋顶窗户，客船的造型，丰富画面内容，如图3-111所示。

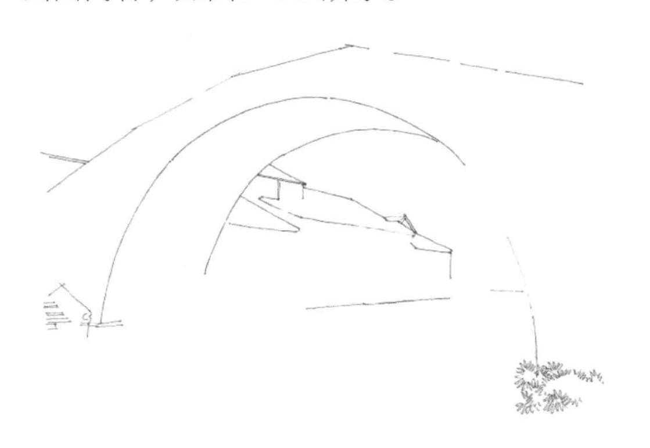
图3-110

图3-111

（3）加强水面倒影、建筑门窗明暗、客船及拱桥结构铺装的表现，如图3-112所示。

（4）细致刻画植物、拱桥铺装及客船的明暗关系，使画面明暗对比更强烈，塑造光感，如图3-113所示。

（5）运用美工笔的宽线条加强植物、建筑门窗的暗部层次，如图3-114所示。

图3-112

图3-113

图3-114

框景的实际运用
建筑设计框景
运用示范2

建筑设计框景手绘表现示范如下。

（1）使用钢笔仔细地绘制出建筑的基本轮廓，并准确地描绘出建筑两侧的压边乔灌木，如图3-115所示。

（2）进一步细化建筑的结构，清晰地交代出建筑入口的道路和水池的轮廓，如图3-116所示。

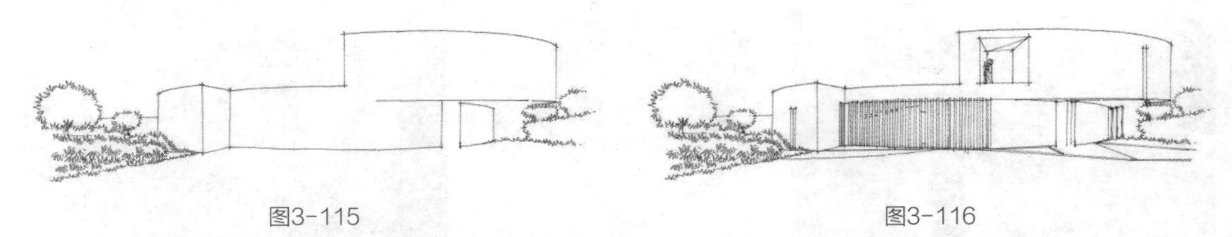

图3-115 图3-116

（3）根据建筑的整体透视关系，精细地绘制出前景地面铺装的形状和纹理，如图3-117所示。

（4）通过排线的方式，刻画出建筑的明暗关系，并强调建筑门窗的暗部层次，如图3-118所示。

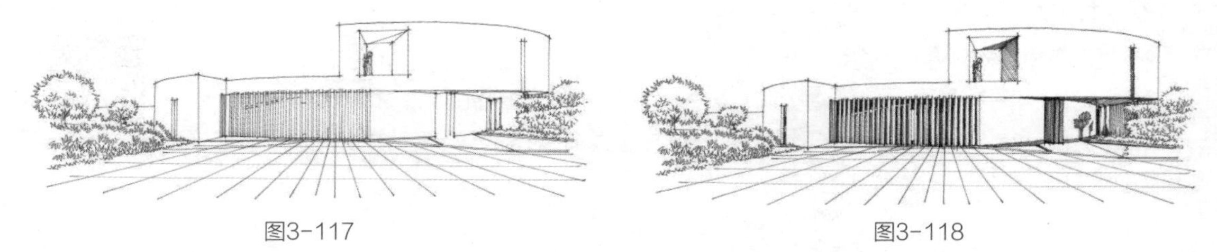

图3-117 图3-118

（5）最后，调整画面的明暗对比，增强乔灌木的明暗层次，并添加配景飞鸟以活跃画面气氛，如图3-119所示。

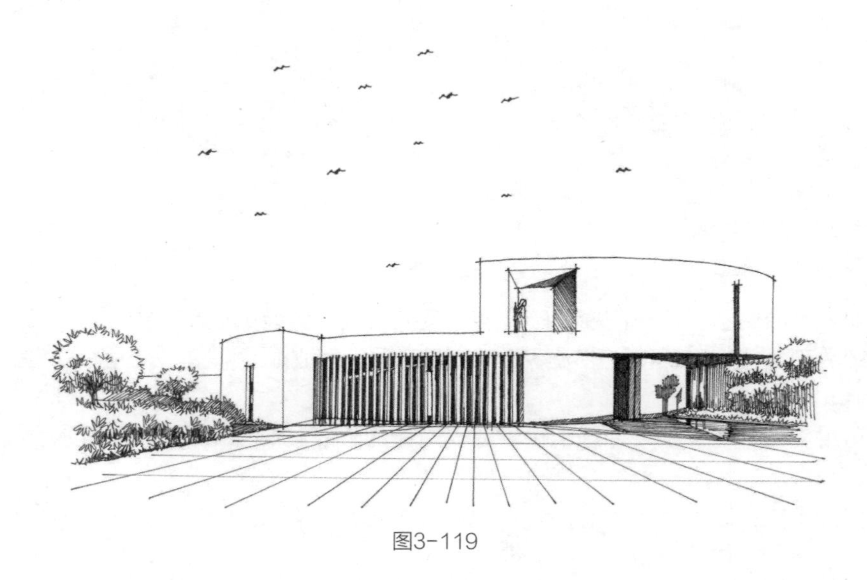

图3-119

3.4 本章小结

通过本章透视与构图两大板块的学习，读者可以更好地理解透视与构图在绘画中的重要性，掌握绘制透视图的基本技能和技巧，提高绘画中的构图能力和表现水平。同时，还可以为学习其他绘画技能和创作作品打下坚实的基础。在未来的学习和实践中，可以进一步探索和运用透视与构图的知识和技巧，提高自己的艺术表现水平和创作能力。

3.5 课后实战练习

3.5.1 临摹经典作品

建筑设计手绘需要经过不断地练习和积累，这是提升技能水平的关键。通过临摹经典作品，我们可以学习技巧、拓宽视野、激发创造力。在临摹过程中，我们需要深入理解作者的设计意图和思路，观察分析细节和技巧。只有通过勤于动手实践，积累经验，才能提高技能水平。建筑设计手绘是一门艺术，只有通过不断地练习和积累，才能取得进步。以下为读者提供部分案例以供参考。

3.5.2 掌握透视规律及构图类型

建筑设计手绘是一门需要不断研习和实践的艺术，掌握透视规律和构图类型至关重要。通过深入研究和理解透视规律，我们能够精准地表达建筑的空间感和立体感，使画面更加逼真、生动。同时，了解不同的构图类型有助于我们更好地组织画面元素，突出主题，准确传达设计意图。

在扎实掌握这些基础知识之后，进行照片写生练习是一种有效提升技巧的方法。通过对照真实场景或建筑照片进行手绘实践，我们可以锻炼自己的观察力和表现力。照片写生要求我们准确捕捉建筑的形态、比例、材质和光影等细节，并将其转化为手绘语言。这个过程不仅可以加深我们对透视和构图的理解，还能培养我们的创造性和审美意识。

只有不断掌握透视规律、探索构图类型，并勇于尝试照片写生，才能够在建筑设计手绘的道路上不断进步，创造出更具表现力和个性化的作品。现在，请参考以下4张实景图进行写生实践。

第4章 色彩与表现

本章概述

本章将详细介绍色彩的基础知识和上色表现技法，包括色彩的形成、类型、属性、调和和冷暖等方面的基础理论。同时，通过介绍马克笔、彩铅和色粉的使用技巧，深入探讨色彩的各种表现技法，并通过综合训练这些技法和理论知识的应用，为后续绘制高质量效果图奠定了坚实的基础。

4.1 色彩的基本知识

4.1.1 色彩的形成原理

1. 色彩的概念

色彩的基础知识包括色彩的3个基本属性、色彩的分类、色彩的混合及色彩在绘画中的应用等多个方面。色彩是视觉系统对光的物理性质和周围颜色的交互作用的感知结果。除了光的物理性质外，人们对颜色的感知还受到生活经验和文化背景的影响。对于绘制高质量的效果图和设计工作而言，掌握色彩的理论知识和表现技法至关重要。

色彩在建筑领域中不仅仅是一种美学的表现形式，更是一种文化的象征和历史的烙印。在中国传统建筑中，红色被赋予吉祥、繁荣的寓意，如故宫的宫墙（见图4-1）、宫殿的柱子和梁等；黄色则是皇家色彩，代表着皇权和尊严，如故宫的屋顶（见图4-2）、雕梁画栋等；青色象征清新、优雅，如江南水乡的青砖白墙、园林中的青石小径；黑色代表稳定、庄重，如四合院的檐口、斗拱、柱子及悬鱼（见图4-3）等细节部分；白色则象征纯洁、明亮，如云南的白族民居（见图4-4）、传统汉族民居中的白墙灰瓦等。这些色彩的运用，不仅增加了建筑的美感，更传递了深刻的文化内涵和历史记忆。

图4-1　图4-2　图4-3　图4-4

2. 色彩的形成

色彩的形成主要是由光、物体和我们的眼睛共同作用的结果，如图4-5所示。光是色彩形成的首要条件，不同波长的可见光投射到物体上，一部分波长的光被吸收，一部分波长的光被反射出来刺激我们的眼睛，经过视神经传递到大脑，形成物体的色彩信息，即人的色彩感觉。物体本身的属性也影响色彩的形成，即不同的物质会吸收、反射不同波长的光线，从而呈现出不同的颜色。此外，周围环境的颜色也会影响物体颜色的呈现。因此，色彩的形成是一个复杂的过程，涉及多个因素的综合影响。

图4-5

4.1.2 色彩的3种类型

1. 原色光

原色光是指红、绿、蓝3种基本颜色（见图4-6），它们在色光中无法被分解，因此称为“三原色光”。当等量的三原色光相加时，会形成白光，其中包含等量的红光、蓝光和绿光，如图4-7所示。

图4-6

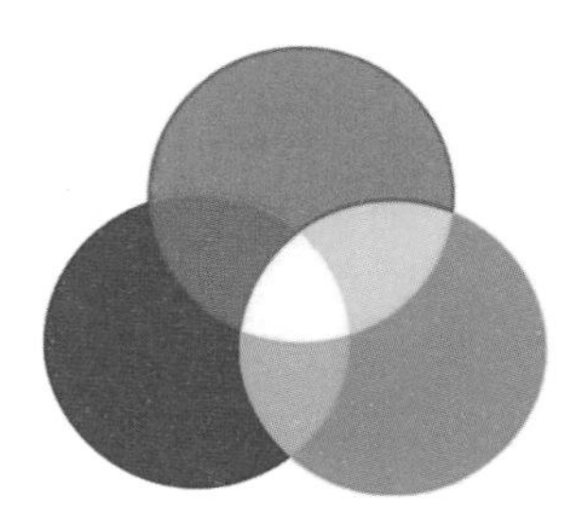

图4-7

2. 固有色

固有色是指物体本身所呈现的固有色彩，通常是指在白色光源下物体所呈现出来的色彩。这种色彩效果是物体对各种波长的光进行选择性吸收、反射和透射的特殊功能的结果。习惯上，人们将白色阳光下物体呈现的色彩效果称为物体的“固有色”。然而，严格来说，固有色应该是物体固有的物理属性在常态光源下给人类带来的色彩印象。

如图4-8所示，该建筑以其鲜明的黄色外观脱颖而出，而彩色琉璃瓦和红色宫墙的装饰将宫殿的高贵与奢华的特质展现得淋漓尽致（见图4-9）。在蓝天、绿地和白色建筑的背景下，暖灰色树枝固有的色彩魅力得以凸显（见图4-10）。此外，徽派建筑特有的白墙黛瓦马头墙和回廊挂落花格窗，以及梦里水乡芳绿野和玉谪伯虎慰苏杭，都展现了其独特的高级灰色彩，如图4-11所示。

图4-8

图4-9

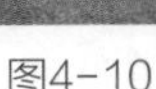
图4-10

图4-11

3. 环境色

环境色是指在不同光源照射下，物体表面受到物体材质、纹理、光线反射及环境等多种因素的影响所呈现的色泽。在建筑设计中，像镜面水、玻璃幕墙及金属材质等都受环境色影响较大。如图4-12所示，傍晚时分镜面水呈现的色调受建筑、灯光的影响。

当建筑物和植物靠近江河湖海时，水面的视觉颜色也会受到一定程度的渲染。如图4-13所示，环境色在水面上产生了明显的影响，使得整体色调发生变化。

环境色在摄影、影视、装修设计、酒店餐饮娱乐等领域中都扮演着关键角色。它能够影响整体氛围和物体颜色的呈现效果。在设计时，必须综合考虑光源的颜色、环境色的颜色、物体的颜色等因素，以达到最佳的设计效果。

图4-12

图4-13

4.1.3 色彩的3种属性

1. 色相

色相是色彩的3要素之一，其基本概念是指一种颜色中特定的明度、饱和度或色调值。它是用来区分不同色彩的较准确的标准。除了黑、白、灰之外，任何颜色都具有色相的属性。而色相是由原色、间色和复色构成的，如图4-14所示。在色彩学中，色相是色彩的首要特征，也是描述色彩的关键。它可以用于色彩的描述和区分，有助于反映色彩系统中纯度和明度的差异，也可以作为衡量色彩之间关系的参照物，如图4-15所示。

最初的基本色相为红、橙、黄、绿、蓝、紫。在各色中间加入两个中间色，其头尾色相，按光谱顺序依次为红、橙红、黄橙、黄、黄绿、绿、绿蓝、蓝绿、蓝、蓝紫、紫、红紫，红和紫中再加入中间色，可制出12个基本色相，如图4-16所示。如果再细分，还可以分出更多的色相，应用于建筑绘画中，我们可以通过不同的色相搭配来改变画面的整体效果。

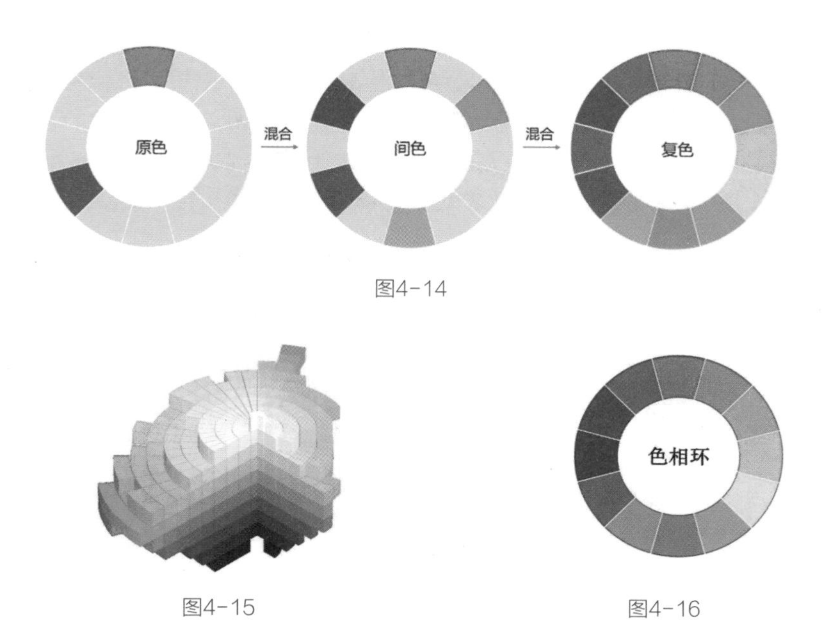

图4-14

图4-15

图4-16

2. 明度

明度是指颜色的明亮程度，通常由光线强弱决定。明度可以反映眼睛对光源和物体表面的明暗程度的感觉。不同光照条件下，同一色相会表现出不同的明暗程度。例如，在强光照射下，颜色显得更加明亮；而在弱光照射下，颜色则显得较为灰暗。此外，当我们在同一颜色中加入黑色时，也会产生各种不同的明暗层次。尽管明度与颜色的亮度有所不同，但亮度是指不同权重的R、G、B的组合值，实际上也是对颜色明度的一种度量。在实际应用中，明度常用于描述颜色和图像的明亮程度，对于视觉效果和色彩的呈现具有重要的影响。

以一张实景建筑图为例，可以通过改变光源的强弱来改变颜色的亮度，从而得到3张明度不同的建筑场景图像，分别是正常明度（见图4-17）、稍微降低明度（见图4-18）及加强明度降低的图像（见图4-19）。这些图像的明度变化会影响人们观看实景建筑时的视觉效果和色彩感受。

图4-17

图4-18

图4-19

3. 纯度

色彩纯度也称为饱和度或彩度，是描述颜色鲜艳度的指标，它代表了颜色中所包含的某种特定色彩的比例。当某种色彩成分的比例越大，色彩的纯度就越高，反之则纯度越低。高纯度的颜色通常具有明亮、鲜艳的特点，而低纯度的颜色则显得暗淡、柔和，如图4-20所示。在绘画和设计领域，合理运用色彩纯度对于营造整体视觉效果和传递情感具有关键作用。

图4-20

4.1.4 色彩的调和

1. 原色

原色又称基本色，是指那些无法通过其他颜色调和得出的颜色。原色分为两种类型，即叠加型三原色和削减型三原色。

叠加型三原色主要应用于光源投射时所使用的色彩系统。这个系统包括红、绿、蓝3种原色，也称为RGB色彩空间。这3种原色可以产生其他颜色，例如，红色与绿色混合可以产生黄色或橙色，绿色与蓝色混合可以产生青色，蓝色与红色混合可以产生紫色或品红色。当这3种原色以等比例叠加在一起时，会变成灰色；若将此三原色的明度均调至最大并且等量重叠时，会呈现白色，如图4-21所示。

削减型三原色主要应用于反射光源或颜料着色时所使用的色彩系统。这个系统包括黄色、青色、品红3种原色，是另一套三原色系统，如图4-22所示。在传统的颜料着色技术上，通常红、黄、蓝会被视为原色颜料，这种系统较受艺术家的青睐。当这3种原色混合时可以产生其他颜色，例如黄色与青色混合可以产生绿色，黄色与品红色混合可以产生红色，品红色与青色混合可以产生蓝色。当这3种原色以等比例叠加在一起时，会变成灰色；若将此三原色的纯度均调至最大并且等量混合时，理论上会呈现黑色，但实际上呈现的是浊褐色。正因为如此，在印刷技术上，人们采用了第4种原色——黑色，以弥补三原色的不足。这套原色系统常被称为CMYK色彩空间，即由青（C）、品红（M）、黄（Y）和黑（K）所组合出的色彩系统。在削减型系统中，在某颜色中加入白色并不会改变其色相，仅减少该色的纯度。

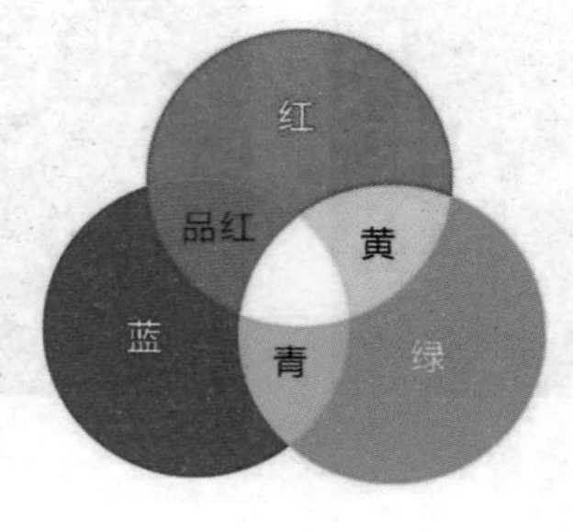

图4-21

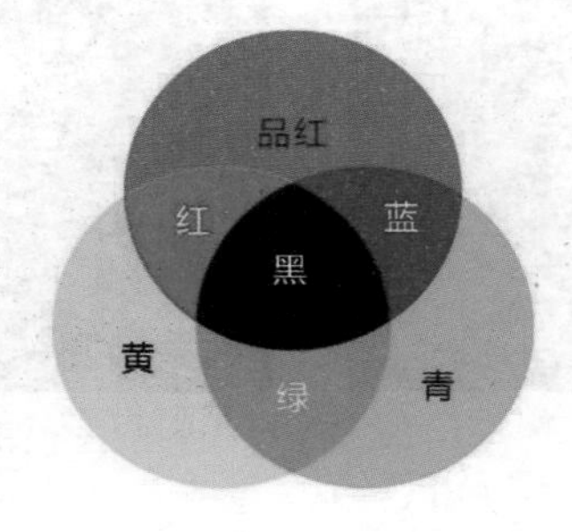

图4-22

2. 间色

在色彩调和领域，间色是指通过将两种不同的原色混合而得到的颜色。例如，红色和黄色混合可以得到橙色，红色和蓝色混合可以得到紫色，黄色和蓝色混合可以得到绿色。这些橙色、紫色和绿色都被称为间色。下面我们将从削减型色彩、叠加型色彩和传统绘画3方面来探讨间色的应用和表现。

（1）削减型色彩（CMY）

青色+品红色=蓝色

品红色+黄色=红色

黄色+青色=绿色

如图4-23所示。

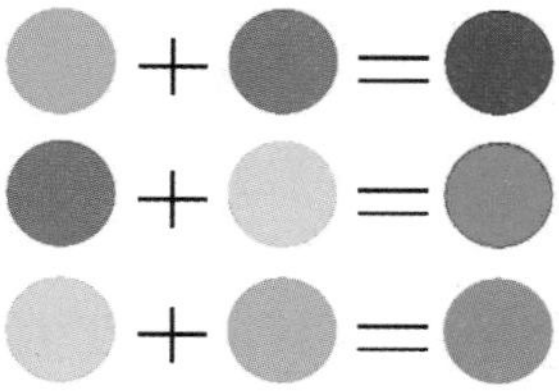

图4-23

（2）叠加型色彩（RGB）

红色+绿色=黄色

绿色+蓝色=青色

蓝色+红色=紫色

如图4-24所示。

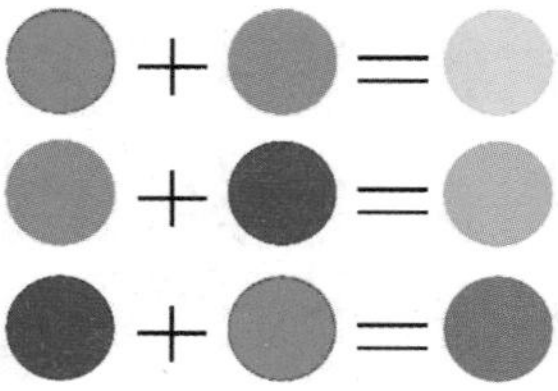

图4-24

（3）传统绘画（RYB）

红色+黄色=橙色

黄色+蓝色=绿色

蓝色+红色=紫色

如图4-25所示。

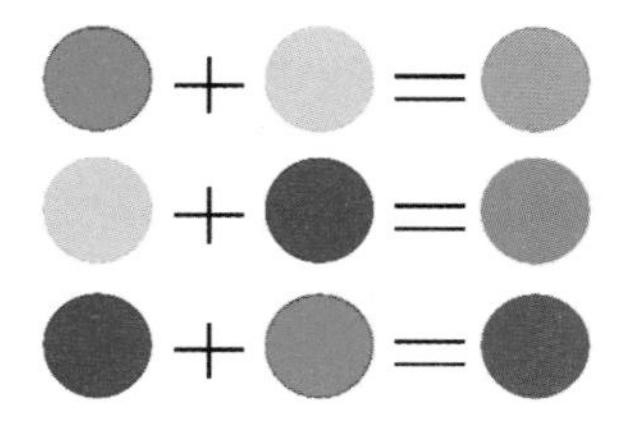

图4-25

3. 复色

复色是指用任何两个间色或三个原色相混合而产生出来的颜色，也称为三次色，如图4-26所示。

复色包括除原色和间色以外的所有颜色，千变万化，异常丰富。复色可能是3个原色按照各自不同的比例组合而成的，也可能由原色和包含有另外两个原色的间色组合而成的。

在绘画和设计领域的色彩调和中，复色的使用可以带来丰富的视觉效果和情感表达。例如，在绘画中，通过使用不同的复色和原色之间的混合和搭配，可以调和出各种不同的色彩效果，以达到视觉上的和谐和平衡，如图4-27所示。

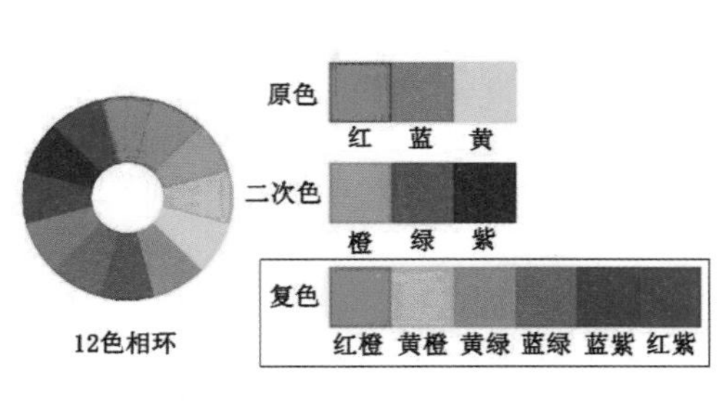

图4-26

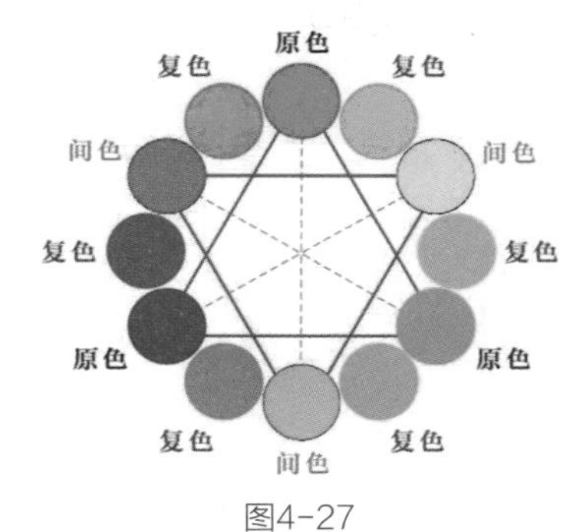

图4-27

4.1.5 色彩的冷暖

1. 色彩的冷暖对比

在建筑设计中，色彩的冷暖对比同样扮演着重要的角色。暖色系如红、橙、黄、红紫等，能给人带来温暖、热烈的感觉，非常适合用于营造阳光充足、热闹活跃的室内空间，例如，公共场所、餐厅（见图4-28）和娱乐设施等。相反，冷色系如蓝、绿、紫等，则能让人产生冷静、沉静的感觉，因此更适合用于需要保持安静、平和氛围的场所，如图书馆（见图4-29）、办公室等。

通过合理运用色彩的冷暖对比，建筑师可以创造出更加舒适、温馨的居住环境。例如，将冷色用于墙壁和天花板，以使空间显得更高、更宽敞；将暖色用于地面和家具，以增加空间的温暖感和舒适度。同时，通过巧妙地搭配冷暖对比，还可以增强空间的层次感和立体感，如图4-30所示。

总的来说，合理运用色彩的冷暖对比是建筑设计中重要的一环，它不仅可以帮助建筑师创造出更加舒适、宜人的空间环境，还可以增强建筑的艺术感和表现力。

图4-28

图4-29

图4-30

2. 色彩心理学

不同的颜色代表不同的心理，引发不同的心理感受，从而影响人们在使用建筑物时的体验。建筑师应充分考虑不同颜色对人们的心理影响，以创造出更加舒适、宜人的建筑环境。以下是部分颜色的代表心理。

红色：热情、自信、力量，激发激情和活力，如图4-31所示。

蓝色：平静、冷静、安定，给人平静和放松的感觉，如图4-32所示。

绿色：生命、希望、活力，带来清新和自然的感觉，如图4-33所示。

图4-31

图4-32

图4-33

黄色：明亮、温暖、快乐，充满活力和希望，如图4-34所示。

紫色：神秘、高贵、优雅，展现高贵和神秘，如图4-35所示。

橙色：温暖、活力、快乐，充满活力和温暖，如图4-36所示。

黑色：沉稳、神秘、庄重，彰显庄重和神秘，如图4-37所示。

白色：纯洁、无辜、清新，呈现清新和纯洁，如图4-38所示。

图4-34

图4-35

图4-36

图4-37

图4-38

4.2 马克笔基础表现技法

4.2.1 认识马克笔

1. 马克笔的概念

马克笔也称为记号笔，是用于书写或绘画的专用绘图彩色笔，如图4-39所示。这种笔通常具备坚硬的笔头和易于挥发的颜料墨水，被广泛应用于各种场合，如建筑设计、景观设计、室内设计、广告标语、海报绘制等。马克笔的墨水颜色鲜艳，能够呈现出鲜明亮丽的画面效果，如图4-40所示。

图4-39

图4-40

2. 马克笔的种类

马克笔大体分为三类，即水性马克笔、无水乙醇（俗称：酒精）性马克笔和丙烯马克笔。

水性马克笔：水性马克笔的墨水具有清澈、透明的特点，干燥后仍可以加水使用，因此具有较高的经济实用性，如图4-41所示。其笔迹可以擦洗，但在颜色混合后容易产生杂质，因此适合学生及喜好酒精味的人群使用。

酒精性马克笔：是大多数人的选择，颜色流畅，速干，帮助色彩衔接。适合所有想用马克笔的人，特别是美术专业人士，如图4-42所示。

丙烯马克笔：具有出色的防水性能，可用于T恤、鞋子、木板、卡纸和玻璃及墙壁上绘画，如图4-43所示。

此外，根据墨水的颜色和用途，马克笔还有单色、双色、多色等规格，以满足不同场合和需求。

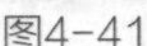

图4-41

图4-42

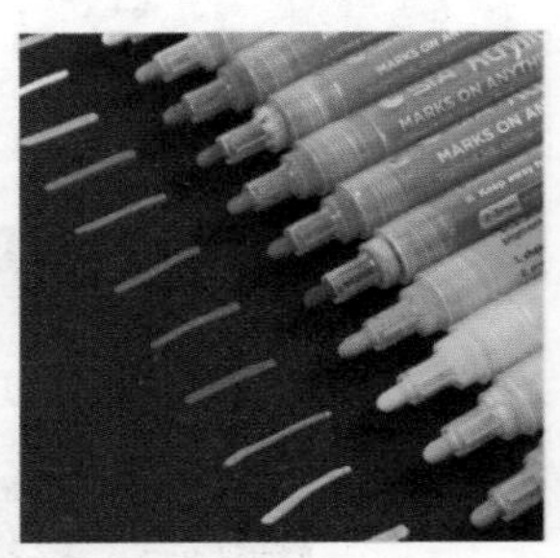

图4-43

3. 马克笔的笔触特点

在学习上色技巧之前，了解马克笔的笔头形态是至关重要的，这对于提高马克笔的使用技巧很有帮助，如图4-44所示，常见的笔头形态有以下4种，它们各有千秋，应用场景也不尽相同。

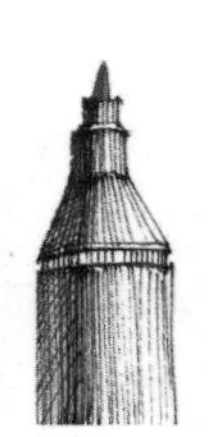

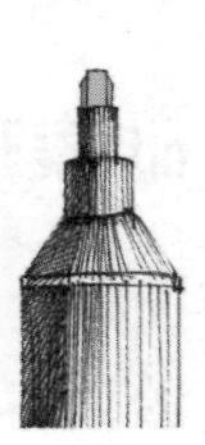

图4-44

第1种，斜头型。这种笔头形态在景观建筑绘画中能够展现线条的灵活性和多样性，让绘画作品更生动，更有表现力。因此，它尤其适合于自然景观、建筑和室内透视图的细节绘制。

第2种，细长型。这种笔头形态在建筑绘画中能够展现线条的流畅性和细腻感，使得绘画作品更精致、更优雅。它同样适用于建筑和室内透视图的细节绘制，能够增添画作的整体美感和细腻度。

第3种，平头型。这种笔头形态在室内透视图的绘画中能够展现线条的清晰度和明亮度，使得画作更加鲜明、清晰，视觉效果更突出。它适用于建筑和室内透视图的细节绘制，可以提升画作的清晰度和观感。

第4种，圆头型。这种笔头形态在景观建筑绘画中能够展现线条的柔和感和流畅度，使画作呈现出一种独特的韵味和风格。它适用于自然景观、建筑和室内透视图的细节绘制，可以为画作增添一份柔和、流畅的美感。

为了更好地使用马克笔，了解其笔头粗细、运笔力度和运笔角度等方面的笔触特点是十分必要的。在绘画过程中，根据不同需求，可以采用以下6种方式。

宽头平铺：主要用于大面积的润色，能够使色彩更加均匀、自然，如图4-45所示。

宽头线：清晰工整，边缘线明显，能很好地表现线条的形状和质感，如图4-46所示。

细笔头：可以用来表现细节，画出很细的线条，力度越大线条越粗，如图4-47所示。

侧峰：可以画出纤细的线条，力度大线条粗，如图4-48所示。

稍加提笔：可以让线条变细，可以更好地表现细节，如图4-49所示。

提笔稍高：可以让线条变得更细，可以更好地表现细节，如图4-50所示。

以上6种方式只是马克笔使用中的一部分技巧，要想更好地掌握马克笔的使用技巧，还需要不断地实践和学习。

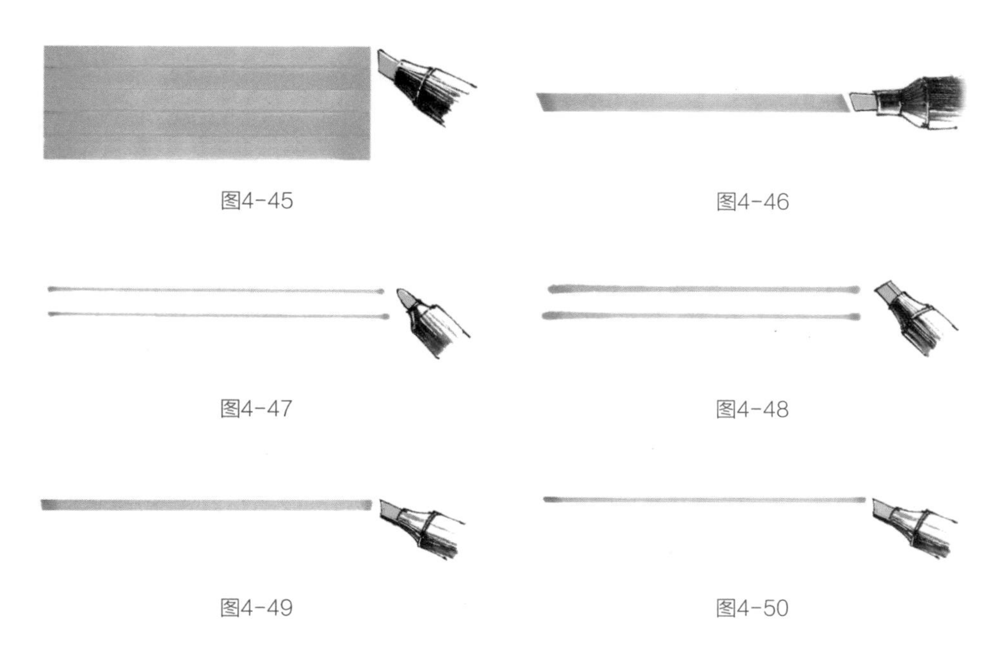

图4-45

图4-46

图4-47

图4-48

图4-49

图4-50

4.2.2 单行摆笔

1. 单行摆笔的概念

单行摆笔是马克笔的一种常见笔触，线条平行或垂直排列，如图4-51所示。大画幅或长距离时，可配合尺规绘制。初学者应先掌握基础和控笔技巧，再使用尺规，以发挥手动绘制的优势。结合其他笔触和技巧可丰富作品的表现力，不断实践和学习是提升绘画技巧的关键。

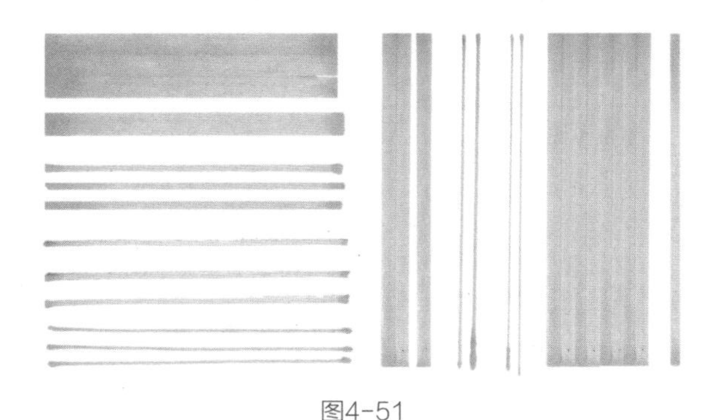

图4-51

2. 单行摆笔的特点

单行摆笔线条的交界线较为明显，绘制时应注重迅速、准确和稳健。由于不同距离的单行摆笔对控笔技能的要求较高，因此初学者在掌握一定的基础之后，需要逐步尝试，不断提升绘制的精准度。通过对绘制平行或者垂直的排列线条进行锻炼（见图4-52），逐渐塑造出一种独特的徒手绘制的线条风格和触感。

图4-52

3. 单行摆笔的训练

马克笔的横竖线条排列可以形成完整的块面和强烈的整体感，这种训练方式旨在培养初学者的控笔能力。通过练习，逐渐掌握马克笔的基本操作技巧，提高绘制的准确性和稳定性，从而更好地表达创意和想法，如图4-53所示。

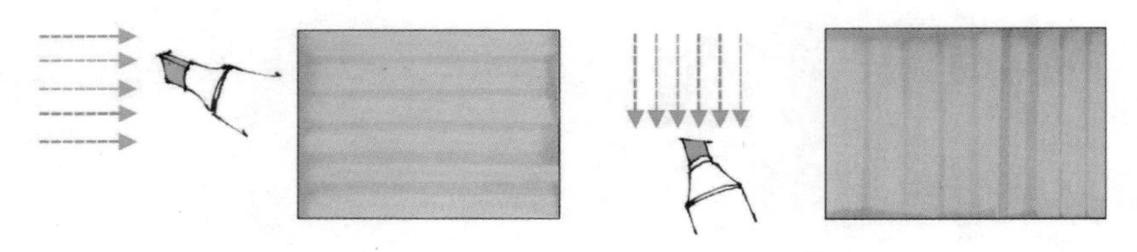

图4-53

马克笔的横竖排线可以产生渐变效果，使画面更生动、透气。这种排线方式也是对横竖角度运笔能力的训练，如图4-54所示。通过练习渐变排线，可以逐渐掌握不同角度和方向的运笔技巧，提高绘制的多样性和灵活性，从而更好地表现画面的细节和渲染效果。

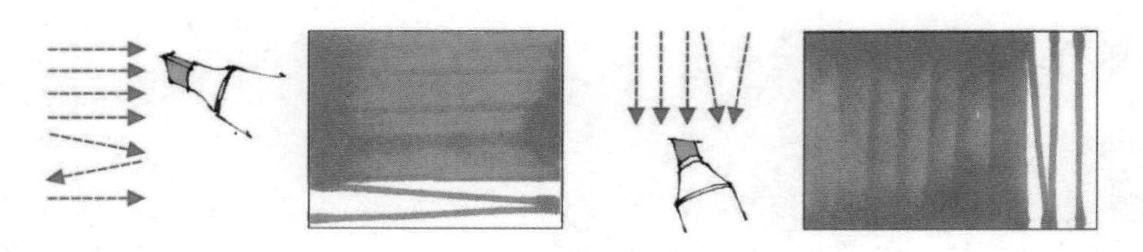

图4-54

通过运用马克笔的笔触渐变效果进行排线，采用单行摆笔技巧，利用宽头整齐排列线条，并在过渡时利用宽头的侧峰或细头画出细线。这种运笔方式流畅自如，整体块面效果强烈，如图4-55所示。通过这种技巧，可以塑造出更加立体、生动的画面效果，体现了严谨、稳重、理性、规范的艺术风格。

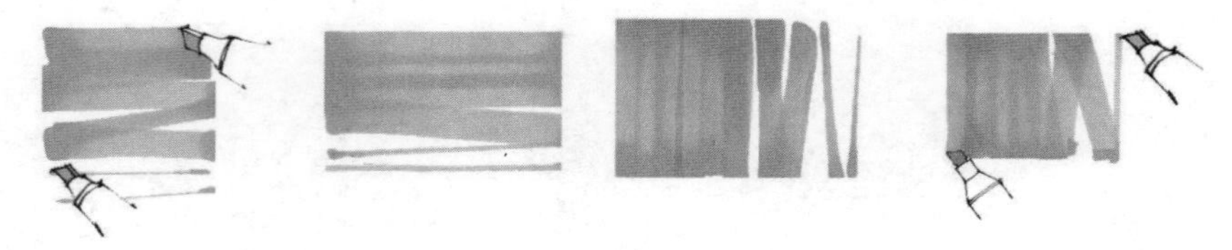

图4-55

4.2.3 叠加摆笔

1. 叠加摆笔的概念

“叠加摆笔”是一种绘画技巧，通过将不同深浅色调的笔触叠加，产生出丰富多彩的画面色彩，同时保持笔触之间的清晰过渡。为了增强画面的对比效果并展示丰富的笔触质感，设计师经常使用多种颜色进行叠加。这种叠加技巧在同类色的运用中尤为常见，如图4-56所示。

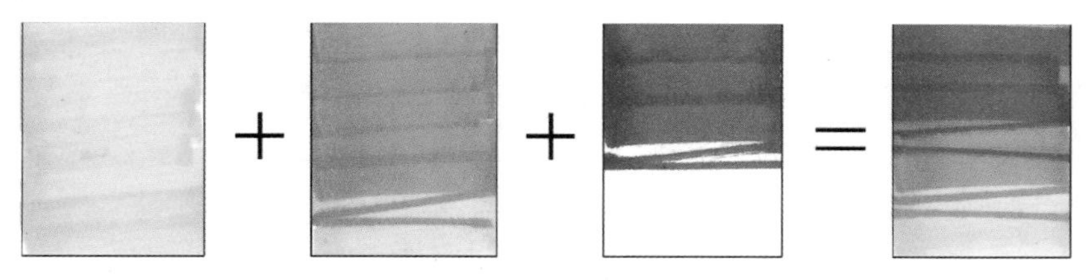

图4-56

2. 叠加摆笔的特点

叠加摆笔的特点主要从同类色和异类色两方面展开说明。

对于同类色的叠加，我们应注意保持从浅到深的顺序，确保每一次叠加的色彩面积逐渐减少，而不是完全覆盖上一层色调，如图4-57所示。如果从深到浅进行绘画和过渡处理，可能会导致画面出现水印或脏的状况，如图4-58所示。

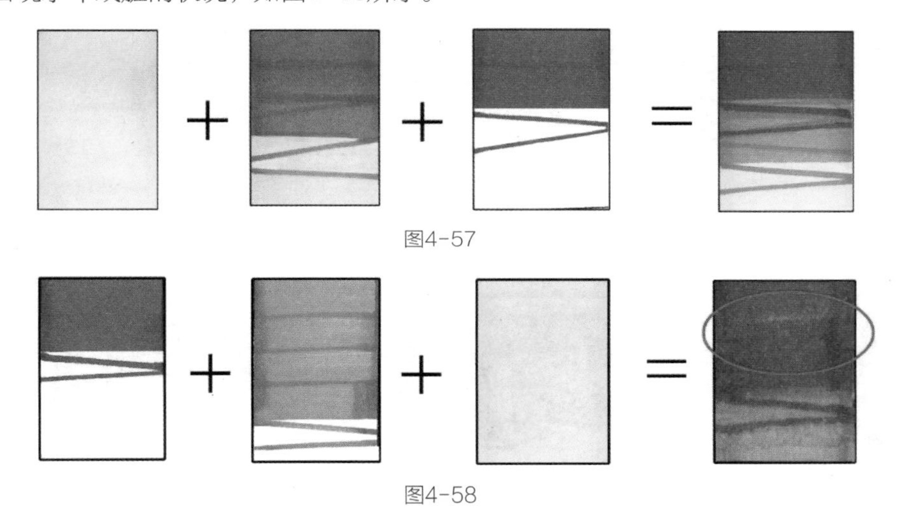

图4-57

图4-58

在异类色的叠加过程中，我们应遵循先绘画浅色再叠加深色的顺序。为了防止颜色显得脏乱或油腻，马克笔的叠加一般不应超过3次，如图4-59所示。

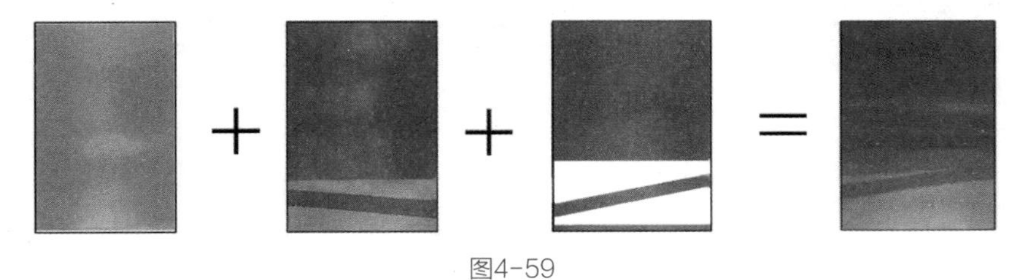

图4-59

3. 叠加摆笔的训练

在进行叠加摆笔训练的过程中，为了更有效地掌握技巧，建议初学者从两种同类颜色开始进行拆解训练，如图4-60所示。这种训练方式有助于理解颜色叠加的原理和效果。此外，为了更好地提升绘画技巧，可以利用方体（见图4-61）、树池（见图4-62）和铺装材质（见图4-63）等元素作为训练手段。这些元素不仅丰富了训练内容，还能帮助学习者熟练掌握马克笔的叠加技巧，进而提升塑造画面的能力和效果。

在掌握基本技巧后，可以进一步提升训练难度，例如，通过方体叠加训练来模拟光影和明暗变化，使画面更加生动和立体，如图4-64所示。这种训练方式能够让画面呈现出更丰富的层次感，增强视觉冲击力。

总之，通过系统的拆解训练和难度逐步提升的练习，学习者可以逐渐掌握马克笔的叠加摆笔技巧，并能够灵活应用于各种绘画场景中。这将大幅度提升绘画作品的表现力和感染力，展现更加丰富多彩的艺术世界。

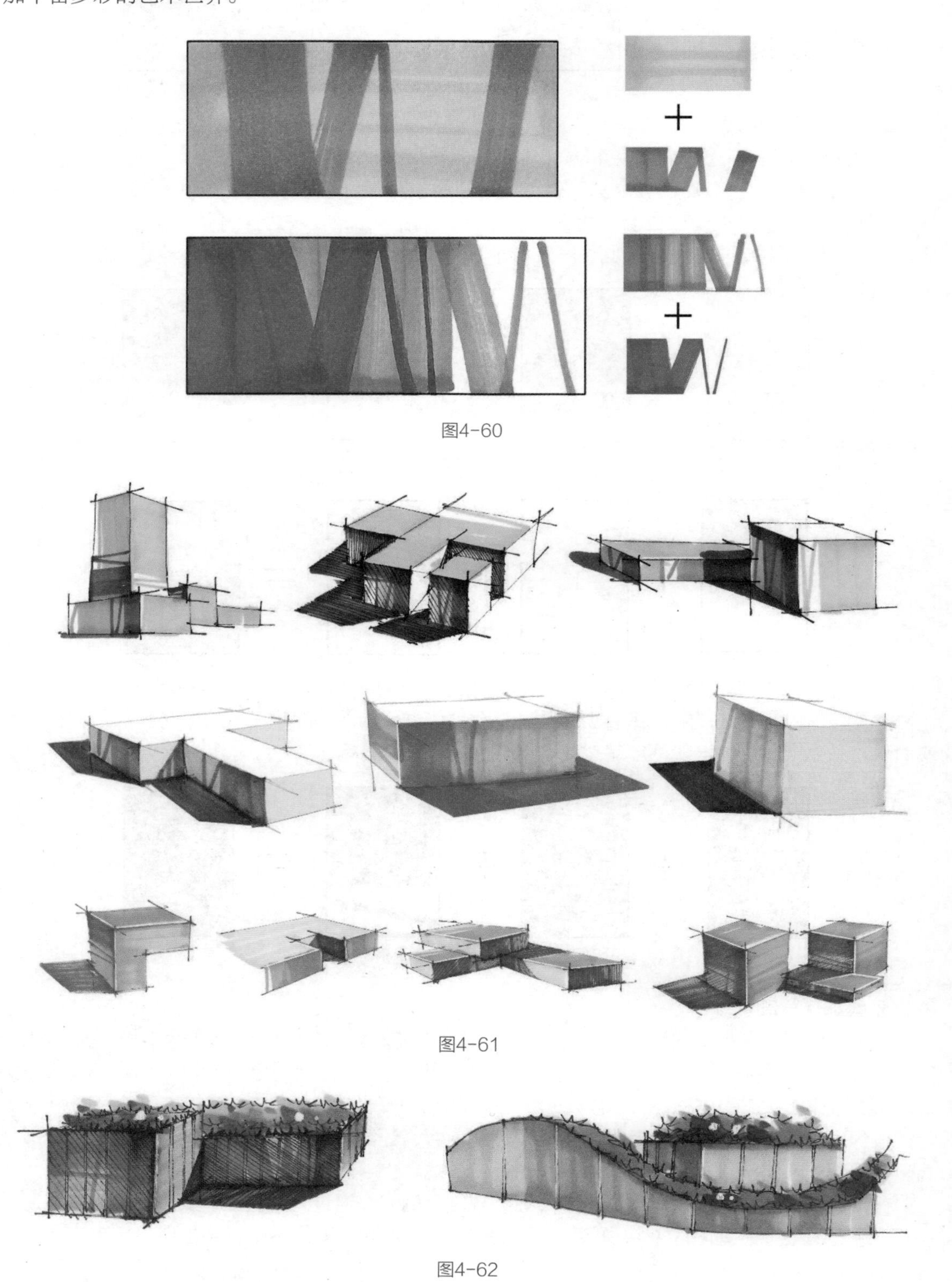

图4-60

图4-61

图4-62

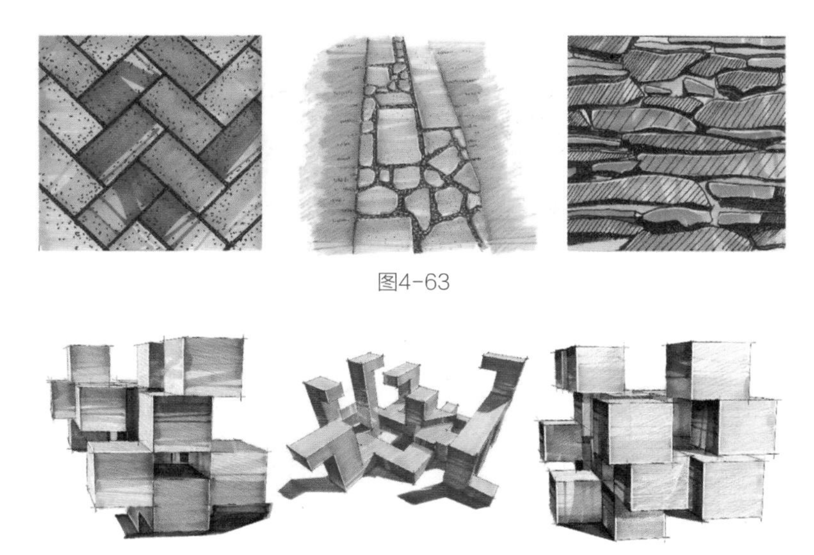

图4-63

图4-64

4.2.4 扫笔

1. 扫笔的概念

扫笔技法是一种高级绘画技巧，能够通过一笔绘制表现出光影之间的渐变和深浅效果，如图4-65所示。在绘画过程中，扫笔经常被应用于暗部过渡、画面边界等环节，是绘画中不可或缺的一部分。掌握这种技巧可以使画面更加逼真、自然，表现光影的微妙关系并提高绘画的层次感。

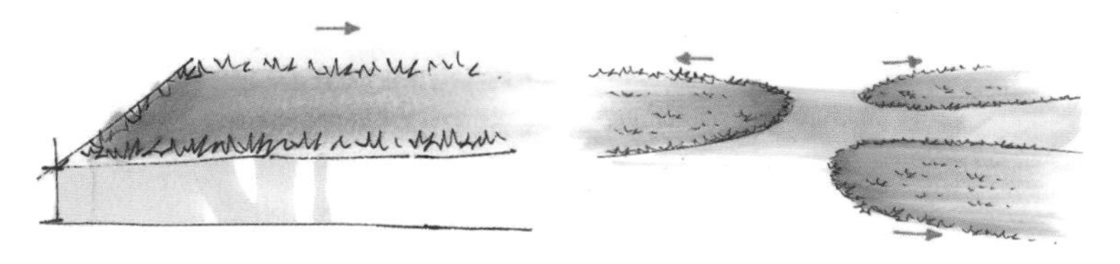

图4-65

2. 扫笔的特点

扫笔，作为高级绘画技法的代表，彰显出以下3大独特特点。

（1）起笔时力度深沉，收笔时笔尖保持悬空，确保与纸面无任何接触。这种操作技巧塑造了笔触垂直于纸面的卓越效果，如图4-66所示。

（2）运笔过程要求迅速且连续，确保线条流畅、力度磅礴。这种运笔技巧为建筑设计提供了丰富的表现力，如图4-67所示。

（3）在建筑设计中，草地的处理和过渡效果的处理显得尤为关键。扫笔技法能够使这些元素之间实现自然融合，如图4-68所示。

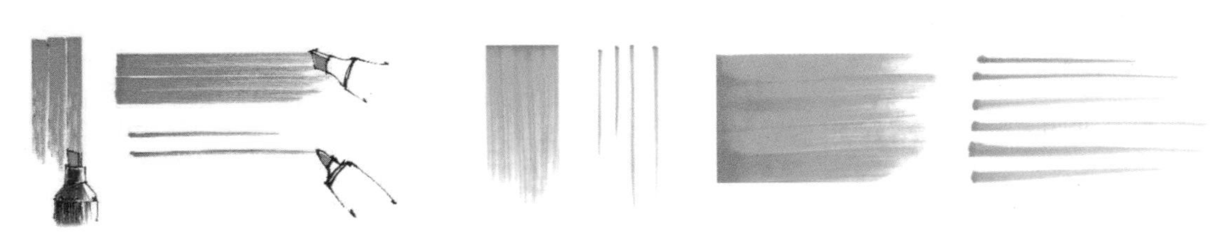

图4-66

图4-67

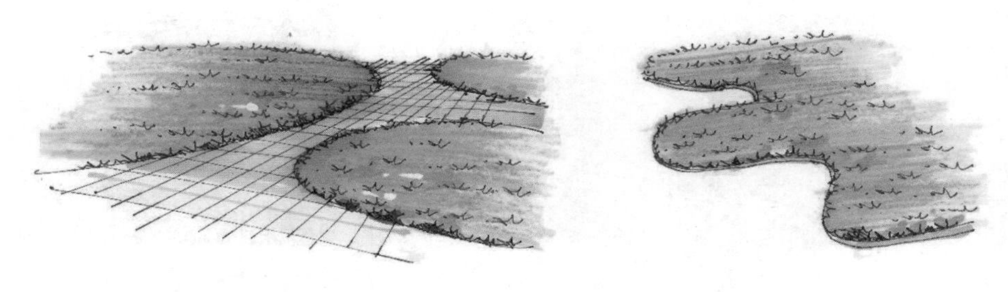

图4-68

3. 扫笔的训练

扫笔的训练是一个多维度的过程。通常，我们可以从横向和竖向两个基本方向开始练习（见图4-69），通过这两个方向的练习，可以初步掌握扫笔的基本技巧。然而，要更全面地掌握扫笔，斜向的练习也是必不可少的（见图4-70）。这种斜向的扫笔方式在绘画中常用于暗部的过渡处理，因此，加强这方面的训练，可以使我们在绘画时更自如地表现光影，提升作品的层次感。

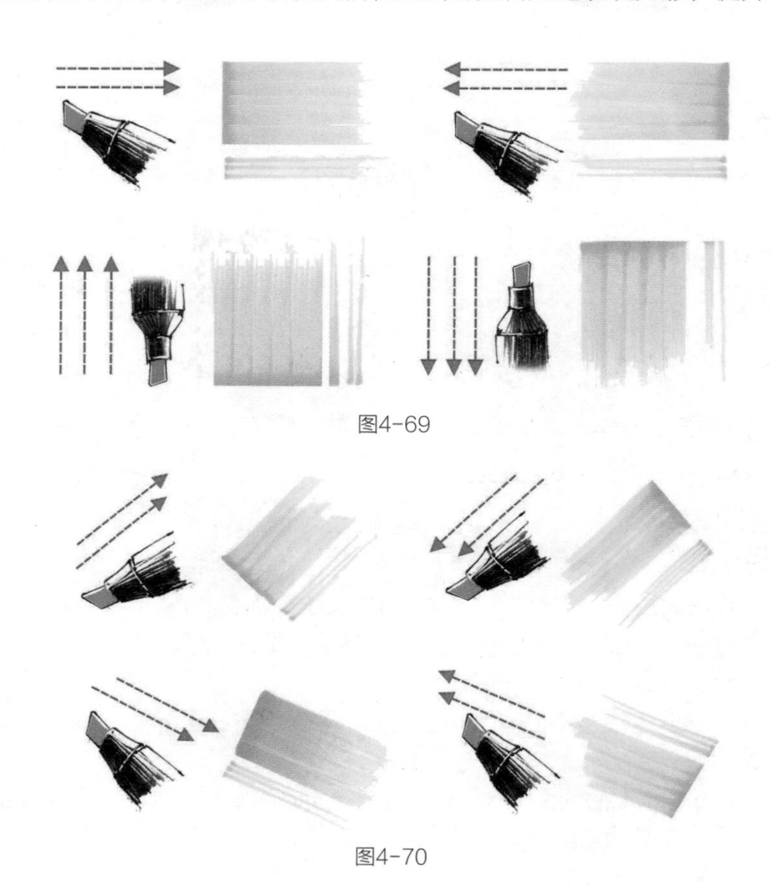

图4-69

图4-70

4.2.5 斜推

1. 斜推的概念

斜推是透视图中的常用笔触技巧，可避免锯齿状效果，使画面更流畅、自然。线条交叉区域随视点变化，平移笔触易产生锯齿，如图4-71所示。斜推技巧能更好地表现透视效果，对绘制透视图必不可少。

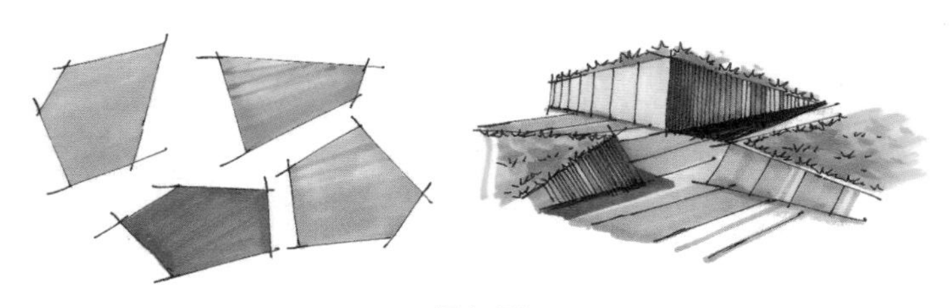

图4-71

2. 斜推的特点

为了处理棱角的画面边缘，并使画面更加整齐、美观，我们需要了解斜推笔触的特点并在绘制过程中注意以下几点。

保持平行：斜推笔触应与线稿的两侧边缘线保持平行，如图4-72所示。

逐渐融合：从两侧向中间逐渐融合，如图4-73所示。

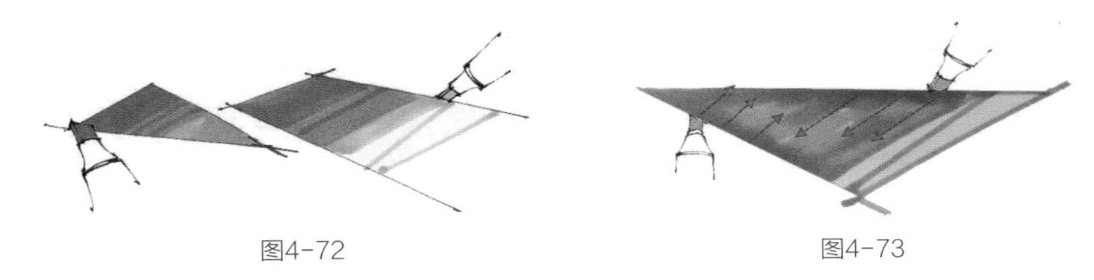

图4-72　　图4-73

贴着边缘线：在绘制过程中，尽量贴着边缘线进行绘画，如图4-74所示。

避免锯齿状：确保马克笔的笔触边缘不会出现锯齿状，如图4-75所示。

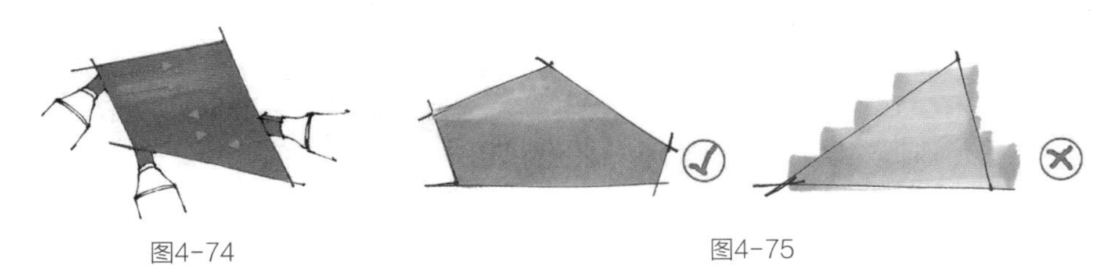

图4-74　　图4-75

3. 斜推的训练

斜推的训练方法可借助不规则几何体建筑（见图4-76）、建筑小品（见图4-77）及不规则树池（见图4-78）等媒介进行。通过此类训练，我们能提升控笔能力及对形体的整体掌控力，从而为后续效果图的呈现奠定坚实的基础。

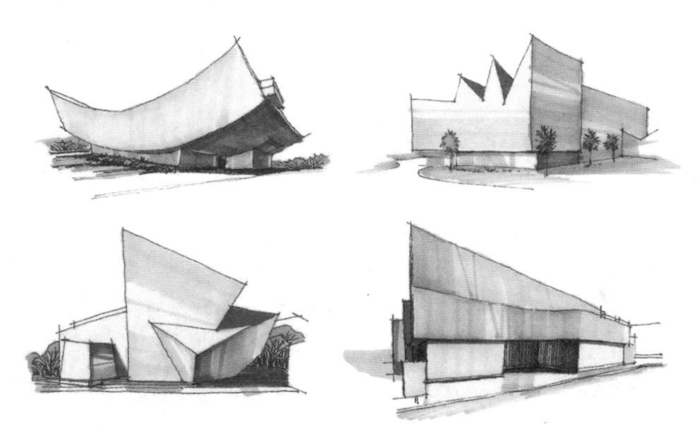

图4-76

图4-77　　图4-78

4.2.6 揉笔带点

1. 揉笔带点的概念

揉笔带点是一种绘画技巧，用于绘制树冠、草地、云彩和地毯等。这种技巧注重柔和、自然的过渡效果，使画面更自然、真实。在绘制这些景物的灰部与暗部之间，以及草地、云彩和地毯的灰暗部过渡时，都可以运用这种笔触技巧。这种手法可以使画面更丰富、更细腻，并增强视觉效果，如图4-79所示。

图4-79

2. 揉笔带点的特点

如图4-80所示，建筑设计马克笔揉笔带点的特点，主要有以下6点。

图4-80

（1）过渡自然：揉笔带点常用于绘制树冠、草地、云彩等场景，画出的颜色柔和，过渡自然。

（2）增强层次感：在树冠的灰部与暗部之间，草地、云彩和地毯的灰暗部过渡应用揉笔带点笔触，可以增强画面的层次感。

（3）丰富视觉效果：揉笔带点可以使画面更加丰富、细腻。

（4）笔触灵活：揉笔带点的笔触灵活多变，可以根据需要进行轻重、浓淡的调整。

（5）用笔可轻可重：揉笔带点可以用笔轻柔地涂抹，也可以用笔重压产生较重的色彩效果。

（6）笔触富有变化：揉笔带点的笔触富有变化，可以根据需要产生不同的肌理效果，使画面更加丰富。

3. 揉笔带点的训练

揉笔带点的笔触在建筑设计马克笔中应用广泛，尤其在绘制树冠、草地和云彩时经常使用，如图4-81所示。在画面中使用揉笔带点的笔触时，要注意层次感和分布的合理性，以避免产生凌乱不整洁的视觉效果。

图4-81

4.2.7 点笔

1. 点笔的概念

点笔是绘画中用于表现植物的常见笔触，其特点是以笔块为主，笔法灵活多变。在运用点笔时，需要注意整体关系，而不能过度关注局部细节，如图4-82所示。特别是对于初学者而言，由于对边缘线和疏密变化的掌握还不够熟练，容易导致画面凌乱，因此，在绘画过程中，需要做到心中有数，有所控制，不能随意乱画。

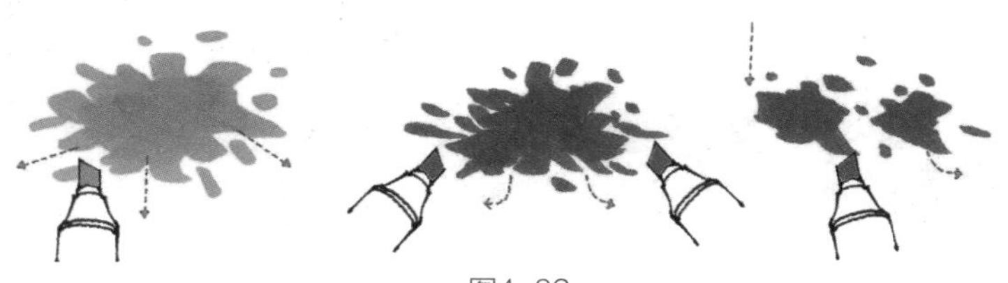

图4-82

2. 点笔的特点

点笔是建筑设计马克笔中非常重要的笔触，它具有独特的表现力和特点，能够使画面更加生动、自然和富有感染力，如图4-83所示，点笔技法具备以下3个特点。

图4-83

（1）笔块为主：点笔是以笔块为主的笔触，通过在纸面上点出不同大小、形状和颜色的笔块来表现植物的形状、质感和色彩。这种笔触能够创造出丰富的肌理效果，使画面更加自然、生动。

（2）笔法灵活：点笔的笔法非常灵活，可以根据需要进行变化。在绘制植物时，可以通过灵活变换笔触的大小、力度和角度来表现植物的不同特征和质感。这种笔触可以增强画面的表现力和感染力。

（3）疏密过渡：点笔的疏密过渡也是其特点之一。通过点出不同密度和大小的笔块，可以表现出植物的层次感和立体感。同时，这种疏密过渡还可以使画面更加自然、和谐，增强视觉效果。

3. 点笔的训练

点笔训练主要是通过配景植物进行练习的，以实现画面的整体统一和整洁效果。这种训练方法不仅能够帮助练习者熟练掌握绘画技巧，还能够提升审美能力和对细节的关注度，如图4-84所示。通过长时间的练习，练习者可以逐渐掌握绘画的精髓，并能够熟练地运用各种绘画工具来表达自己的创意和想法。

图4-84

4.2.8 挑笔

1. 挑笔的概念

挑笔是使用马克笔的宽头侧峰和细头，从不同角度进行挑笔的运笔方式。这种技法常用于表现地被植物和水生植物的形态和质感，以增强画面的层次感和立体感。在绘制过程中，需要注意运笔的力度和速度，以及笔触的排列和组合，以创造出更加丰富多彩的画面效果，如图4-85所示。

图4-85

2. 挑笔的特点

挑笔效果图详见图4-86所示，其具备以下3大特点。

（1）**细腻的笔触**：挑笔的笔触细腻入微，能够准确地描绘出植物的细节和形态，如树叶的形状、质感等。

（2）**丰富的虚实变化**：挑笔技法中富含虚实的变化，这种变化使得画面更加生动且富有层次感。从下往上挑的笔触展现出由实到虚的过渡，反之亦然。

（3）**刻画暗部的技巧**：挑笔也是刻画植物暗部的重要手法。通过灵活运用挑笔技法，能够巧妙地突出明暗对比，增强画面的生动性和表现力。

图4-86

3. 挑笔的训练

挑笔是一种精细的绘画技巧，特别适合于描绘小面积的植物细节。在练习掌握这种技巧时，地被植物和细长叶片植物的上色表现是最佳的练习方式。通过这种练习，可以逐渐掌握如何运用挑笔技巧来表现植物的细节和形态，从而提升绘画技能，如图4-87所示。

图4-87

4.3 彩铅与色粉的笔触与上色

4.3.1 单色彩铅笔触讲解

1. 彩铅的概述

彩铅作为一种铅笔的变种，在上色方面十分便捷、简单，同时具备可擦拭和修改的优点。一般来说，彩铅的笔触排列需要注意方向、秩序、不腻和统一不凌乱（见图4-88）。一般在较为光滑的纸面建议使用油性彩铅，便于上色，颜色叠加效果也相对较好，如图4-89所示。

图4-88　　图4-89

2. 彩铅的笔触特点

如图4-90所示是一张纯彩铅的效果图。从绘画的角度来看，彩铅的笔触特点主要表现在以下3方面。

（1）干涩感和颗粒感：由于彩铅的颜料中含有一些颗粒成分，因此画出的线条会有一种轻微的涩感。

（2）细腻清晰：在绘制时，应尽量使得线条细密且清晰，避免多次叠加线条，一般建议线条叠加不超过3次。这样可以使得画面更加整洁，细节更加丰富。

（3）色彩过渡与补充：彩铅的排线不仅可以勾勒形状和线条，还常被用来为画面增加色彩的过渡和补充。这使得彩铅成为创作中非常有用的工具，帮助设计师实现更加丰富的色彩效果。

图4-90

3. 彩铅的训练

基础训练：通过练习不同方向的排线，我们能更好地掌握绘画线条的力度与排线速度，从而能够绘制出虚实粗细不同的线条，为后期的画面塑造提供更多可能性。如图4-91所示，展示了这种基础训练的效果。

线条的渐变与过渡：这一技巧有多种不同的表现形式，根据排线方向的不同，渐变与过渡的方式也更加多样。图4-92展示了单色排线的过渡与渐变。此外，我们还可以进行多色渐变与过渡的练习，如图4-93所示。

彩铅的应用：彩铅常被用来描绘树冠色调的渐变（见图4-94）、天空的色彩（见图4-95）、玻璃或小品铺装的颜色及周围环境的色调等。彩铅的应用领域广泛，通常与马克笔结合使用。

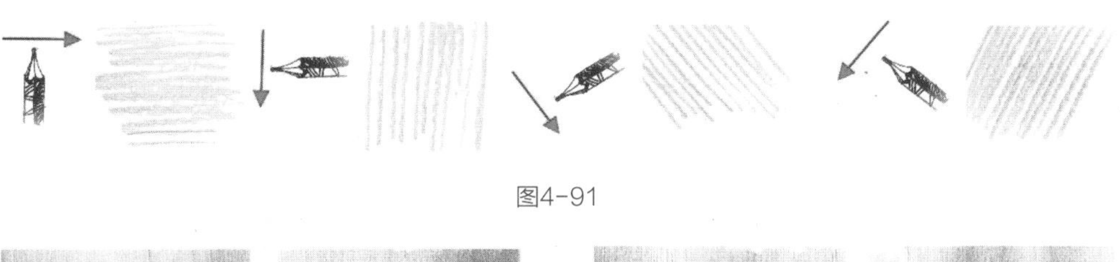

图4-91

图4-92

图4-93

图4-94

图4-95

4. 色粉的概述

色粉笔是一种由颜料粉末制成的干粉笔，常用于绘画。它是建筑手绘效果图表现工具中常见的一种，通过刮出粉末进行擦拭表现或者直接用色粉笔绘画再进行揉擦，能快速地渲染效果，如图4-96所示。色粉笔在背景天空大面积渲染运用中比较常见，如图4-97所示，同时也可以作为大面积的底色，奠定基调（见图4-98），也可以根据粉末的多少，降低颜色的纯度，如图4-99所示。

图4-96

图4-97

图4-98

图4-99

5. 色粉的特点

纯色粉作品效果图（见图4-100）展现了色粉绘画塑造和晕染简单易操作的独特魅力，色彩丰富多变。其效果相对于马克笔略显偏灰，视觉冲击力相对弱。色粉绘画的主要原料是矿物质色料，色彩稳定性好，明亮饱和，经久不褪色。色粉绘画颜色叠加简单，适用于各种纸张，且具有覆盖性，可覆盖较深颜色并降调，具有很高的艺术性和实用性。

图4-100

6. 色粉的训练

色粉的训练可以通过3种方式进行。

第1种，快速擦拭表现出画面底色基调，如图4-101所示。

第2种，刮出粉末，快速渲染背景天空及水景，如图4-102所示。

第3种，以马克笔表现为基础，使用色粉丰富画面的环境色，如图4-103所示。

通过这些方式，色粉笔可以发挥出其独特的艺术魅力，为绘画作品增添层次并使画面富有深度。

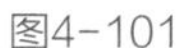

图4-101

图4-102

图4-103

4.3.2 彩铅笔触叠加与过渡

彩铅的渐变与过渡方式多样，根据排线方向的不同而变化。通常，同类色的叠加与过渡较为常见，如图4-104所示。在建筑设计效果图表现时，要特别注意颜色叠加的次数不宜过多，尤其是暗部，以防止颜色过于浓重或显得脏乱。为了确保色调准确且不过于沉重，可以加大颜色的深度和力度，将笔削尖，并尽量一气呵成，保持线条排线的清晰，如图4-105所示。

图4-104

图4-105

4.3.3 色粉的叠加与过渡

色粉的叠加与过渡操作相对简单。将几支色粉笔刮出粉末后，利用纸巾或擦笔将不同颜色融合即可（见图4-106）。在擦拭过程中，可以根据绘画需求调整力度。若希望叠加混合颜色，只需平均用力擦拭；若希望覆盖上一层叠加的色粉，则需增加叠加的色粉量（见图4-107）。

图4-106　　图4-107

4.4 彩铅与马克笔结合上色训练

4.4.1 彩铅与马克笔结合笔触表现

在绘制效果图时，马克笔线条的过渡往往呈现出较为明显的特征，并且可能产生留白现象。为了使效果图过渡更加自然和谐，我们通常会采用彩铅进行过渡处理，以弥补马克笔过渡过程中存在的不足。图4-108为彩铅与马克笔相结合的笔触效果。

图4-108

4.4.2 马克笔与彩铅常见错误笔触总结

（1）马克笔常见错误笔触总结

①运笔速度慢，笔触不明显，颜色深，如图4-109所示。

②犹豫不定衔接频繁，线条琐碎，如图4-110所示。

③叠加没有笔触过渡，衔接生硬，如图4-111所示。

④笔没有完全压在纸上，线条残缺，如图4-112所示。

⑤太强调过渡，画面琐碎，如图4-113所示。

图4-109 图4-110 图4-111 图4-112 图4-113

（2）彩铅常见错误笔触总结

①十字交叉线条太过明显且线条僵硬死板，如图4-114所示。

②叠加次数过多且十字交叉，如图4-115所示。

③线条感觉无力且间距过大，如图4-116所示。

④排线太过随意，笔触混乱且叠加次数过多，如图4-117所示。

⑤彩铅线条不明显，须把彩铅笔削尖，如图4-118所示。

图4-114 图4-115 图4-116 图4-117 图4-118

4.4.3 彩铅与马克笔结合训练方法

彩铅与马克笔在建筑小品（见图4-119）、树冠、铺装、草地等元素上的应用具有广泛性。它们可以灵活地结合运用，实现多元化的表现效果。彩铅作为过渡处理的常用工具，应用如图4-120所示，在马克笔表现建筑设计效果图时具有重要作用。此外，彩铅还是增添画面环境色的有效表现手段，如图4-121所示。

图4-119

图4-120

图4-121

4.5 马克笔训练

4.5.1 马克笔建筑体块的练习

1. 简单建筑体块训练控笔能力

通过进行简单的建筑体块训练，可以有效地提升马克笔的控笔能力。该训练方法包括绘制简单的几何体方案建筑，如以方体和多边形作为设计构图的框架进行建筑形体的创造，并使用马克笔将创造出来的形体进行晕染上色，如图4-122所示。通过这种训练，可以训练线条的流畅性和准确度，提高手部力度和运笔速度，从而为建筑设计打下坚实的基础。

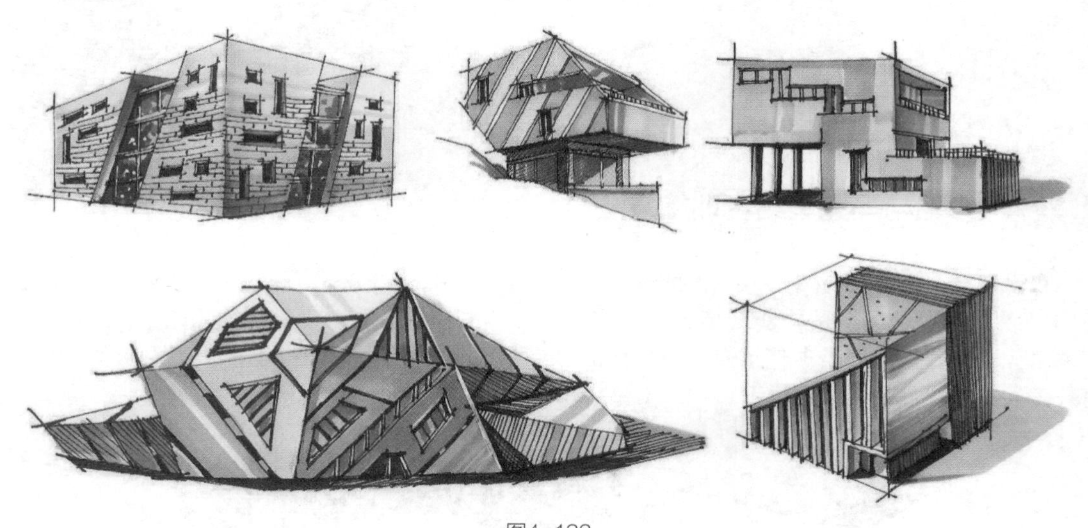

图4-122

2. 建筑体块训练光影关系

在建筑体块马克笔训练中，处理光影关系是至关重要的环节。同时，训练过程中也加强了控笔能力的提升。以正方体块组合叠加为例，展示光影体块的马克笔表现，如图4-123所示。

图4-123

通过训练，我们能够更好地理解并掌握光影的变化，使建筑体块更具立体感和生动感。在绘制过程中，我们需要注意光源的方向和强度，以及物体表面材质对光线的反射和折射效果。通过创造设计建筑方案造型，进行马克笔反复练习（见图4-124），逐渐掌握光影的运用技巧，使马克笔绘制的建筑体块更加生动、逼真。

图4-124

4.5.2 马克笔着色的渐变与过渡

1. 建筑小品着色的渐变与过渡

在建筑小品的着色过程中，渐变和过渡是两种至关重要的色彩运用手法。它们能够丰富画面的色彩层次，提升整体的和谐感和流畅度。渐变是通过不同颜色之间的平滑过渡实现的，而过渡则是通过颜色混合或逐渐转变的方式达成的。这两种手法都能使建筑小品的色彩更加丰富、自然，从而准确表达出设计师的设计理念和审美追求。图4-125通过简单的建筑小品进行训练，便能够很好地掌握这两种手法。

图4-125

2. 不同建筑体块空间的物体渐变与过渡

建筑体块空间中物体渐变与过渡的营造是构建和谐立体空间的关键要素。灵活调整物体属性，实现平滑的过渡效果，使空间关系更加自然、流畅。如图4-126所示，掌握建筑体块空间的渐变与过渡技巧，对于提高建筑设计中的马克笔表现水平具有重要意义。

图4-126

4.6 本章小结

本章节的学习中我们对色彩的基础知识及表现技巧进行了全面的探讨，详细讲解了色彩的形成、类型、属性、调和及冷暖等方面的理论知识。此外，还介绍了马克笔、彩铅及色粉等不同上色表现的技巧。通过综合训练应用这些技法和理论知识，我们得以建立绘制高质量效果图的基础。

4.7 课后实战练习

4.7.1 表现笔触与色彩冷暖关系

掌握色彩的基础理论对于艺术创作至关重要。深入理解色彩的原理和规律后，我们能更准确地运用色彩来表达作品的主题和情感。为了让大家更直观地感受笔触过渡和色彩冷暖，下页展示了几幅完整的马克笔作品。这些作品中融入了几何形体，突出了笔触过渡和色彩冷暖关系，从而增强了作品的视觉冲击力和艺术感染力，结合色彩的基础理论和几何形体的运用是提高艺术创作水平的有效途径。

4.7.2 动手练习，掌握技巧

通过动手练习，我们能够逐步熟悉并掌握马克笔、彩铅、色粉这些绘画工具的使用技巧。每种工具都有其独特的特性，只有通过实践，我们才能深入了解并熟练运用它们，进而提升我们的绘画和设计技能。无论是刚开始学习绘画的初学者，还是已经拥有丰富经验的建筑设计师，动手进行实际的练习都是提高绘画和设计能力的关键。为了帮助大家更好地学习和参考，下面提供了一些已经完成的成品效果图作品，供参考和临摹。

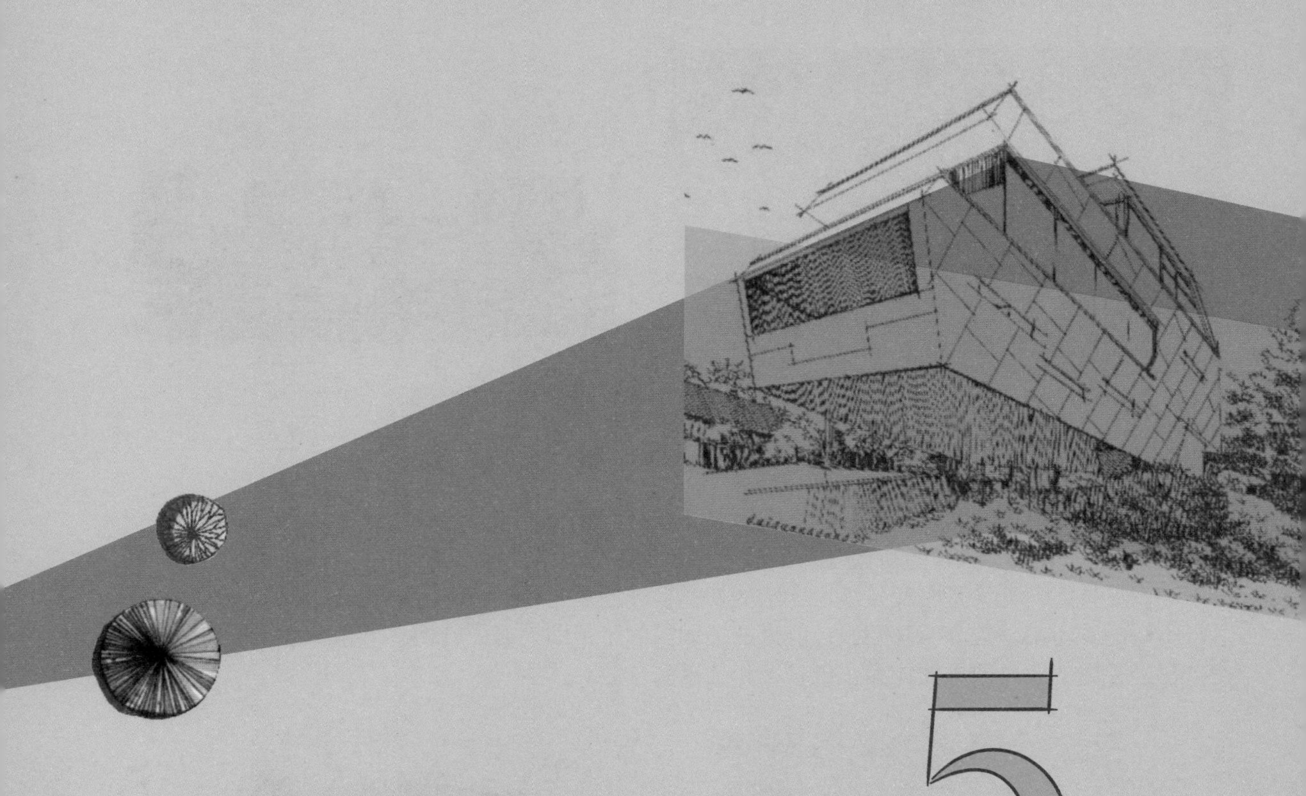

第5章 建筑配景元素表达

本章概述

本章主要介绍建筑配景元素表达的相关知识。首先从植物配景元素出发，详细阐述了不同类型植物的概况和表现方式。接着介绍了石头、铺装等硬质元素，以及水、车辆、人物、天空和地面等其他配景元素的概况和表现方法。这些配景元素表达可以增强建筑环境的真实感和艺术感染力。

5.1 植物配景元素

5.1.1 建筑配景——乔木

建筑配景
——乔木

1. 乔木的概述

乔木是植物世界中的重要组成部分，它们通常具有明显的主干和树冠。按照高度，乔木可以分为伟乔、大乔、中乔和小乔等（见图5-1）。在建筑设计中，乔木常被用作配景以优化景观效果。乔木树冠的形状丰富多样，包括球形、扁球形、半圆球形、圆锥形、圆柱形、伞形和其他。在绘制时，我们应该抓住树冠的形态特征，对其进行简化绘制，如图5-2所示，因此了解和掌握乔木的特点和表现方法对于建筑师和景观设计师来说非常重要。

图5-1

图5-2

2. 乔木的表现

乔木的绘制主要在于树干和树冠两部分的表现。接下来，我们将通过详尽的步骤来展示乔木的完整绘制过程，并附上所需的主要颜色参考，如图5-3所示。

48	59	47	43	243
52	WG2	WG5	59	409

图5-3

（1）使用钢笔绘制出乔木树干的分杈，特别注意表现出枝与干的前后穿插关系，如图5-4所示。

（2）根据树干的整体形状，绘制出树冠的造型，并强调不同枝干所生长出的树冠之间前后遮挡的关系，如图5-5所示。

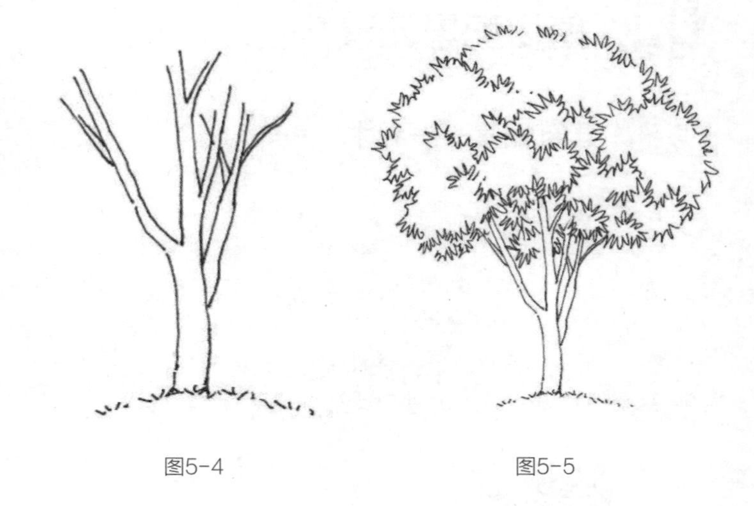

图5-4　　图5-5

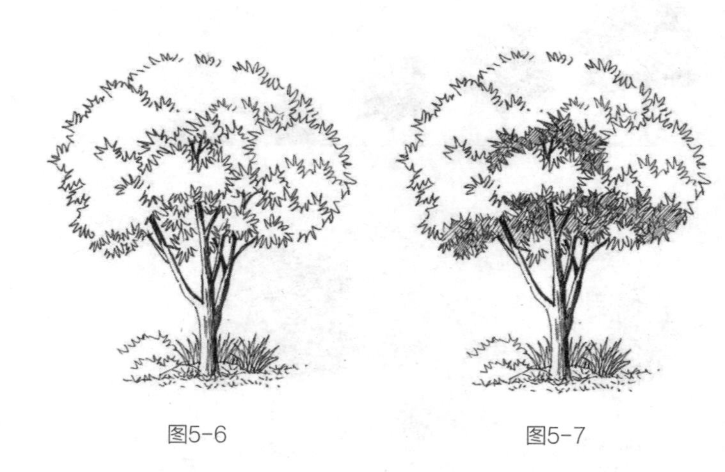

图5-6　　图5-7

（3）通过排线来增强树干的明暗关系，并对地被植物和草地做出清晰的表现，如图5-6所示。

（4）加强乔木树冠的体积感，通过统一斜向的排线来拉开明暗的对比，如图5-7所示。

（5）对整体线稿进行调整，特别加强暗部的深层次表现，最终完成线稿，如图5-8所示。

（6）使用马克笔来表现树冠的亮部色调，第一遍着色时可以大面积地进行铺色，如图5-9所示。

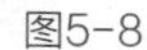

图5-8

图5-9

（7）加强树冠固有色的表现，固有色的着色面积要相对减少，以避免将之前铺的亮色全部覆盖住，如图5-10所示。

（8）运用深绿色来加强树冠暗部的表现，使树冠的明暗色调层次更加分明，如图5-11所示。

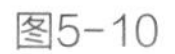
图5-10

图5-11

（9）使用提白笔来表现出画面的高光效果，并进一步丰富树冠的色调，如图5-12所示。

（10）使用彩铅进行画面的过渡处理，使画面的色调更加柔和统一，如图5-13所示。

图5-12

图5-13

5.1.2 建筑配景——椰子树

建筑配景——椰子树

1. 椰子树的简介

椰子树是一种典型的热带植物，广泛分布于亚洲、非洲和美洲的热带地区。它们通常具有高大挺拔的树干和宽大的树冠，图5-14所示是建筑配景中的常见元素。椰子果是一种营养丰富的水果，含有蛋白质、脂肪、糖类、维生素及微量元素等，如图5-15所示。椰子树的树干并非一律笔直挺拔，尤其在沿海地区，其树干往往呈倾斜生长，以更好地适应海风和海浪的环境影响，如图5-16所示。

图5-14

图5-15

图5-16

2. 椰子树的表现

在建筑设计手绘中，椰子树的表现方法与乔木类似。椰子树的绘画关键在于椰子树叶片不同方向的表现，在具体案例表现前，先要将其叶片进行剖析，如图5-17所示，并将案例主要的用色一并附上，如图5-18所示。

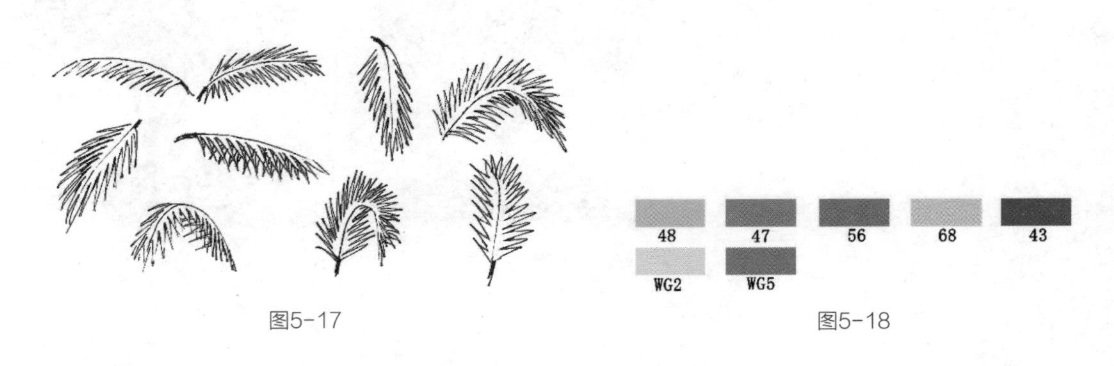

图5-17　　图5-18

图5-19　　图5-20

（1）绘制椰子树的树冠及叶片主脉生长的态势，如图5-19所示。

（2）使用钢笔工具精细描绘椰子树的树冠，叶片部分可进行概括性表现，如图5-20所示。

（3）进一步塑造椰子树的造型，补充树冠的叶片，以呈现出茂盛的生长状态，如图5-21所示。

（4）通过排线加强椰子树树干的明暗关系，并加深树冠与树干接触部分的暗部层次，如图5-22所示。

图5-21

图5-22

（5）对树冠和地面草地进行调整，完成线稿绘画，如图5-23所示。

（6）使用马克笔工具表现树冠和草地的亮色，第一遍着色时尽量铺满要表现的区域，如图5-24所示。

图5-23

图5-24

图5-25

图5-26

（7）加强椰子树树冠及草地的固有色表现，同时使用马克笔的暖灰色表现出树干的整体色调，如图5-25所示。

（8）丰富椰子树树冠的色调，并初步表现树冠和草地的暗部颜色，如图5-26所示。

（9）加强椰子树树干的暗部表现，以突出树干的体积感，如图5-27所示。

（10）使用马克笔工具调整树冠的色调，并使用提白笔提出高光，使画面的明暗对比更强烈，如图5-28所示。

图5-27

图5-28

5.1.3 建筑配景——棕榈树

建筑配景
——棕榈树

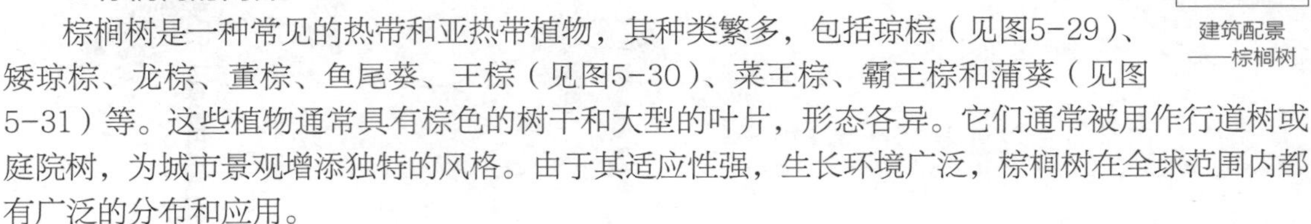

1. 棕榈树的简介

棕榈树是一种常见的热带和亚热带植物，其种类繁多，包括琼棕（见图5-29）、矮琼棕、龙棕、董棕、鱼尾葵、王棕（见图5-30）、菜王棕、霸王棕和蒲葵（见图5-31）等。这些植物通常具有棕色的树干和大型的叶片，形态各异。它们通常被用作行道树或庭院树，为城市景观增添独特的风格。由于其适应性强，生长环境广泛，棕榈树在全球范围内都有广泛的分布和应用。

图5-29

图5-30

图5-31

2. 棕榈树的表现

在建筑设计手绘中，棕榈树的表现方式与椰子树相近。描绘其结构和形态的主要手段为绘制树干与枝条，同时，通过描绘树叶与果实，可增添细节与质感。棕榈树的叶子通常呈掌状分布，果实则为球形或椭圆形，这些特征在手绘过程中均可呈现。以蒲葵为例，针对其叶片在不同方向上的表现，我们需要进行分析（见图5-32），以便更好地将其应用于实际案例中。图5-33为主要配色参考，供读者在临摹时使用。

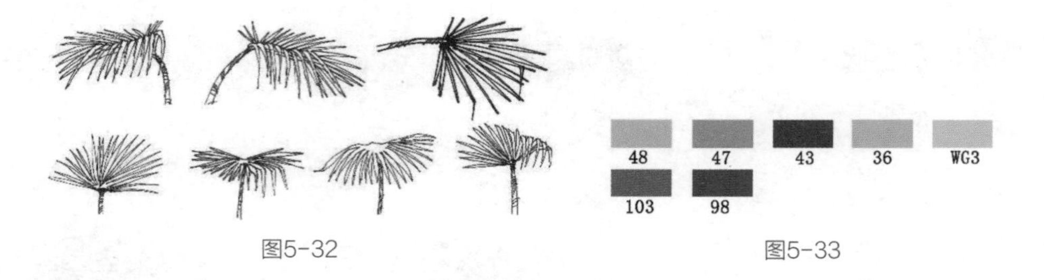

图5-32

图5-33

（1）采用铅笔对棕榈树的整体形态进行初步勾勒，以确保线条流畅，便于后续擦除，如图5-34所示。

（2）根据铅笔底稿，局部绘制出棕榈树的树冠叶片作为参考，如图5-35所示。

图5-34

图5-35

（3）在绘制墨线棕榈树的树冠与树干整体形态时，需要对铅笔底稿中的不准确部分进行适度的调整，以确保绘制的准确性和美观度，如图5-36所示。

（4）加强棕榈树树干的明暗塑造，确保树冠、树干及地被植物的描绘清晰、明了，如图5-37所示。

图5-36

图5-37

图5-38

图5-39

（5）采用黑色马克笔或宽线条美工笔，对棕榈树的暗部层次进行全面调整，以增强其明暗对比效果，如图5-38所示。

（6）使用马克笔亮色，对棕榈树的树冠、树干及地被植物进行快速涂色，以确定画面的基础色调，如图5-39所示。

（7）针对棕榈树树冠、树干及地被植物，增强其固有色彩的表现，如图5-40所示。

（8）对树冠的固有色进行局部调整，增强树干的暗部层次，以实现画面的和谐统一，如图5-41所示。

图5-40

图5-41

（9）对棕榈树树冠、树干及地被植物的暗部层次进行全面调整，如图5-42所示。

（10）最终，利用提白笔对棕榈树进行高光处理，以增强画面的视觉冲击力，如图5-43所示。

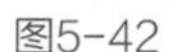

图5-42

图5-43

5.1.4 建筑配景——灌木

1. 灌木的概述

在建筑设计和园林景观领域，低矮植物一般指无明显主干、呈丛生状态且高度较矮的树木，如图5-44所示。这类植物在园林景观中具有重要作用，能增加色彩、层次感和覆盖率，如图5-45所示。灌木属于低矮植物的一种，它的运用范围较广，常与乔木搭配或灌木球组团，还有灌木与草地和石头共同搭配（见图5-46）等。各种低矮灌木具有独特的形态和特性，对于建筑设计和景观设计而言，熟知其特征至关重要。

建筑配景——灌木

图5-44

图5-45

图5-46

2. 灌木的表现

以草地灌木球组合为例，下面将详细阐述绘画步骤，并提供主要用色的参考（图5-47），以便读者更好地掌握灌木的绘画技巧。

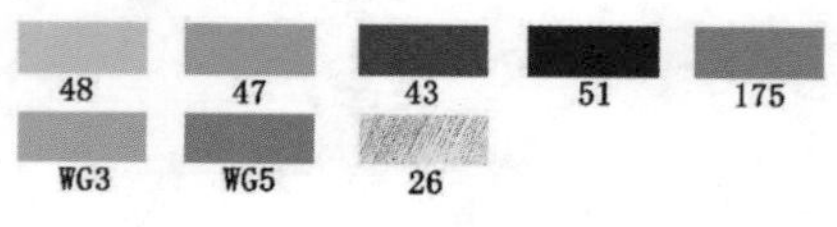

图5-47

（1）使用铅笔快速勾勒出灌木球的整体形态，注意比例和透视关系，如图5-48所示。

（2）在铅笔底稿的基础上，用抖线细致描绘灌木球的轮廓，确保线条流畅、有弹性，如图5-49所示。

图5-48

图5-49

图5-50

图5-51

（3）通过抖线的疏密变化，表现出灌木球的明暗层次和立体感，如图5-50所示。

（4）加强灌木球的体积感，运用统一方向的排线来表现其明暗层次和光影效果，如图5-51所示。

（5）整体调整墨线稿的暗部层次，使画面更加和谐统一，完成线稿绘制，如图5-52所示。

（6）使用马克笔快速涂抹出灌木球的亮色，注意色彩的渐变和过渡效果，第一遍可以大面积涂色，如图5-53所示。

图5-52

图5-53

（7）强化灌木树冠和草地固有色的表现，使其更加真实自然，如图5-54所示。

（8）着重表现灌木球的投影和树冠的暗部深层次，进一步增强明暗对比关系，如图5-55所示。

图5-54

图5-55

图5-56

图5-57

（9）使用彩铅对画面进行全面过渡处理，使画面色阶过渡更加自然和谐，如图5-56所示。

（10）使用提白笔绘制出灌木球的高光，使画面明暗对比更强，提升整体视觉效果，如图5-57所示。

5.1.5 建筑配景——绿地

建筑配景——绿地

1. 绿地的概述

在城市规划和景观设计领域，绿地被视为关键要素，绿地可以提供清新宜人的环境、增加城市绿化覆盖率并改善城市生态环境。熟知并掌握绿地的特性及表现形式对建筑师和景观设计师至关重要。绿地涵盖公园（见图5-58）、草坪（见图5-59）、花园（见图5-60）和林地等，乃是城市居民休闲放松、游憩的理想场所。在建筑设计中，合理安排和规划绿地，有助于为人们营造更加舒适、健康的居住环境。

图5-58

图5-59

图5-60

2. 绿地的表现

在建筑设计手绘中，展现绿地空间的特点可通过绘制植被、草坪、花卉等元素来实现。同时，结合建筑设施、道路等成分，可呈现出建筑与环境之间的和谐共生。以下将呈现完整案例步骤，为便于学习，我们将主要用色一并提供，如图5-61所示。

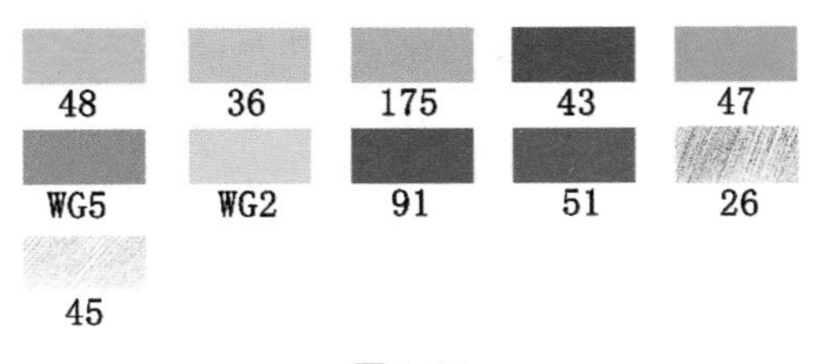

图5-61

图5-62

（1）使用铅笔对绿地的空间布局进行全面规划，明确绿地的基本结构和轮廓，如图5-62所示。

（2）采用抖线描绘绿地的轮廓，同时运用乔木和灌木丰富画面空间，营造出绿地的自然氛围，如图5-63所示。

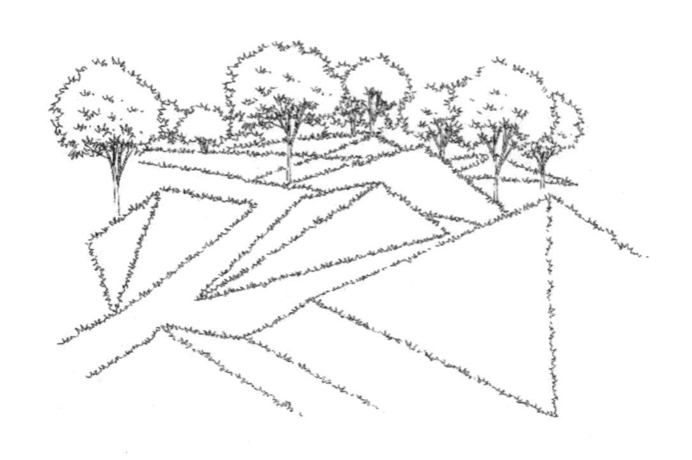

图5-63

（3）通过抖线的疏密关系，表现出绿地的明暗两大面，营造出光影效果，使画面更加立体，如图5-64所示。

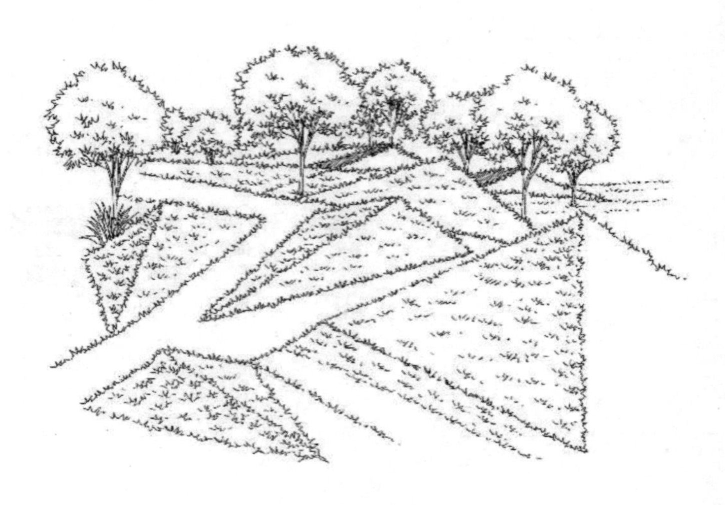
图5-64

（4）通过排线表现出画面投影关系，完成画面明、暗、投影三大要素的绘制，使画面更加完整，如图5-65所示。

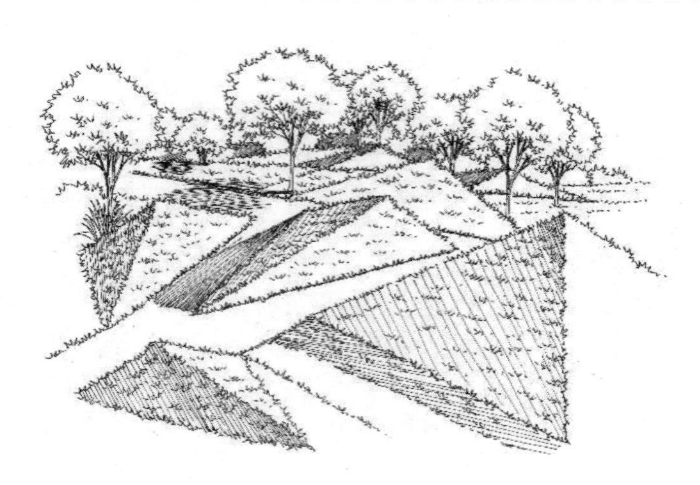
图5-65

（5）绘制出绿地空间中的道路铺装，并用抖线进行草地过渡，完善画面线稿，使画面更加细致入微，如图5-66所示。

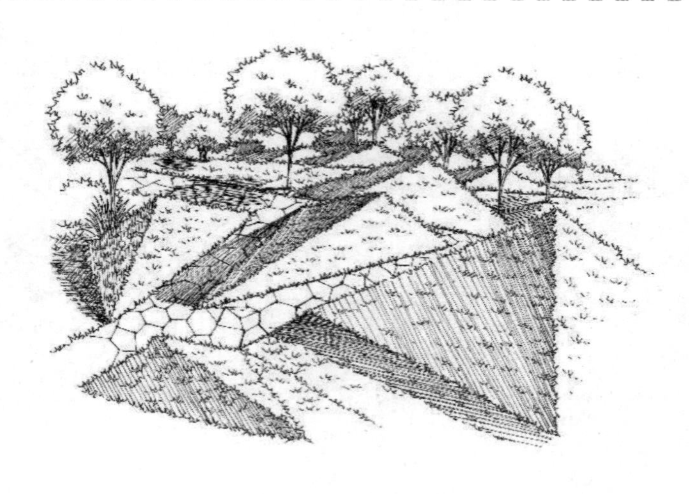
图5-66

（6）使用马克笔的绿色系亮色整体铺满绿地的亮色，营造出绿地的清新感和生机活力，如图5-67所示。

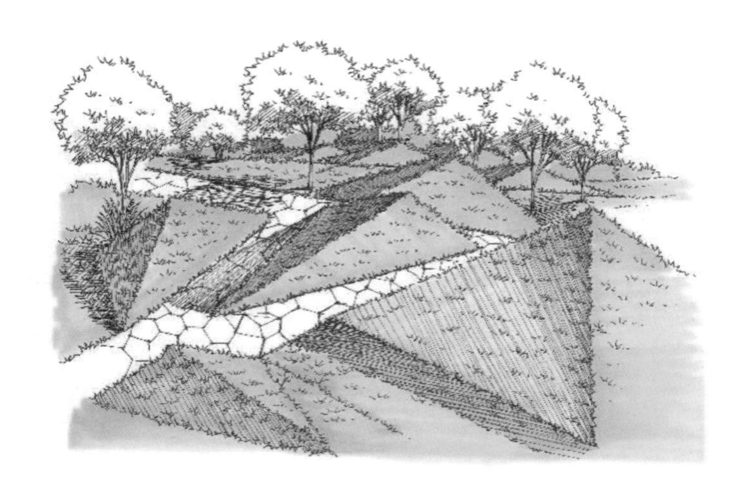

图5-67

图5-68

（7）加强投影的表现，着重强调绿地固有色，并将乔灌木的亮色整体绘制完成，使画面更加丰富多彩，如图5-68所示。

（8）塑造绿地暗部层次，并加强乔灌木固有色及树冠的固有色，使画面更加生动真实，如图5-69所示。

图5-69

（9）使用彩铅调整画面的色阶过渡，并丰富道路铺装的颜色，使画面过渡更加自然和谐，增强画面的整体感，如图5-70所示。

图5-70

（10）使用提白笔绘制出画面的高光，使画面明暗对比更加强烈，视觉冲击力更强，提升画面的艺术效果，如图5-71所示。

图5-71

5.1.6 建筑配景——花卉

建筑配景——花卉

1. 花卉的概述

花卉作为植物的重要组成部分，以其绚丽多彩的花朵和独特的形态赋予自然界无尽的魅力。在城市景观和园林设计中，花卉的应用已经成为不可或缺的一部分，如图5-72所示。不同种类的花卉各自具有独特的外形和特点，对于建筑设计和景观设计而言，理解和掌握这些特性是至关重要的。花卉不仅可以为环境增添丰富的色彩和视觉效果，同时还能带来芳香的气息，净化空气，如道路景观中的花卉点缀（见图5-73），使道路更具观赏性和观赏价值。在建筑设计中，通过合理利用花卉，我们可以创造出宜人的空间和氛围，如图5-74所示。

2. 花卉的表现

在建筑设计手绘中，表现花卉的方法包括绘制花朵、绿叶和枝条的形状、颜色和质感，尽量展现其自然状态。为展现花卉的美丽和鲜艳，需注重绘制花瓣的层次感和光影效果。搭配不同的花卉组合，可营造丰富多样的视觉效果。接下来将详细介绍一幅花卉图的设计绘画过程，并展示其主要配色方案（见图5-75），以便灵活运用。

图5-72

图5-73

图5-74

图5-75

（1）使用铅笔将陶罐和花卉的造型进行整体勾勒，确定画面构图和基本形态，如图5-76所示。

图5-76

（2）根据铅笔稿，用流畅的线条将陶罐和花卉的造型轮廓快速表现出来，注意线条的连贯性和弹性，如图5-77所示。

图5-77

（3）进一步丰富画面背景的植物和花卉，使画面构图更加完整，增加画面的层次感，如图5-78所示。

图5-78

图5-79

（4）完善画面中花卉和草地的疏密过渡关系，通过排线初步加强画面的明暗关系，使画面布局更加合理，如图5-79所示。

（5）使用美工笔的宽线条块面，整体加强画面的暗部层次，完成线稿绘制，突显陶罐和花卉的立体感，如图5-80所示。

图5-80

（6）运用马克笔将红色、橙色、黄色、紫色的花卉亮色表现出来，同时将画面草地、灌木的亮色也铺满，增加画面的色彩对比度，如图5-81所示。

图5-81

图5-82

（7）强化草地、绿色植物的固有色，并表现出陶罐的亮色，使画面色彩更加丰富、真实，如图5-82所示。

（8）进一步加强对陶罐固有色和花卉固有色的表现，使画面的颜色更加鲜艳、丰富，更具真实感，如图5-83所示。

图5-83

（9）使用深绿色将绿色植物的暗部加强表现，整体调整画面的明暗层次，使画面更加立体，更有层次感，如图5-84所示。

图5-84

图5-85

（10）使用彩铅进行画面过渡处理，柔和色彩之间的衔接，然后用提白笔表现出花卉、绿色植物的高光，使画面过渡自然，明暗关系明确，提升画面的质感和视觉效果，如图5-85所示。

5.2 配景石头与铺装

5.2.1 建筑配景——石头

建筑配景——石头

1. 石头的概述

石头是自然界中的一种物质，其表面坚硬且不规则，具有独特的纹理。在建筑设计和园林景观中，石头通常被用作配景，以增加自然感和观赏性。例如，庭院景观中的置石（见图5-86）、建筑入口的景观石头（见图5-87）及特色水景的假山石（见图5-88）等。因此，对于建筑师和景观设计师来说，了解和掌握石头的特点和表现方法是非常重要的。

图5-86

图5-87

图5-88

2. 石头的表现

在建筑设计手绘中，石头的表现方法包括绘制形态、质感、颜色等特征。通过背景和光影元素，表现出石头的立体感和空间感。绘制细节和质感时，应注重展现石头的纹理和形状特点，以展现其自然和独特的特点。为了学习，我们将提供案例表现的主要用色，如图5-89所示。

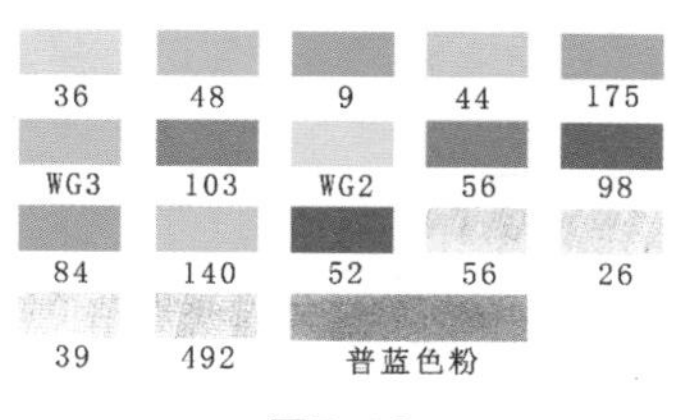

图5-89

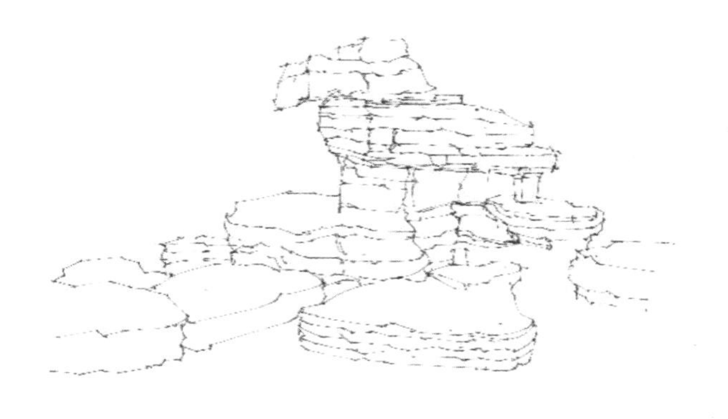
图5-90

（1）使用流畅概括性的线条，绘制出千层石的基本造型，注意形态的准确性和美感，如图5-90所示。

（2）在千层石的基础上，绘制出四周的花卉、灌木及地被，丰富画面元素，完善整体构图，如图5-91所示。

图5-91

（3）通过疏密排线，初步绘制出千层石的背光面，明确画面的明暗关系，为后续的深入塑造打下基础，如图5-92所示。

图5-92

图5-93

（4）整体加强画面中的灌木、花卉、地被及石头的明暗关系，运用光影效果塑造出画面的空间感和明暗对比，增强视觉冲击力，如图5-93所示。

（5）对线稿画面进行调整和完善，添加飞鸟元素以活跃场景气氛，使画面更加生动自然，完成线稿绘制，如图5-94所示。

图5-94

（6）使用马克笔进行润色处理，将不同花卉、地被、乔灌木及石头的亮色进行整体铺色，以增强色彩的层次感，如图5-95所示。

图5-95

图5-96

（7）进一步加强绿色植物的固有色和石头的暗部颜色，为画面增添更多的色调变化，如图5-96所示。

（8）增加石头的环境色，丰富暗部色调，同时丰富花卉、地被和乔灌木树冠的颜色，使画面更加丰富多彩，如图5-97所示。

图5-97

（9）使用普蓝色粉表现出天空的色调，并进一步调整石头的固有色，通过提白笔绘制出画面中的高光部分，增强画面的立体感和光感，如图5-98所示。

图5-98

图5-99

（10）最后使用彩铅对画面进行整体调整，使画面颜色过渡更加自然和谐，提升画面的整体效果，如图5-99所示。

5.2.2 建筑配景——铺装

建筑配景——铺装

1. 铺装的概述

铺装是指使用人工材料对地面进行的铺设，以创造舒适、安全、美观的步行或停留空间。在城市规划和景观设计中，铺装是至关重要的元素。它能够提供便利和舒适的步行空间，提升城市的美观度和宜居性，如图5-100所示。在建筑设计中，铺装也是必备的材料，广泛应用于广场（见图5-101）、建筑楼层、建筑庭院（见图5-102）及道路等场所。因此，对于建筑师来说，了解和掌握铺装的特征和表现方法至关重要。

2. 铺装的表现

在建筑设计手绘中，我们通过绘制铺装的形态、质感、颜色等元素来展现其特征。为了精准地表现铺装的细节和质感，我们需要细致地描绘其材料的特点和触感，以突显铺装的实用性与美观性。此外，为了方便学习和借鉴，我们将案例的主要用色附上，如图5-103所示。

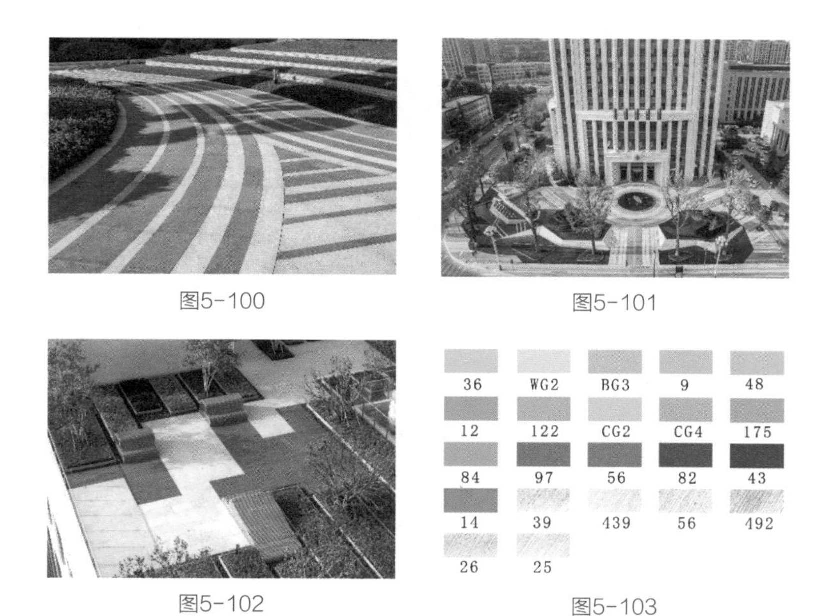

图5-100

图5-101

图5-102

图5-103

（1）使用钢笔灵活勾勒地面铺装的规划造型，确保线条流畅且富有表现力，如图5-104所示。

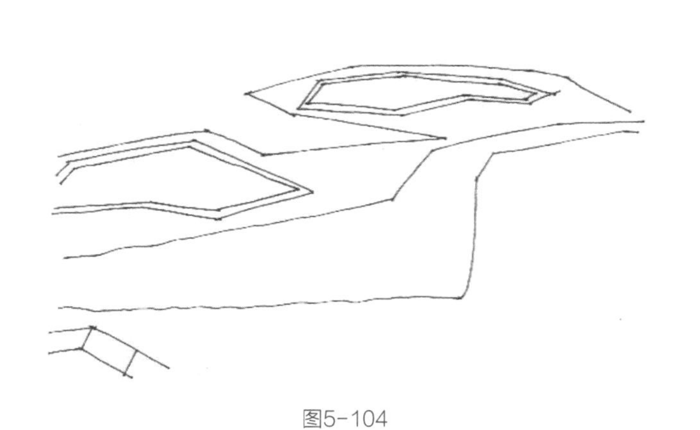

图5-104

（2）描绘灌木球、绿篱、花池的基本形态，为后续细节塑造打下基础，如图5-105所示。

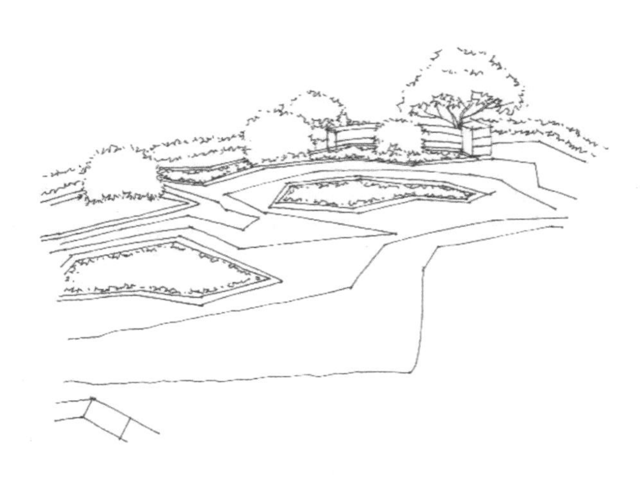

图5-105

（3）通过精细的排线刻画矮墙、灌木球、绿篱、花卉的明暗关系和体积感，使画面立体感更强，如图5-106所示。

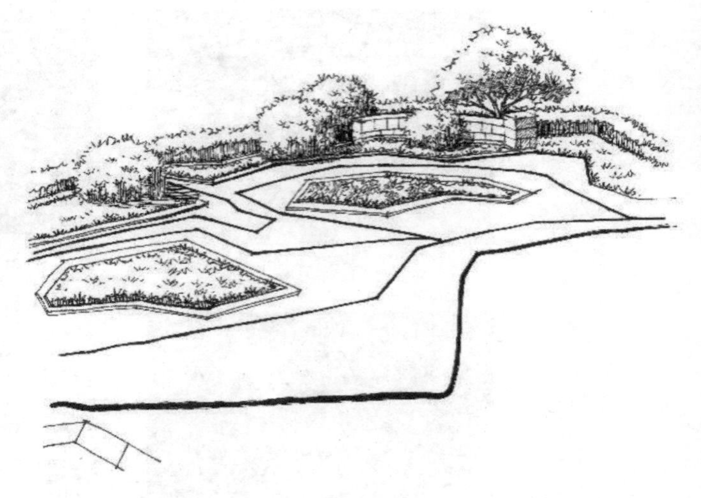

图5-106

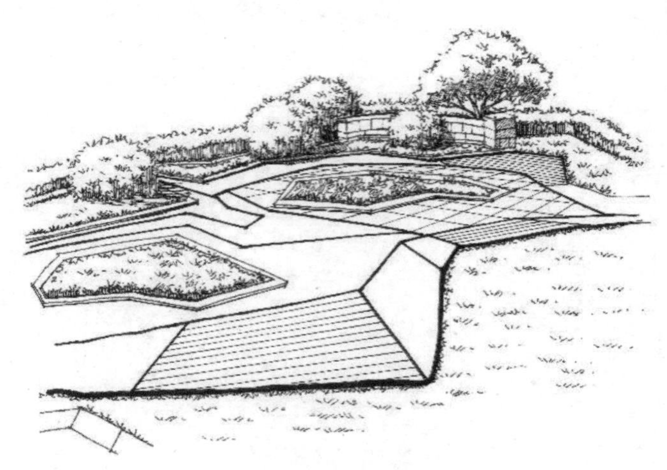

图5-107

（4）着重表现地面铺装，细致规划不同铺装的纹理和色彩，同时用抖线生动绘制前景草地，丰富画面层次，如图5-107所示。

（5）运用美工笔的宽线条块面技巧，强化矮墙周边灌木树冠的暗部层次，以突出主体元素，如图5-108所示。

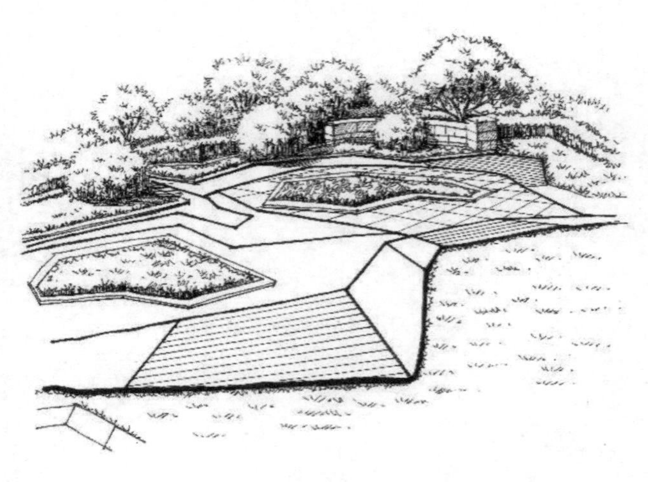

图5-108

（6）采用马克笔进行快速上色，清晰呈现草地、灌木球、绿篱、铺装及花卉的亮丽色彩，巧妙运用局部留白策略，以提升画面的透气感，如图5-109所示。

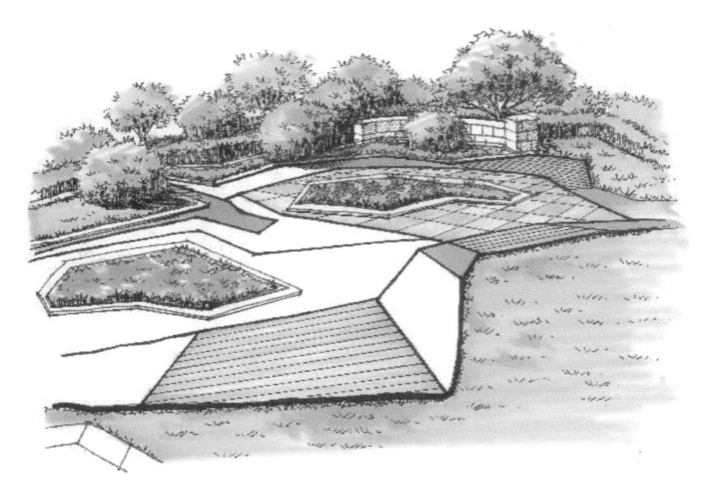

图5-109

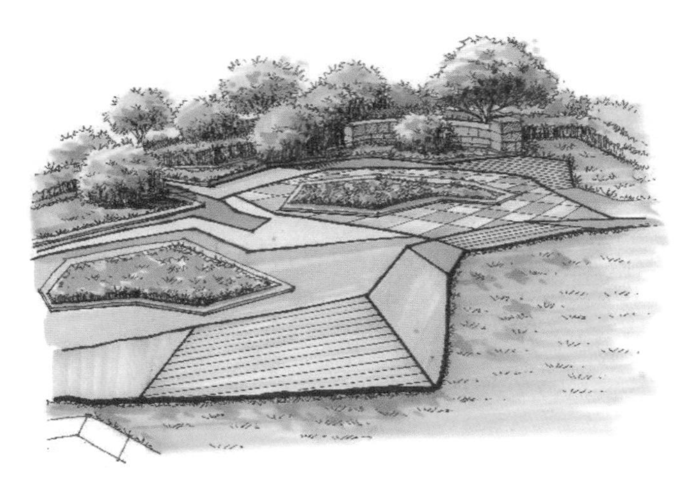

图5-110

（7）加强地面铺装和矮墙的表现力，注重铺装的色彩冷暖对比，同时进一步强化植物的固有色，提升画面的视觉冲击力，如图5-110所示。

（8）精细刻画地面木质铺装的质感，并深入塑造灌木球、草地、花池的暗部细节，拉大明暗对比以增强空间感，如图5-111所示。

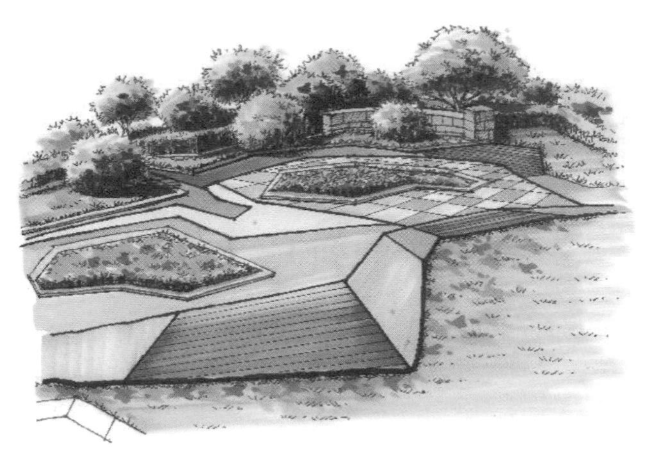

图5-111

（9）使用彩铅绘制背景天空，实现画面整体色阶的自然过渡，使画面更加和谐统一，如图5-112所示。

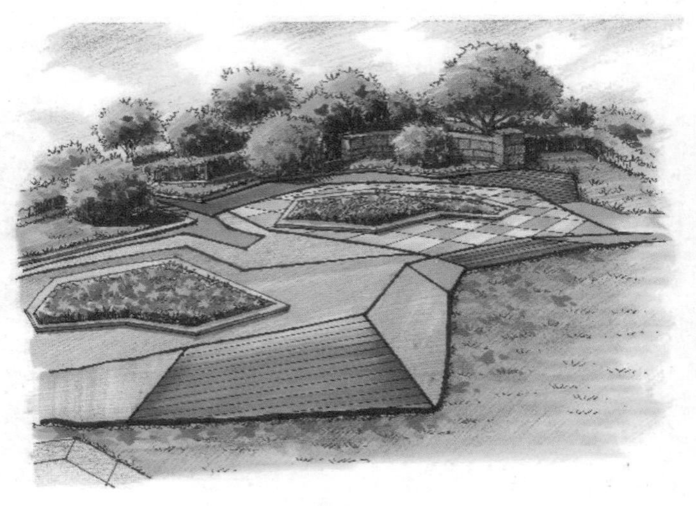

图5-112

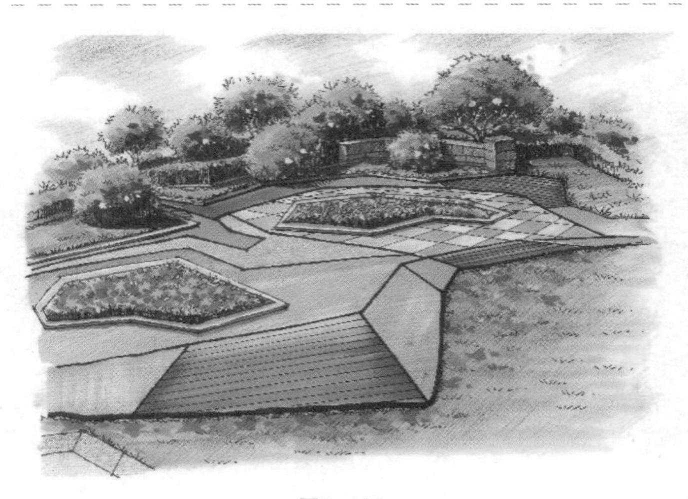

图5-113

（10）运用提白笔精确绘制画面高光部分，增强明暗对比，使主体更加突出鲜明，提升画面的整体表现力，如图5-113所示。

5.3 配景水元素

5.3.1 建筑配景——水面

建筑配景——水面

1. 水面的概述

水面在建筑景观设计中占据重要地位，具有提升空间层次感和视觉冲击力的作用。水面呈现的形式丰富多样，包括镜面水（见图5-114）、人工湖、喷水池（见图5-115）、游泳池（见图5-116）和河流等。

图5-114

图5-115

图5-116

2. 水面的表现

水面表现形式的差异可对空间氛围产生显著的影响。宁静、安详的氛围往往由平静的水面所营造，而流动的水面则能为空间注入活力。此外，反射效果还能增强空间的纵深感。在绘制水面时，需注重表现水的质感，如波纹、涟漪等，同时强调反光和倒影效果。为确保学习效果，如图5-117所示是案例主要用色。

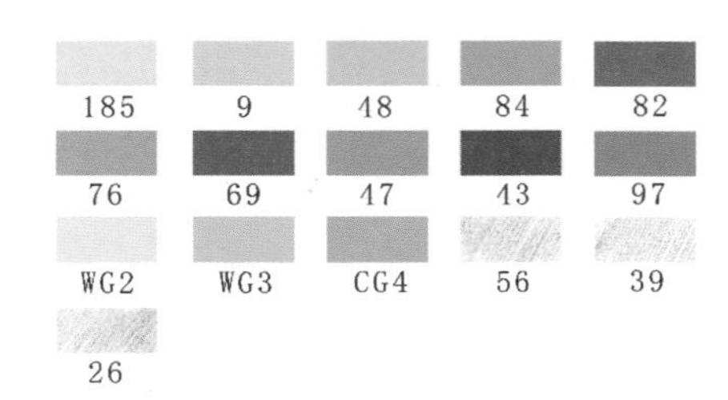

图5-117

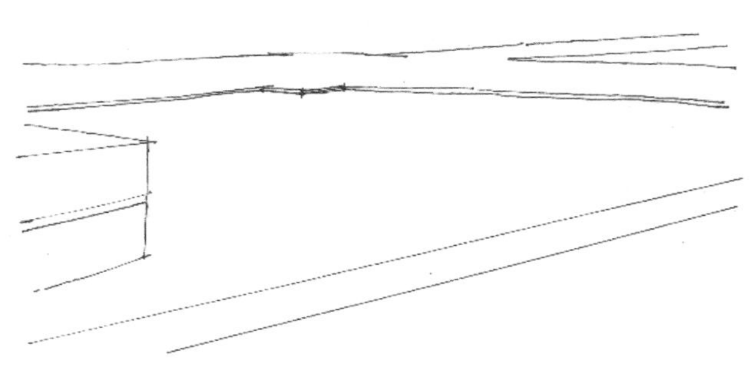

图5-118

（1）在规划水池的布局时，需采用流畅的线条来呈现透视效果，如图5-118所示。

（2）为了增强画面的层次感，应加入背景的乔灌木和前景的草地，如图5-119所示。

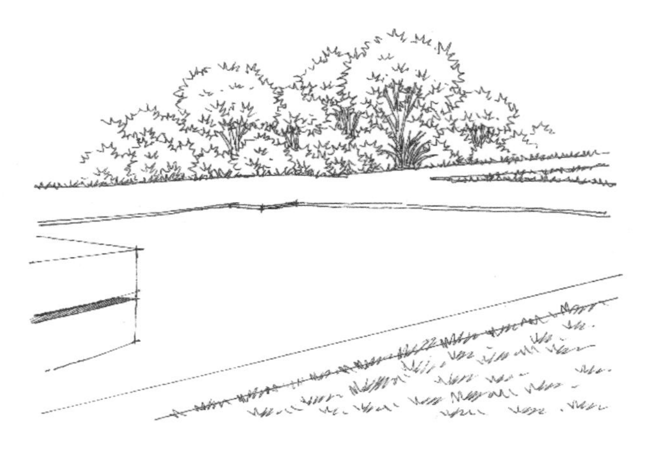

图5-119

（3）在绘制水池时，初步描绘水中的倒影，并完成中景地面的绘制，如图5-120所示。

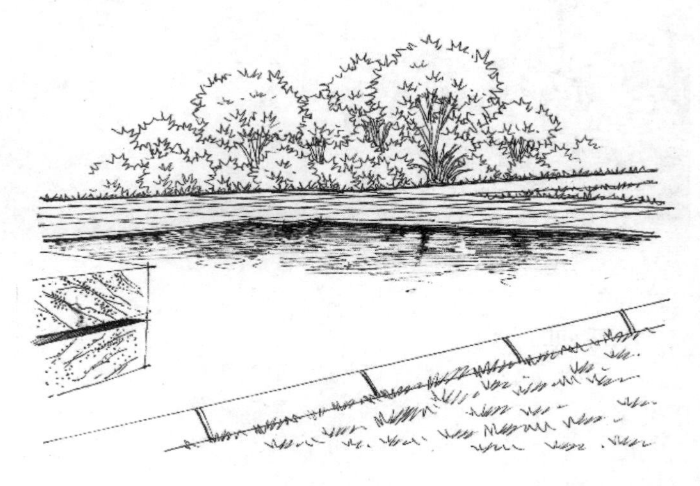

图5-120

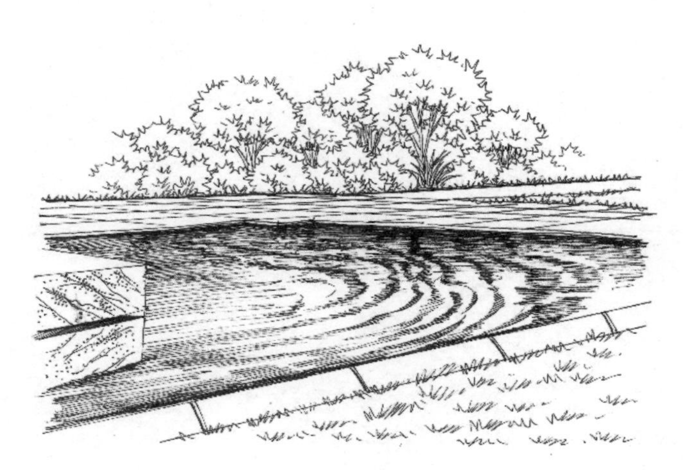

图5-121

（4）为增强动态感，需精细刻画水面的波纹，如图5-121所示。

（5）调整画面明暗关系，通过排线强化乔灌木背光面的表现，增强对比度，如图5-122所示。

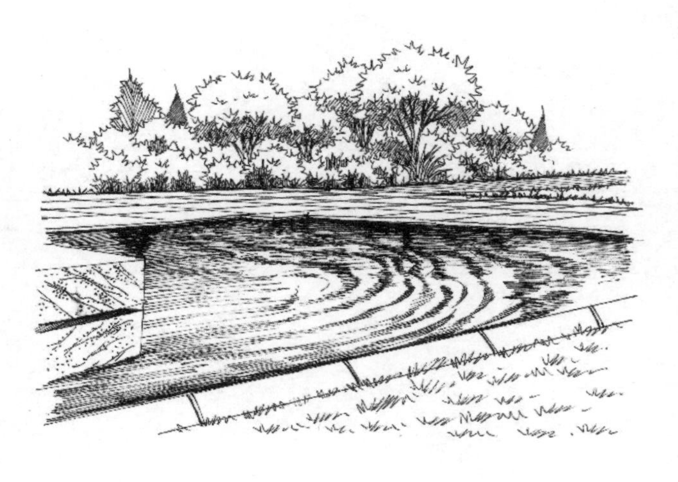

图5-122

（6）使用马克笔为乔灌木、水面和草地涂上亮色，以奠定整体色调，如图5-123所示。

图5-123

图5-124

（7）丰富画面色彩，强化固有色调的表现，如图5-124所示。

（8）使用重色马克笔加强暗部层次，强化画面的明暗对比，如图5-125所示。

图5-125

（9）使用提白笔绘制高光，补充过渡色，使画面更加自然，如图5-126所示。

图5-126

（10）使用彩铅进行整体过渡，使色阶自然融合，完善画面效果，如图5-127所示。

图5-127

5.3.2 建筑配景——跌水

建筑配景——跌水

1. 跌水的概述

跌水是指水流从高处跌落而形成的景观，它通常被用于增加空间的活跃度和观赏性，如图5-128所示。跌水的形式多种多样，如水帘（见图5-129）、瀑布、台阶跌水（见图5-130）、直线形跌水、曲线形跌水等。

图5-128

图5-129

图5-130

2. 跌水的表现

在表现跌水时，应注重展现其动态效果和水花飞溅的细节，营造出跌水的流动感和力量感。同时，要注重表现水与岩石或建筑的相互作用，以展现跌水的真实感和生动感。为了更好地学习，我们以完整的案例步骤进行展开说明，案例主要的用色如图5-131所示。

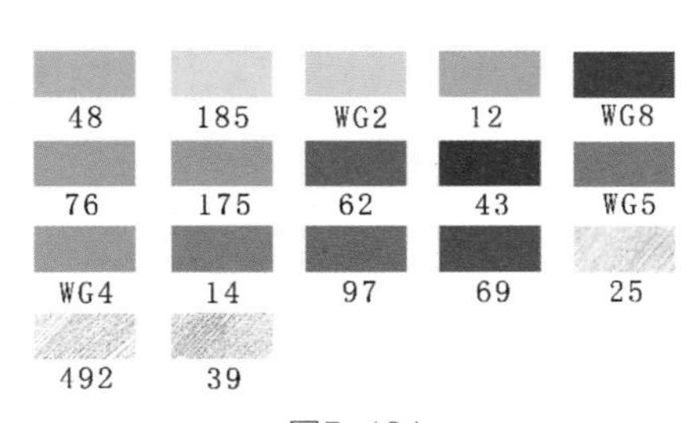

图5-131

（1）使用铅笔快速绘制出跌水台面的整体透视，确保线条流畅且准确，如图5-132所示。

图5-132

（2）根据初步的铅笔底稿，绘制出跌水台面的主要透视线。注意根据透视规律调整线条，修正不准确的地方，如图5-133所示。

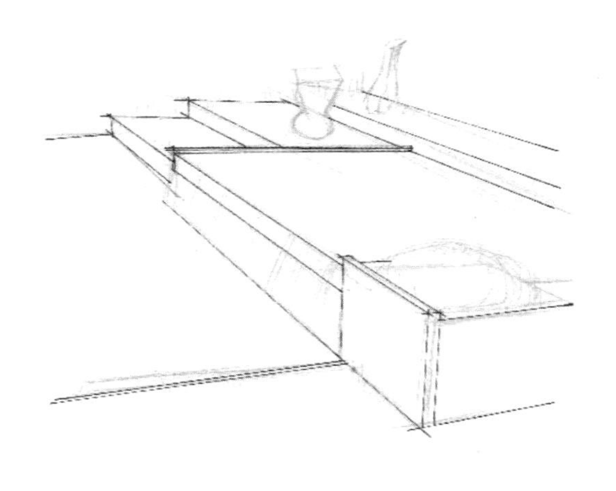

图5-133

（3）细致绘制前景草地，同时将水面倒影、景观小品及跌水形态一并表现出来，增强画面的层次感，如图5-134所示。

图5-134

图5-135

（4）绘制背景墙的铺砖细节，并清晰表现前景种植池的铺装，注意砖块之间的排列和缝隙，如图5-135所示。

（5）整体绘制画面的背光面，加强前景草地和种植池的明暗对比，使画面更加立体，如图5-136所示。

图5-136

（6）使用马克笔为水面、草地、背景墙体、景观小品和花卉涂上亮色，奠定画面的基调，注意色彩的搭配和过渡，如图5-137所示。

图5-137

图5-138

（7）使用马克笔的深色暖灰加强跌水台面的铺装颜色，将底色画足，为后续的提白表现做准备。同时初步绘制草地的固有色，如图5-138所示。

（8）增强种植池中花卉的固有色和水面的环境色，使画面颜色更加丰富和自然，如图5-139所示。

图5-139

（9）使用马克笔的深绿色加强前景草地和花卉绿叶的色调。加强景观小品与前景种植池的背光面，并用提白笔提出高光，增强明暗对比，如图5-140所示。

图5-140

图5-141

（10）使用暖灰色加强背景墙的颜色，使墙面更加立体。使用彩铅进行整体色阶过渡，让画面更加和谐自然，如图5-141所示。

5.3.3 建筑配景——涌泉

建筑配景——涌泉

1. 涌泉的概述

涌泉是指地下泉水喷涌而出的现象。它通常用于增加空间的趣味性和生态性。涌泉的形式多样，如台阶式潜水涌泉（见图5-142）、特色景墙水池涌泉（见图5-143）及观赏性潜水涌泉（见图5-144）等。这些设计手法不仅增加了空间的趣味性和生态性，还为人们提供了与自然互动的

图5-142

图5-143

图5-144

体验。在设计中，涌泉的形态、水流、声音等因素都可以被巧妙地运用，创造出独特而富有吸引力的空间效果。

2. 涌泉的表现

在表现涌泉时，我们要特别注重展现其喷涌而出、跳跃灵动的特点。为了营造出涌泉的动态效果和水花飞溅的细节，我们需要灵活运用线条和色彩。同时，我们还要注意表现涌泉周围的环境和氛围，以及水体对周围环境的影响。

为了更好地学习涌泉的表现，我们将通过完整的案例步骤来系统学习。在案例中，我们将附上主要的用色（见图5-145），以便更好地理解和掌握涌泉的表现技巧。

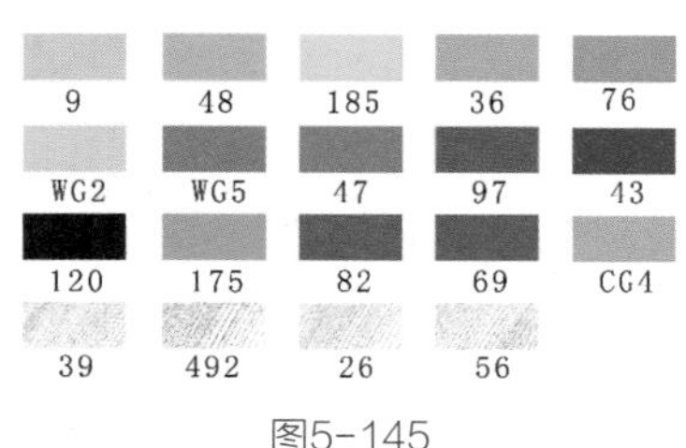

图5-145

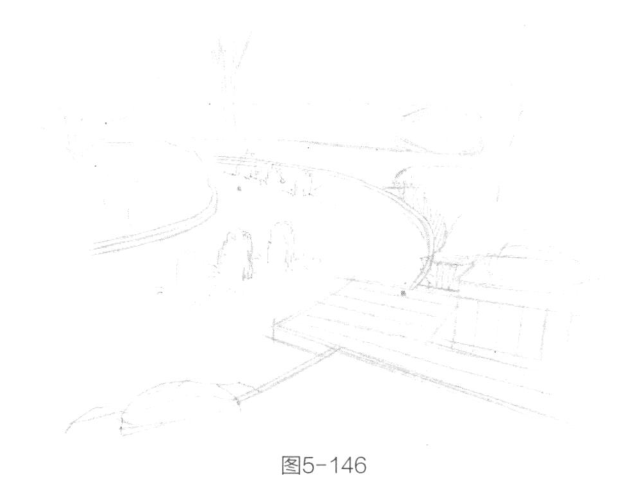

图5-146

（1）通过铅笔轻盈地勾勒出涌泉的整体场景，确保水体和周边环境的规划清晰、明了，如图5-146所示。

（2）根据铅笔底稿，使用墨线快速勾勒涌泉的造型、周边植物轮廓、地面铺装等元素，如图5-147所示。

图5-147

（3）对地面铺装进行细致的描绘，并运用抖线的疏密来表现乔灌木和草地的明暗关系，确定光源的方向，如图5-148所示。

图5-148

图5-149

（4）加强画面的明暗对比，着重强调水面和乔灌木的暗部，通过排线形成统一的效果，如图5-149所示。

（5）调整暗部层次，使用美工笔宽线条在暗部进行深层次的小块面表现，以增强线稿的明暗对比度，如图5-150所示。

图5-150

（6）使用马克笔迅速呈现水面、木质铺装及周边乔灌木的亮色，如图5-151所示。

图5-151

图5-152

（7）强化水面环境色、地面铺装及乔灌木的固有色，局部保留初次上色的效果，如图5-152所示。

（8）运用马克笔的重色整体加强画面的暗部表现，塑造光感，形成强烈的明暗对比效果，如图5-153所示。

图5-153

（9）对水面进行细致刻画，并使用提白笔突出画面高光，表现水面的波光粼粼感，如图5-154所示。

图5-154

（10）利用彩铅调整画面色阶过渡，使马克笔的颜色过渡更为自然，提升画面的真实感，如图5-155所示。

图5-155

5.3.4 建筑配景——倒影

建筑配景——倒影

1. 倒影的概述

倒影是指物体在水面、镜面等反射面上形成的虚像。在建筑配景中，倒影能够增加空间的层次感和纵深感，为环境增添独特的视觉效果。镜面水（见图5-156）、水面的倒影（见图5-157）等能够为建筑空间带来丰富的变化和美感。

图5-156

图5-157

2. 倒影的表现

倒影的表现重点在于捕捉其虚幻性和反射性。我们可以巧妙地运用线条和色彩，以营造出逼真的倒影效果。在此过程中，反射面的质感和反光效果也是不容忽视的细节。在绘制倒影时，建筑设计师可以根据实际情况进行巧妙地取舍和适度的夸张，以提升设计作品的艺术感染力。接下来，我们将通过详细的案例步骤来具体解析倒影的表现技巧，并附上案例的主要用色以供参考，如图5-158所示。

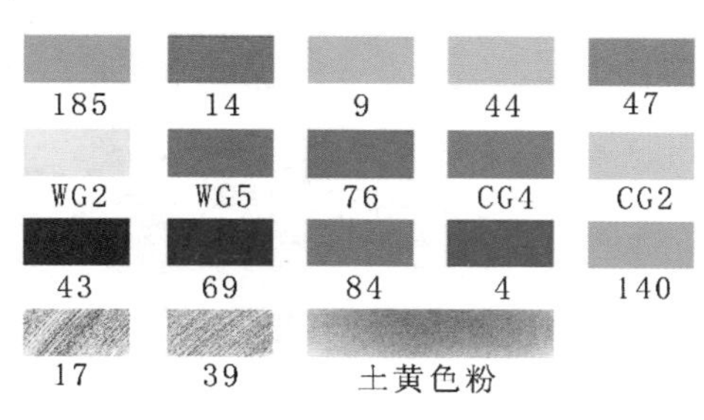

图5-158

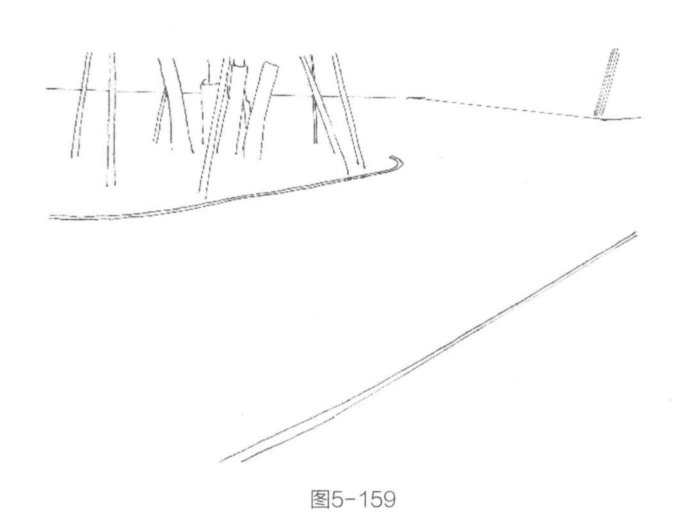

图5-159

（1）开始布局，为倒影预留充足的空间。绘制乔木树干时，需适度减少其在画面中的比例，以突出主体，如图5-159所示。

（2）细致绘制种植池中的花卉，同时初步展现背景建筑与水中的倒影，如图5-160所示。

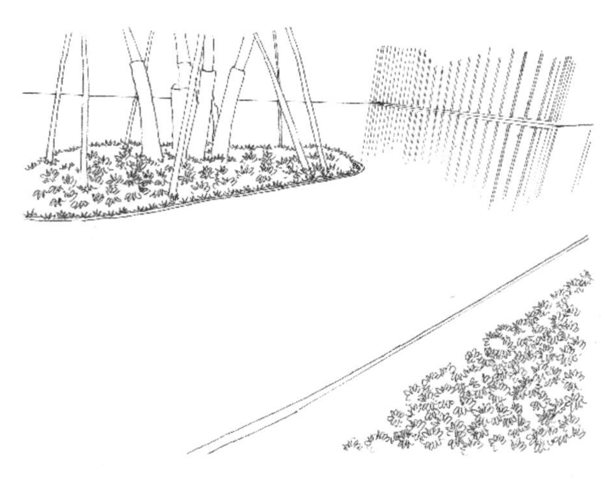

图5-160

（3）完善水中倒影的造型，运用流畅的线条进行概括，使画面更加完整，如图5-161所示。

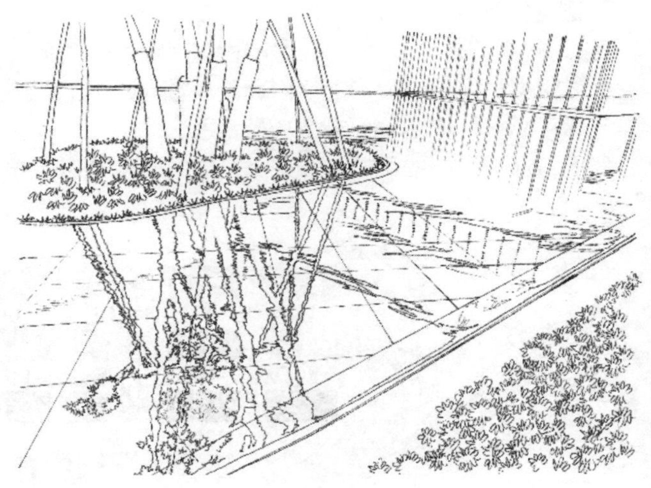

图5-161

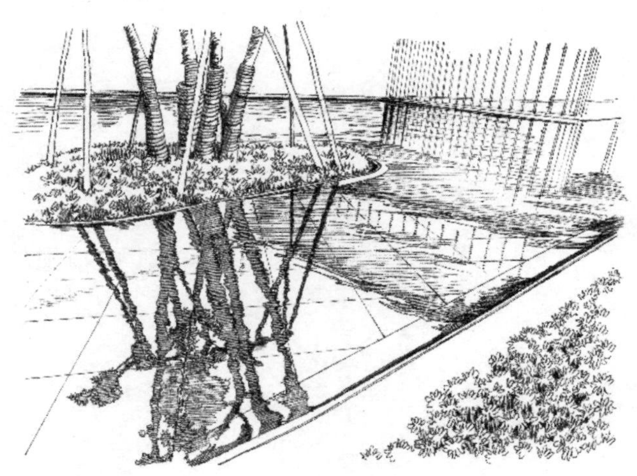

图5-162

（4）通过排线加强水中倒影的明暗层次，增强画面的明暗对比，如图5-162所示。

（5）使用美工笔宽线条进一步调整倒影的深浅层次，并加强种植池花卉的暗部，使线稿更加完善，如图5-163所示。

图5-163

（6）使用马克笔快速绘制水面、花卉、石子及树干捆绑绳子的亮色，奠定画面的基调，如图5-164所示。

图5-164

图5-165

（7）强化水面的固有色，突出明暗转折处。保留部分水面的亮色，避免全部覆盖，如图5-165所示。

（8）加深倒影的色调，区分出倒影的深浅，同时表现花卉的固有色，丰富画面色彩，如图5-166所示。

图5-166

（9）使用彩铅和色粉绘制水体的环境色。彩铅排线要清晰、明了，色粉揉擦过渡要自然，如图5-167所示。

图5-167

图5-168

（10）使用丙烯马克笔为树干添加倒影的固有色。用提白笔提白水面高光，使水面更具动感，如图5-168所示。

5.4 配景车辆与人物

5.4.1 建筑配景——车辆

建筑配景——车辆

1. 车辆的概述

在当代的建筑环境中，车辆作为一种重要的配景元素，具有不可或缺的地位。它的存在为空间增添了动态美和生活气息，同时也为场景的尺度感提供了参照。由于车辆的造型相对复杂，其流线型轮廓需要精细打磨，确保线条流畅、造型准确，如图5-169所示。

在建筑设计领域，对于配景汽车的刻画精细程度，需要根据具体场景进行判定。一般来说，如果汽车在画面中所占比例较小，如中景或远景的汽车，只需要注重透视结构的准确性和汽车颜色的合理搭配，无须进行过于细致的刻画，如图5-170所示。然而，当汽车处于前景并且所占整个画面比例较大时，如图5-171所示，配景汽车转换为画面的主景，在这种情况下，我们需要对汽车进行更为细致的刻画。

图5-169

图5-170

图5-171

在绘画过程中，我们可以将汽车概括为一个长方体，然后在长方体的基础上进行汽车流线型的修改。这样的方法可以使我们在保持基本形状准确的同时，也让汽车看起来更加美观和逼真，如图5-172所示。

图5-172

2. 车辆的表现

车辆的表现要注重其形态、细节和质感的表现。可以运用线条和色彩来营造出车辆的立体感和光影效果。接下来我们以完整案例的步骤，详细展示表现技法，为了更好地学习，我们将案例主要用色一并附上，如图5-173所示。

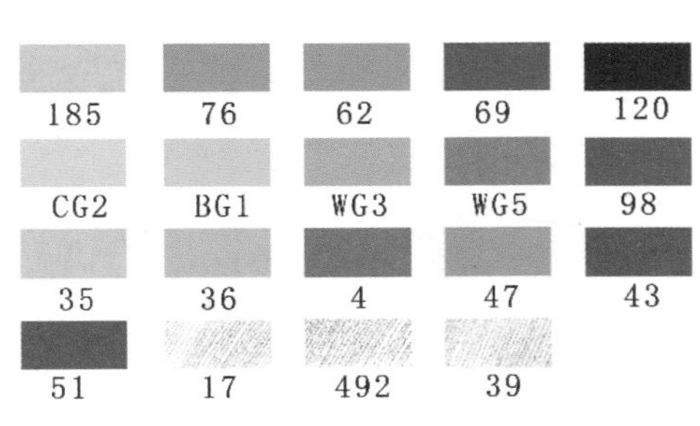

图5-173

（1）我们使用铅笔轻盈地勾勒出汽车的轮廓，初步确定其形态，如图5-174所示。

图5-174

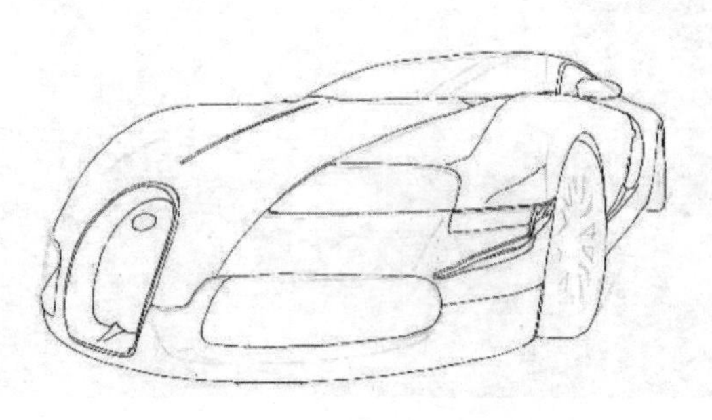

图5-175

（2）使用钢笔工具迅速绘制出汽车的外轮廓，并对车头部位进行细致地划分，如图5-175所示。

（3）细致地表现出汽车的反光物体、细节结构及轮胎龙骨的具体造型，如图5-176所示。

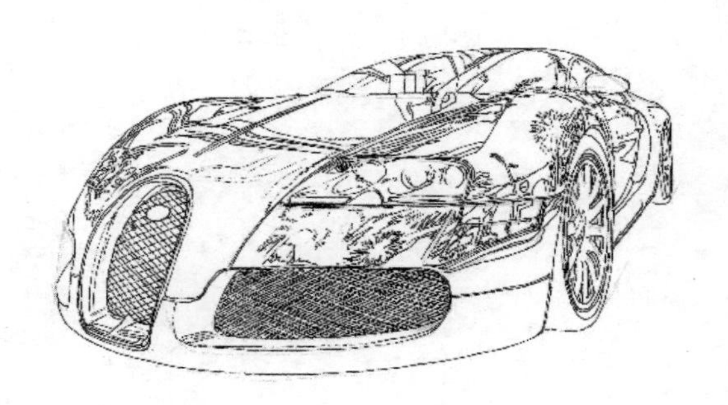

图5-176

图5-177

（4）迅速绘制出背景建筑的立面墙体结构，并简略地绘制远景的椰子树，如图5-177所示。

（5）通过疏密的排线，强化线稿的明暗关系，完成线稿绘画，如图5-178所示。

图5-178

图5-179

（6）使用马克笔，初步绘制出车身的亮色调，并表现出反射植物的色调，如图5-179所示。

（7）加强汽车车身的固有色，完善整个汽车的颜色渲染，如图5-180所示。

图5-180

图5-181

（8）快速为背景建筑和地面涂上颜色，统一颜色渲染的节奏，如图5-181所示。

（9）加强汽车投影的色调，绘制出背景建筑与地面的深色调。使用提白笔绘制出汽车的高光，以增强明暗对比，如图5-182所示。

图5-182

图5-183

（10）使用彩铅进行颜色过渡，使画面色阶过渡更加自然。使用马克笔黑色局部加深暗部层次，增强画面的视觉冲击力，如图5-183所示。

5.4.2 建筑配景——人物

建筑配景——人物

1. 人物的概述

人物在建筑设计中的重要性不言而喻，他们为场景注入生命与故事性，同时也提升了趣味性和互动性。为了创造较佳的建筑效果，设计师在描绘人物时，需对人物的形象、特征、位置及绘画技巧进行深思熟虑。

为了精进人物的绘画技巧，确保人物的表现更为精准，全面理解人物的比例和结构是关键。以下是对人物比例关系的详细解析。

头身的比例：以头长为基准，通常成年人的全身高度约为头长的7.5倍，而儿童的约为头长的5倍。随着年龄的增长，这一比例逐渐趋同于头长的7.5倍。当处于坐姿时，全身高度约为头长的5倍，而盘坐时则约为头长的3.5倍，如图5-184所示。这种比例根据不同年龄和性别而不同，可以进行相应的调整。

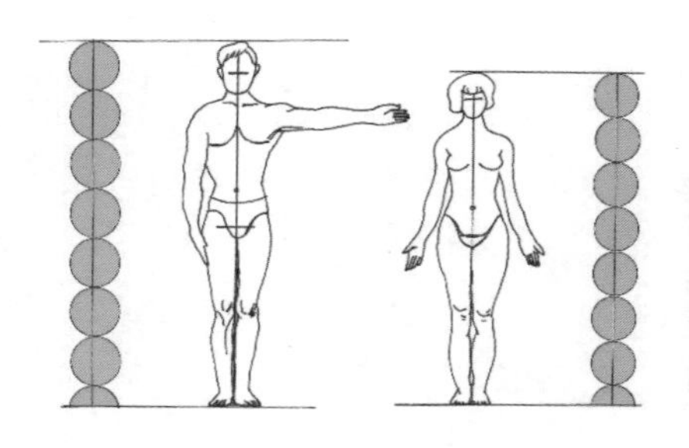
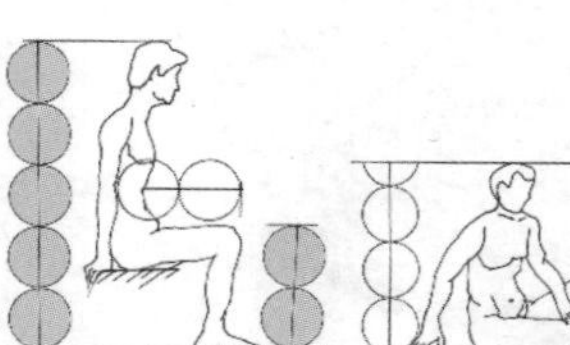
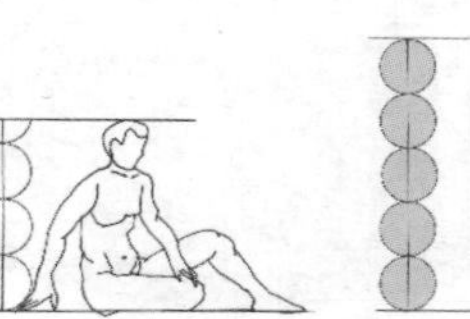

图5-184

上半身与下半身的比例：站立状态下，上半身与下半身的比例约为1∶1.5。如图5-185所示，但这一比例会因体型和服装等因素而有所变化。

肩宽与髋宽的比例：男性通常肩宽大于髋宽（倒三角），而女性则髋宽稍大于肩宽，如图5-186所示，这一比例也需要根据具体情况进行微调。

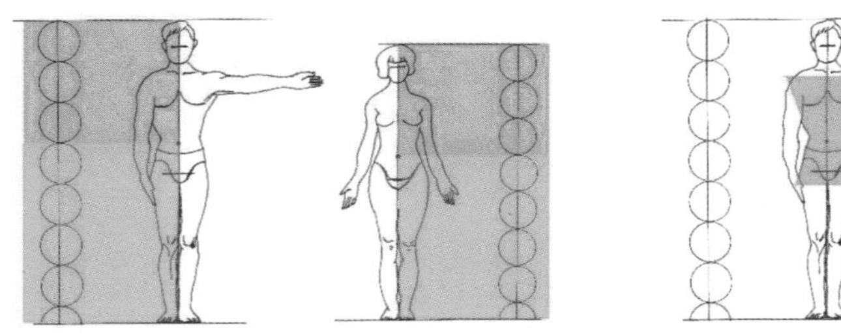

图5-185

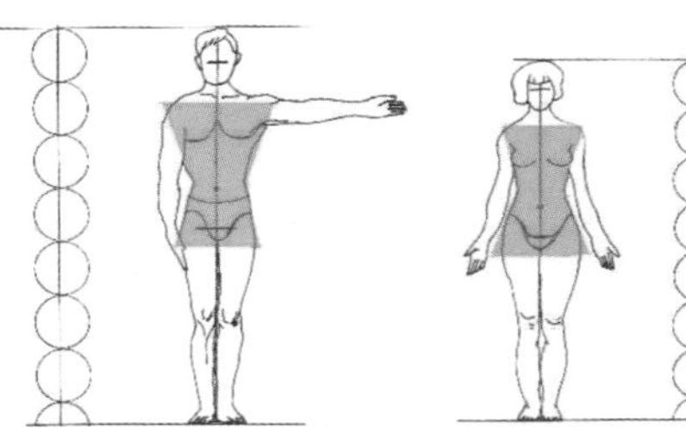

图5-186

手臂长度与身高的比例：手臂长度约占身高的一半，如图5-187所示，但姿势和服装等因素也会对该比例产生影响。

腿部长度与身高的比例：腿部长度通常占身高的一半，如图5-188所示，但也会因体形和服装等因素有所变化。

通过以上详述，我们期望为读者提供一个更为清晰、准确的人物比例指南，以助其在建筑设计中更好地描绘人物。

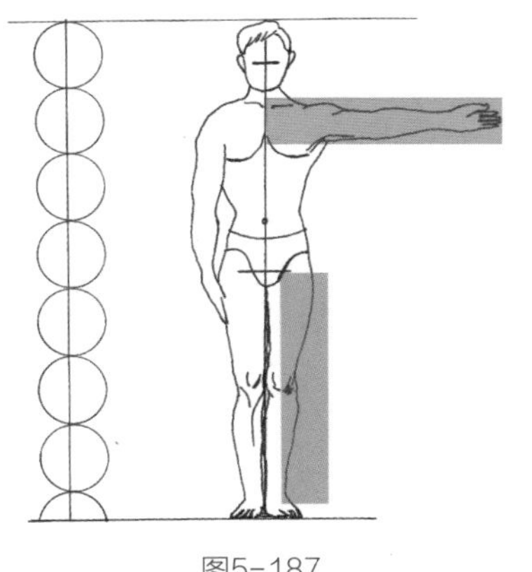

图5-187

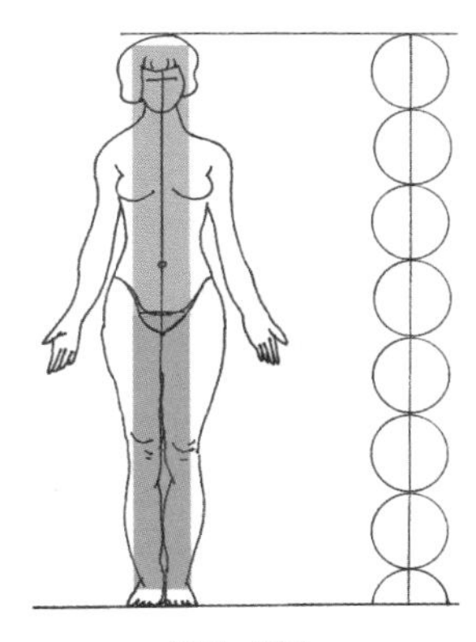

图5-188

2. 人物的表现

在建筑设计手绘中，人物的表现至关重要。通过线条与色彩，塑造立体感与神态，强调与建筑、车辆、水景的协调与互动。根据需求，可适当夸张或省略，以增强艺术的感染力。下面将详细解析人物案例，并附上主要用色，如图5-189所示。

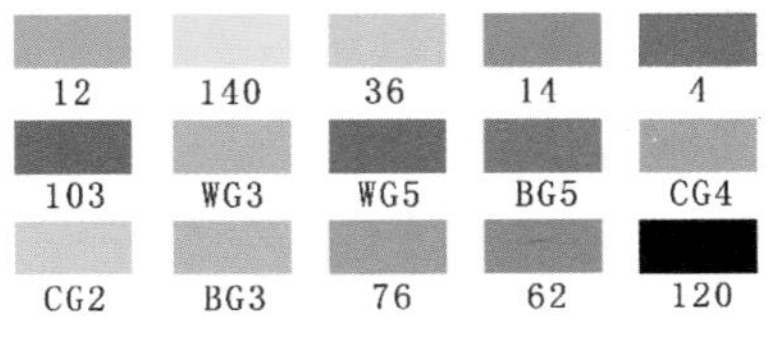

图5-189

（1）为了作为后续其他人物的参照，我们需要绘制出一个具备基本身体比例和姿势的人物动态与造型，如图5-190所示。

（2）基于单个人物的参考，我们可以整体绘制出其他人物的动态造型，如图5-191所示。

图5-190

图5-191

图5-192

（3）为了使人物更加生动，我们需要刻画出人物的衣服和裤子的皱褶及五官，这些细节将增加人物的立体感，如图5-192所示。

（4）要更细致地勾勒人物服饰的皱褶，并确保皱褶的衔接与转折清晰，这会提升画面的层次感和真实感，如图5-193所示。

图5-193

图5-194

（5）需要加强人物明暗关系的刻画，通过排线突出人物服饰的背光面，增强人物的立体感和质感，如图5-194所示。

（6）此时，使用马克笔的亮色来突出人物的肤色和局部艳丽的服饰，使画面更加生动多彩，如图5-195所示。

图5-195

图5-196

（7）调整人物服装的整体色调，并注重颜色冷暖的搭配，以增强画面的视觉效果和情感表达，如图5-196所示。

（8）将人物服饰的颜色整体铺满，并进一步强化服饰的固有色，使画面更加完整统一，如图5-197所示。

图5-197

图5-198

（9）绘制出人物的投影与鞋子的色调，并用深色调加强人物衣服和裤子的暗部层次，使画面更加丰富、有层次，如图5-198所示。

（10）进行整体调整，并用提白笔绘制出人物的高光，使画面的明暗对比更强烈，让画面更加鲜明、立体，如图5-199所示。

图5-199

5.5 配景天空与地面

5.5.1 建筑配景——天空

建筑配景——天空

1. 天空的概述

在建筑设计手绘中，天空的描绘是不可或缺的一部分。它不仅为场景增添了深远和开阔的感觉，还与建筑形成和谐的互动，如图5-200所示。通过简洁的线条和色彩，我们可以捕捉天空的微妙变化，将晴朗、多云或傍晚的晚霞（见图5-201）等不同景象呈现出来，为设计注入生命和活力。

图5-200

图5-201

2. 天空的表现

在建筑设计手绘中，天空的呈现至关重要。通过精巧的色彩搭配和云彩描绘，我们能赋予画面深邃的美感。线条与色调的灵活运用，可展现天空的层次与光影，为建筑创造完美的背景。根据需求，可以在描述天空时进行必要的夸张或省略，使艺术效果更上一层楼。下面介绍具体案例，其用色表现如图5-202所示。

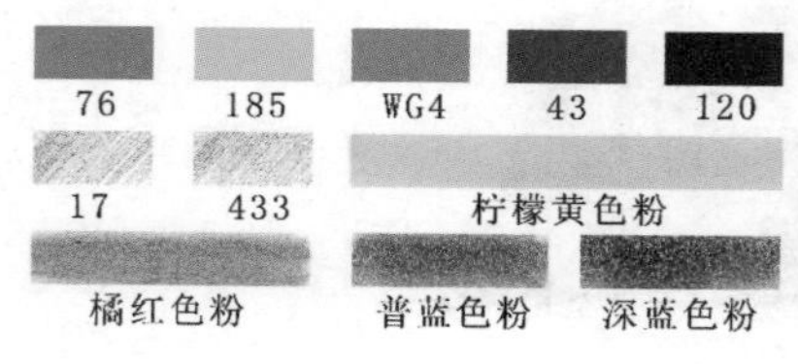

图5-202

（1）使用铅笔，大致描绘出云彩和地被植物的轮廓，如图5-203所示。

图5-203

（2）运用马克笔的深绿色为植物上色，呈现傍晚时分的植物色调，如图5-204所示。

图5-204

（3）通过色粉和擦笔的结合，初步展现夕阳的温暖色调，如图5-205所示。

图5-205

（4）使用普蓝色粉渲染整个天空，同时局部留白以增强效果，如图5-206所示。

图5-206

图5-207

（5）借助深蓝色粉深化云彩的暗部，并微调夕阳余晖的暖色，如图5-207所示。

（6）再次运用马克笔，强调云彩的明暗对比，塑造其立体形态，如图5-208所示。

图5-208

（7）利用提白笔提亮云彩的高光部分，加强画面的明暗对比和云彩的体积感，如图5-209所示。

图5-209

图5-210

（8）采用彩铅增强夕阳余晖的暖色调，并对画面色彩进行平滑过渡，如图5-210所示。

（9）使用马克笔的黑色加深地被植物的颜色，强化地面与天空的明暗对比，如图5-211所示。

图5-211

（10）对云彩的形态和暗部进行整体调整，提升画面的视觉冲击力，如图5-212所示。

图5-212

5.5.2 建筑配景——地面

建筑配景——地面

1. 地面的概述

地面是建筑配景中不可或缺的元素，它可以为整个空间提供支撑和连接。地面的形式多种多样，如草地、园路水泥地面（见图5-213）、居住区园路石材（见图5-214）、广场地砖（见图5-215）等。对于地面的设计，需要充分考虑其实用性和美观性，使其成为建筑设计中不可或缺的一部分。

图5-213

图5-214

图5-215

2. 地面的表现

在呈现地面时，必须着重考虑其材质与细节的呈现。我们可以通过巧妙地运用线条与色彩，精准地营造出地面的质感与平整度。此外，确保地面与建筑环境的和谐统一，以及地面与其他元素的相互影响也是不可或缺的要素。以下我们将分步骤详述地面的呈现技巧，并辅以实例来解释，主要的颜色运用如图5-216所示。

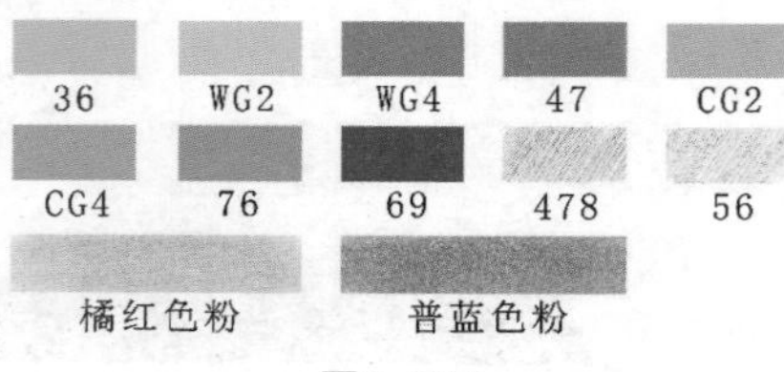

图5-216

（1）使用铅笔绘制建筑的整体轮廓和地面铺装的造型，确保布局的协调性，如图5-217所示。

图5-217

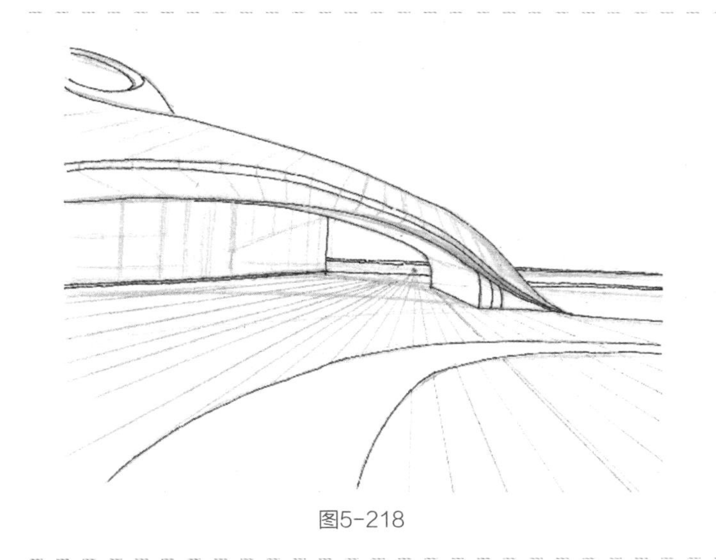

图5-218

（2）用钢笔细致地勾勒出建筑的外形及前景铺砖区域的划分，强调线条的流畅度与准确性，如图5-218所示。

（3）深入刻画建筑的结构细节，特别是建筑表面的材质分割线，注意透视关系的准确表现，如图5-219所示。

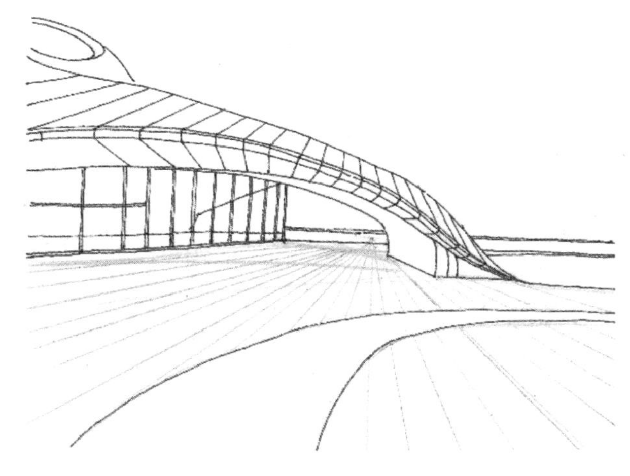

图5-219

（4）清晰地绘制前景地面铺装的透视线，以增强三维效果，如图5-220所示。

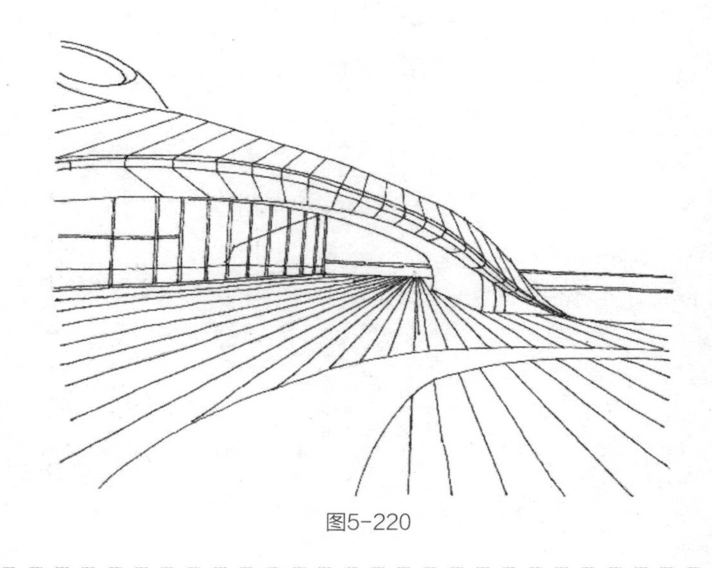

图5-220

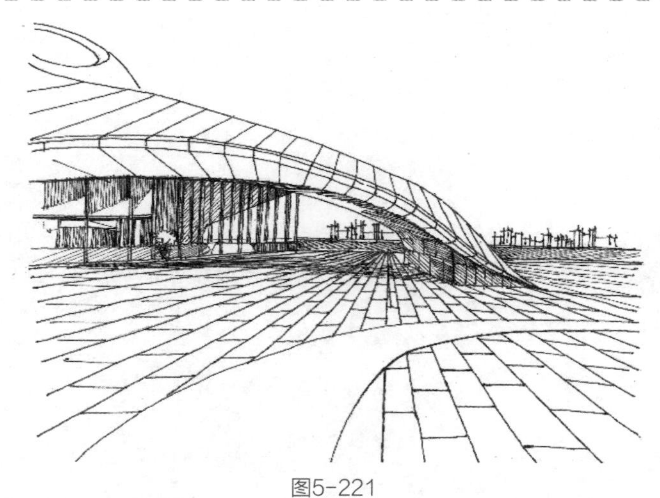

图5-221

（5）强化地面铺装的材质分割，并调整整体线稿的明暗关系，完成线稿的细节处理，如图5-221所示。

（6）渲染天空的暖色调，并突出地面铺装的亮色，以增强画面的色彩对比，如图5-222所示。

图5-222

（7）使用普蓝色粉为天空着色，并使用马克笔为建筑添加整体亮色，如图5-223所示。

图5-223

图5-224

（8）运用橘红色粉加强天空和地面铺装的暖色调，并强调建筑的基本色彩，如图5-224所示。

（9）突出建筑玻璃幕墙、投影及前景铺装的暗部色调，提升画面的明暗对比，如图5-225所示。

图5-225

（10）使用提白笔增强高光的表现力，并用彩铅柔和画面色彩过渡，使画面更加和谐自然，如图5-226所示。

图5-226

5.6 本章小结

通过对本章的学习，我们了解了不同类型的植物、水等配景的概述和表现方式。这些配景元素在建筑环境中扮演着重要的角色，可以增加空间的层次感和纵深感，营造出不同的氛围和意境。在实际应用中，应根据具体情况选择合适的配景元素，以增强建筑的艺术感染力。

5.7 课后实战练习

5.7.1 练习不同配景元素

要掌握手绘技能，必须从实践开始。只有通过不断的练习，我们才能精通各种配景元素的表现。无论是线条、色彩，还是细节处理，都需要我们深入研究和亲身体验。仅仅停留在理论阶段是远远不够的，练习不仅可以帮助我们积累设计素材，更有助于我们掌握手绘技巧。这样，在进行具体建筑设计时，我们的设计作品将更具表现力和生命力。为了帮助大家更好地学习和实践，我们将提供一些不同类型的配景成品供读者参考和临摹。

配景植物作品展示

配景铺装作品展示

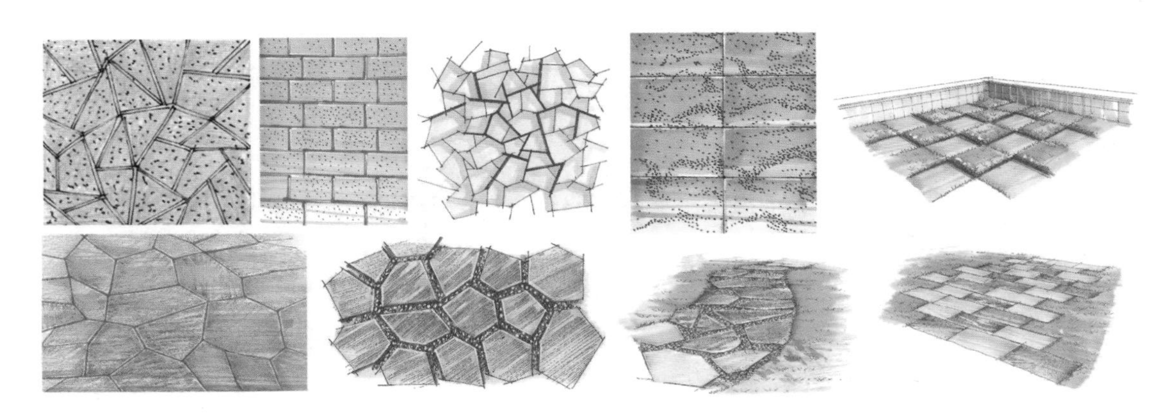

水元素作品展示

人物作品展示

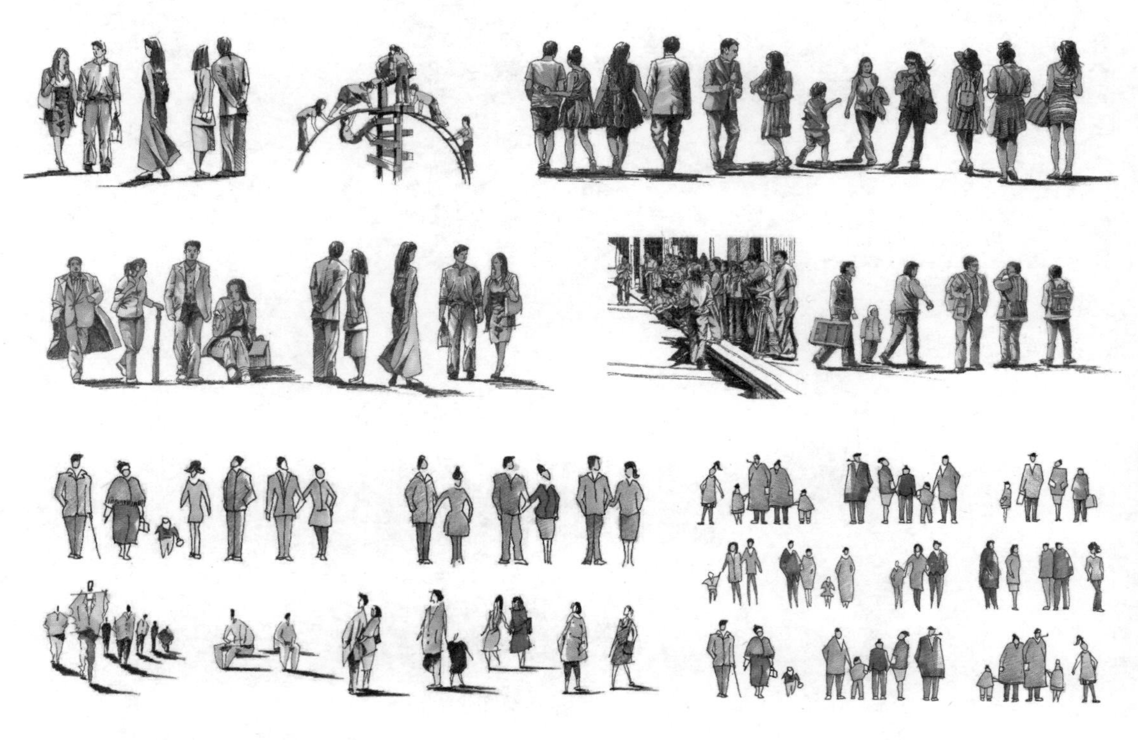

车辆作品展示

石头作品展示

5.7.2 尝试写生与照片写生，强化配景元素

通过尝试写生与照片写生，可以更深入地掌握配景元素的绘画技巧。写生时，建筑手绘配景建议从乔灌木、人物、车辆、水体、石头、铺装等着重训练，可以从搜集的前沿设计作品及设计大师的作品中提取相关的配景元素。

第6章 建筑设计效果图综合案例表现

本章概述

本章将展示多个建筑设计效果图的综合案例，涵盖别墅、欧式、中式、商业和异形建筑。每个案例都将简要介绍建筑特点，并详细解析如何运用色彩、光影等视觉元素来制作效果图。此外，还将提供实战练习，包括临摹图和实景图参考，以巩固所学并提升实践能力。通过本章，读者将全面掌握建筑设计效果图的表现技巧。

6.1 建筑别墅效果图综合表现

建筑别墅效果图综合表现

6.1.1 建筑别墅概述

别墅的主要功能是用于居住，是除住宅之外用来享受生活的居所。别墅设计要点是因景、因地制宜，布局灵活，体型轻巧，结构简洁。

目前主流的别墅主要有独栋别墅、双拼别墅和联排别墅，以及叠加式别墅和空中别墅这5类。

独栋别墅即独门独院，上有独立空间，下有私家花园领地，是私密性很强的独立式住宅，表现为上下左右前后都有独立空间，一般房屋周围都有面积不等的绿地和院落，如图6-1所示。这一类型是别墅历史悠久的一种，也是别墅建筑的终极形式。

双拼别墅是联排别墅与独栋别墅之间的中间产品，由两个单元的别墅拼联组成的双拼别墅。双拼别墅基本是三面采光，外侧的居室通常会有两个以上的采光面，一般来说，窗户较多，通风不会差，如图6-2所示。

联排别墅发源于英国，普遍存在于欧美国家。联排别墅的位置往往位于交通便利的郊区，一般不超过5层，邻居之间有共用墙，但独门独户，如图6-3所示。在西方，联排别墅的主人是中产阶级或新贵阶层，在中国，它们则属于高消费人群。

图6-1

图6-2

图6-3

叠加式别墅是别墅叠拼式的一种延伸，介于别墅与公寓之间，是由多层别墅式复式住宅上下叠加在一起组合而成的。这种开间与联排别墅相比，独立面造型可丰富一些，同时在一定程度上克服了联排别墅窄进深的缺点，如图6-4所示。

空中别墅发源于美国，称为“penthouse”即“阁楼”，原指位于城市中心地带，高层顶端的豪宅，如图6-5所示。现一般理解为建在公寓或高层建筑顶端具有别墅形态的大型复式或跃式住宅。

图6-4

图6-5

6.1.2 建筑别墅效果图表达

绘画极简主义建筑别墅时，首先要先了解其功能、结构和材质，因为这是效果图表现的根本，其次是运用硬直线表现建筑硬朗的造型，基础薄弱可借助直尺画线，最后要注意树冠的大面积投影，在建筑体上会有透光的地方，线稿表现时要多观察。

手绘参考图如图6-6所示，手绘效果图配色如图6-7所示。

图6-6

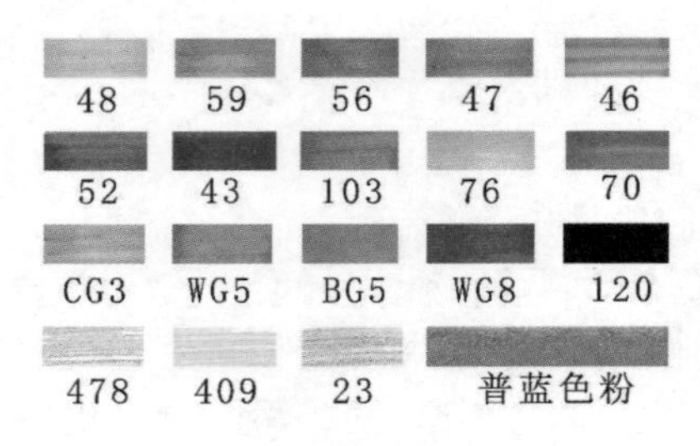

图6-7

建筑别墅效果图如图6-8所示。

图6-8

（1）构图阶段先用铅笔打底稿，多观察与对比，把控好建筑结构与透视关系，对底稿有依赖性的绘画者，这一步是非常重要的，底稿往往决定最终建筑透视与结构关系的准确性，如图6-9所示。

图6-9

（2）根据铅笔底稿，绘制主体建筑轮廓线，确定建筑的造型，如图6-10所示。

图6-10

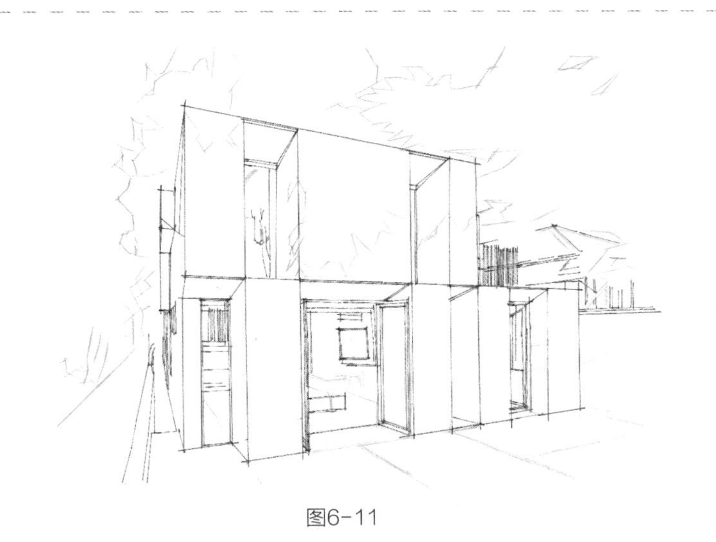

图6-11

（3）完善建筑体块细分，初步确定背景建筑的局部轮廓，将树冠的部分预留出来，如图6-11所示。

（4）运用抖线，将乔木树冠整体造型绘画出来，根据整体场景来确定抖线的抖动大小，并完善室内陈设的绘画，如图6-12所示。

图6-12

（5）整体调整线稿，强化画面的明暗关系。在绘制线稿时，可以减少排线，留白处理节省时间，但树冠在墙体上的透光造型可先初步确定，如图6-13所示。

图6-13

图6-14

（6）塑造乔灌木树冠的亮色时也要注意色彩的冷暖关系，马克笔的上色与水彩的上色相同都是先浅后深，如图6-14所示。

（7）强化画面的明暗关系，用冷灰色马克笔整体绘制出阴影，并进一步加强乔灌木树冠固有色，拉开明暗对比关系，如图6-15所示。

图6-15

（8）丰富乔灌木树冠的表现，并用深色暖灰马克笔局部加强建筑体上的明暗转折及室内暗部层次，如图6-16所示。

图6-16

图6-17

（9）用色粉绘制出背景天空，将蓝色建筑屋顶绘制完成，统一画面色调，紧接着丰富树冠颜色，并将玻璃幕墙表现到位，如图6-17所示。

（10）整体调整画面，用马克笔的黑色加深暗部，丰富暗部层次，并用彩铅进行过渡处理，用提白笔提出高光与反光完成绘画，如图6-18所示。

图6-18

技巧提示

绘画这张效果图时，要注意以下3点。

① 这张图的难点在于整体透视关系，建筑与地面接触的透视线要画准确，心中要有视平线（HL）和消失点，而画面中只能找到一个消失点（VP1），另一个消失点在画面外，如图6-19所示。

② 重点在于建筑背光面投影、透光的造型及地面反光，如图6-20所示。

③ 建筑材质质感玻璃幕墙的反光表现，如图6-21所示。

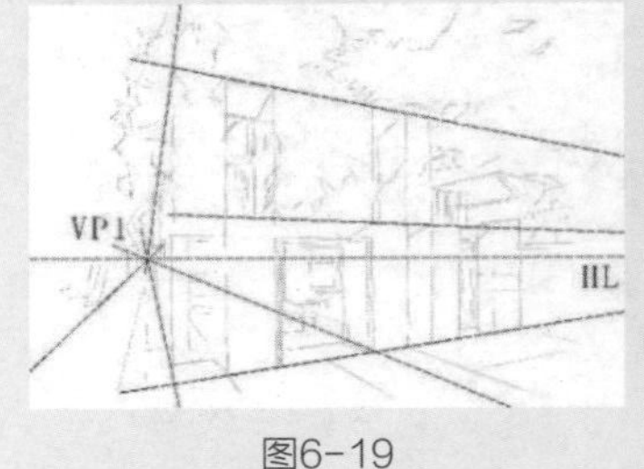

图6-19

图6-20

图6-21

6.2 欧式建筑效果图综合表现

欧式建筑效果图综合表现

6.2.1 欧式建筑概述

欧式建筑是一个统称，欧式风格强调以华丽的装饰、浓烈的色彩、精美的造型达到雍容华贵的装饰效果。

欧式建筑典型风格主要有哥特式建筑（见图6-22）、拜占庭式建筑（见图6-23）、巴洛克式建筑（见图6-24）。除此之外，还有法国古典主义建筑、古罗马建筑、古典复兴建筑、罗曼式建筑、简欧式建筑等。

图6-22

图6-23

图6-24

欧式建筑以喷泉（见图6-25）、罗马柱（见图6-26）、雕塑（见图6-27）、尖塔（见图6-28）、八角房（见图6-29）等作为标志物。

图6-25

图6-26

图6-27

图6-28

图6-29

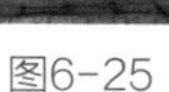

6.2.2 欧式建筑效果图表达

接下来以简欧式的建筑风格作为案例绘画。这类风格的设计是现代建筑设计中比较常见的一类，符合现代设计的诉求。在绘制这类案例时，需要一定的耐心，其建筑结构细节相对极简主义方盒子建筑要复杂得多。尤其是罗马柱和建筑墙体棱角线的造型，拱形门窗的造型与透视是绘画时的重难点。

手绘参考图如图6-30所示，手绘效果图配色如图6-31所示。

图6-30

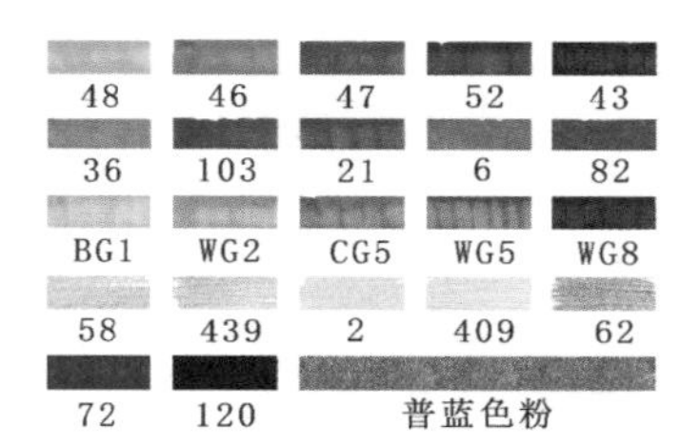

图6-31

欧式建筑效果图如图6-32所示。

图6-32

（1）先用铅笔打底稿，确定建筑的体量与位置关系，将建筑结构与透视关系概括出来，耐心观察与比较，配景植物与汽车概括出轮廓体块即可，如图6-33所示。

图6-33

图6-34

（2）根据铅笔底稿绘制墨线时，先从建筑外轮廓线开始绘画，然后围绕建筑整体将配景乔灌木及地被植物表现出来，紧接着将小汽车与围墙外轮廓勾勒出来，如图6-34所示。

（3）根据建筑外轮廓，接下来进一步填充绘制建筑门窗，加强背光面的阴影与建筑门窗结构细分，并完善乔灌木与地被植物，如图6-35所示。

图6-35

（4）统一线稿节奏，绘画建筑门窗、罗马柱结构细分，以及配景汽车与草地，紧接着强化建筑的明暗关系，通过疏密有序的排线表现出建筑的光影，使建筑更具体积感，明暗对比更强烈，如图6-36所示。

图6-36

图6-37

（5）完善线稿画面，进一步细化乔灌木树冠的明暗塑造，以及地面铺装小石子的表现，小石子的表现要注意近大远小与疏密关系，如图6-37所示。

（6）用马克笔绘制出乔灌木的亮色和木材质的亮色，第一遍亮色可以大面积涂满，并用普蓝色粉将背景天空绘画完成，如图6-38所示。

图6-38

（7）运用马克笔强化乔灌木的固有色与暗部层次关系，草地暗部投影表现做到一步到位，紧接着用冷灰色表现建筑背光面与地面暗部，如图6-39所示。

图6-39

图6-40

（8）运用马克笔的深绿色加强树冠的暗部层次，并强化木材材质的暗部色调，汽车的表现先用冷灰色打底，并用深灰色加强建筑体墙面的阴影，强化明暗转折，如图6-40所示。

（9）丰富乔木树冠的环境色，用彩铅进行树冠过渡处理，配景汽车的表现要注意汽车的反光，以马克笔的黑色作为主色调。此外，反光受到围墙木材质、绿色植物及天空的影响，要适度增添环境色，如图6-41所示。

图6-41

（10）整体调整画面，用黑色马克笔丰富暗部层次，然后用提白笔提出画面树冠高光，紧接着用黄色彩铅绘制出建筑体亮面，使建筑体冷暖对比关系明确，如图6-42所示。

图6-42

技巧提示

要想表现好欧式建筑，离不开以下4点技巧。

① 绘画前先观察与思考，确定视平线（HL），这张效果图的建筑结构可以分为4部分，正面建筑左右两侧是对称的，但是此角度要注意前后的遮挡和透视关系，如图6-43所示。

② 罗马柱和墙体棱角线的造型表现，对其结构要熟知，如图6-44所示。

③ 视点较低的入口台阶，绘制时透视关系要交代清楚，这种视角的难点就在于台阶被地被植物遮挡了一部分，需要绘画者主观处理，如图6-45所示。

④ 前景石子的铺设部分，我们不能直接画椭圆表现，其有前后遮挡，部分是埋在地面下的，如图6-46所示。

图6-43

图6-44

图6-45

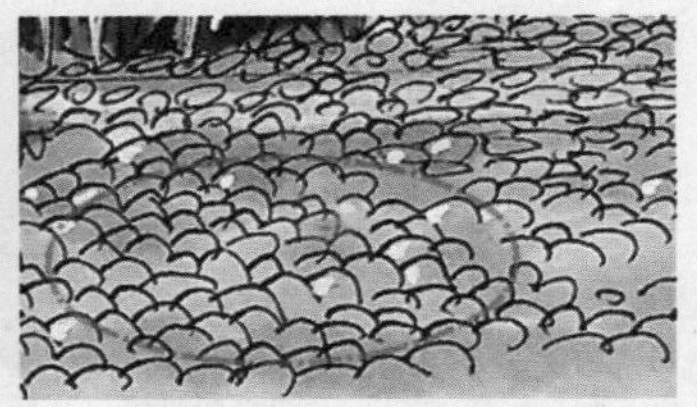

图6-46

6.3 中式建筑效果图综合表现

中式建筑效果图综合表现

6.3.1 中式建筑概述

中国建筑艺术源远流长。不同地域的建筑艺术风格各有特色，中国古代建筑主要有宫殿、坛庙、寺观、佛塔、民居和园林建筑等。但在传统建筑的组群布局、空间、结构、建筑材料及装饰艺术等方面有着共同的特点，整体呈现出大气、生机、富丽的风格，同时注重山林风水。

大气主要体现在建筑中的大门、大窗、大进深、大屋檐，这些给人以舒展的感觉，如图6-47所示。

生气主要体现在四角飞檐翘起，或扑朔欲飞，或立欲飘，让建筑物的沉重感显得轻松，让凝固显得欲动，如图6-48所示。

富丽主要体现在琉璃材料的使用。它寿命长，颜色鲜艳，在阳光下耀眼夺目，在各种环境中富丽堂皇。其较高的成本也象征着财富和地位，尤其常见于古代皇家与寺院建筑中，如图6-49所示。

重山林风水主要体现在中国传统的哲学思想“天人合一”，如皇家建筑天坛（见图6-50），始建于明永乐年间，是明清两朝皇帝祭天、祈谷和祈雨的场所，作为现存的中国古代规模最大，伦理等级最高的祭祀建筑群，它利用建筑语言充分表达古人对人与自然的朴素理解，同时又将文化、科技和艺术融合，达成极致的审美体验，震撼人心。重山林风水的传统思想将在现代建筑设计中继续发扬、发展，以创造优美的建筑环境，实现大自然的回归。

图6-47

图6-48

图6-49

图6-50

在发扬和继承中国古建筑的基础之上，为适应时代发展的要求，本书案例主要是以新中式建筑为例展开。相对传统古建筑新中式以其典雅、复古、宁静的特质，具备了线条简约（见图6-51）、层次感分明（见图6-52）、空间色彩清新（见图6-53）、材质选择多样（见图6-54）、注重功能性等特征。

图6-51

图6-52

图6-53

图6-54

6.3.2 中式建筑效果图表达

接下来以新中式建筑作为效果图表达的案例，在绘制这类案例时要注意建筑体块与建筑元素的表达，新中式风格不是纯粹的元素堆砌，而是通过对传统文化的认识，将现代元素和传统元素结合在一起，以现代人的审美需求来打造富有传统韵味的事物，从而让传统艺术在当今社会得到合适的体现。

手绘参考图如图6-55所示，手绘效果图配色如图6-56所示。

图6-55

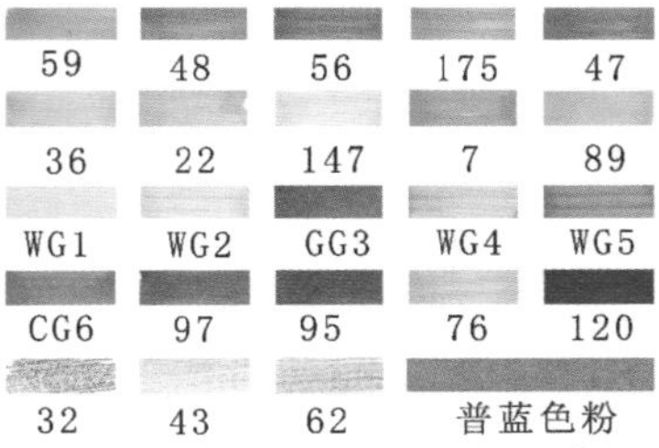

59	48	56	175	47
36	22	147	7	89
WG1	WG2	GG3	WG4	WG5
CG6	97	95	76	120
32	43	62	普蓝色粉	

图6-56

中式建筑效果图如图6-57所示。

图6-57

（1）运用铅笔打底稿，确定建筑的体量与位置关系，将建筑结构与透视关系概括出来，细心观察，将各类乔灌木的位置进行定位，如图6-58所示。

图6-58

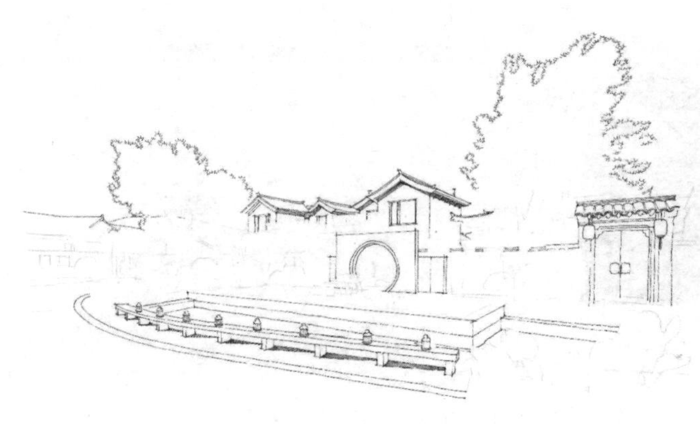

图6-59

（2）根据铅笔底稿，将主要的乔木树冠与建筑屋顶轮廓绘制出来，确定天际线，紧接着绘制出前景水景平台与围栏造型，如图6-59所示。

（3）统一画面的节奏，先绘制出高大乔木，然后将其作为参照，绘画完周边乔灌木、水景平台、构筑物、远景的建筑与山体造型，如图6-60所示。

图6-60

（4）塑造画面的视觉效果，完善乔灌木树冠的塑造，并表现出水景四周区域的明暗光影关系，参考明暗关系的表现，最后表现出前景铺装与建筑屋顶瓦片的塑造，如图6-61所示。

图6-61

（5）整体调整线稿画面，通过排线，塑造出画面中景物的空间感与体积感，最终将乔灌木树冠与建筑体的明暗关系表现完成，如图6-62所示。

图6-62

（6）色稿表现，先表现出绿化植物的颜色，对于傍晚时刻的植物亮色，可直接用植物固有色上色（见图6-63）。要注意除了受灯光影响的亮部外，绿化植物的颜色相对白天会灰暗一些。

图6-63

（7）运用普蓝色粉将整体天空和云彩表现出来，这一步可以将背光的乔木树冠揉擦一些天空颜色，能更好地表现出傍晚的画面氛围，如图6-64所示。

图6-64

图6-65

（8）塑造画面灯光的色调，绘制出红枫与灯笼的色调，点缀画面，运用暖灰绘制出前景地面铺装，并使用冷灰与暖灰表现出画面的投影，拉开前景、中景、远景的空间关系，如图6-65所示。

（9）塑造画面的明暗关系，加强前景硬质铺装的明暗表现，加强建筑体与乔灌木树冠的塑造，运用提白笔局部提白，如图6-66所示。

图6-66

（10）整体调整画面，运用马克笔的黑色调整画面暗部层次，并使用彩铅调整画面灯光色调并作过渡处理，如图6-67所示。

图6-67

技巧提示

在表现此案例时需要注意以下3个要素。

① 这张效果图的表现难点在于绘制线稿时，水景周边的硬质地面透视关系，尤其是前景铺装透视线，需要绘画者仔细推敲，可以通过定点对比法绘画，根据定点对比画出铺装前后两条线，然后画出中线，注意中线有透视关系，不能直接找到中点就画中线，而是靠前的部分*AB*距离稍大于*CD*距离，如图6-68所示。

② 学会寻找参照物，景物叠加层次越多越适合作为参照物，如图6-69所示。

③ 画面冷暖关系的搭配，如图6-70所示。

图6-68

图6-69

图6-70

6.4 商业建筑效果图综合表现

商业建筑效果图综合表现

6.4.1 商业建筑概述

商业建筑是为人们进行商业活动提供空间场所的建筑类型的统称，主要是用来交换商品和商品流通的公共建筑。现代商业建筑分类众多，主要有5个分类方式。

（1）按行业类型划分，有零售类商业建筑（见图6-71）、批发类商业建筑等。

（2）按消费行为划分，有物品业态商业建筑（见图6-72）、体验业态商业建筑（见图6-73）、餐饮类建筑等。

（3）按建筑形式划分，有单体商业建筑（见图6-74）、商业综合体（见图6-75）、商住两用型（见图6-76）等。

（4）按市场范围划分，有社区商业建筑（见图6-77）、区域型商业建筑、城市型商业建筑、超级型商业建筑等。

（5）按建筑规模划分，有大型商业建筑、中型商业建筑、小型商业建3类。

手绘表现现代商业建筑效果图时，尤其要注意现代商业建筑体不同体块与体块之间的组合穿插（见图6-78），以及几何体块的咬合、搭接及体量关系。画面中可以添加人物配景，以体现商业建筑的体量与尺度，如图6-79所示。

图6-71

图6-72

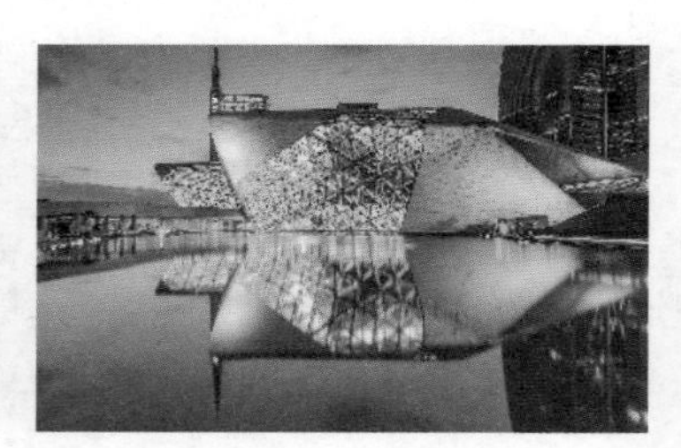

图6-73

图6-74

图6-75

图6-76

图6-77

图6-78

图6-79

6.4.2 商业建筑效果图表达

以现代常见的几何形体商业建筑为例展开绘图表现。这类手绘效果图表现，造型是第一位，其次就是对建筑材质质感的体现，尤其是玻璃幕墙和玻璃幕墙上镜面映射的表现，最后是绘画视线高度的选择，这也是表现好这类案例的重、难点。

手绘参考图如图6-80所示，手绘效果图配色如图6-81所示。

图6-80

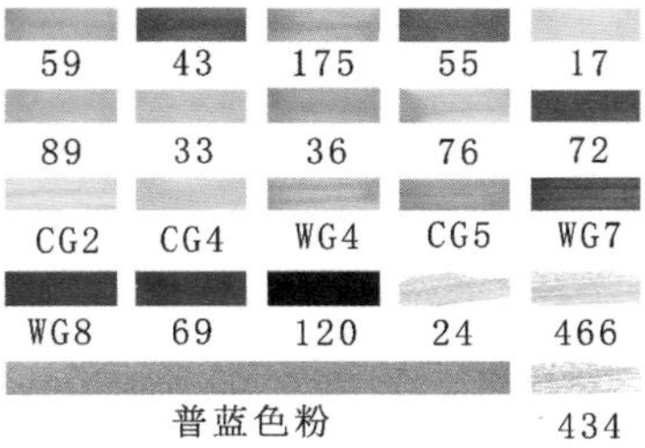

59	43	175	55	17
89	33	36	76	72
CG2	CG4	WG4	CG5	WG7
WG8	69	120	24	466
普蓝色粉				434

图6-81

商业建筑效果图如图6-82所示。

图6-82

（1）铅笔打底稿，整体绘制出建筑的体量与建筑细分，配景植物与车辆概括出大体轮廓即可，如图6-83所示。

图6-83

（2）根据铅笔底稿，绘制出建筑外轮廓，并将配景植物树冠的整体造型表现出来，如图6-84所示。

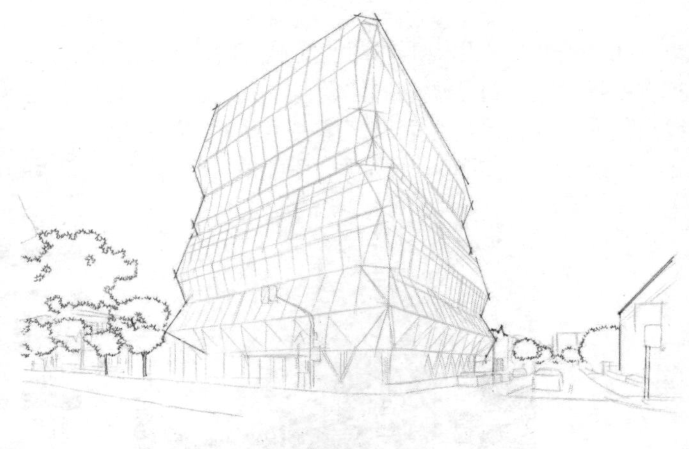

图6-84

图6-85

（3）着重强化建筑结构细分，绘制出马路透视线、配景汽车、树池及红绿灯指示路牌的造型，如图6-85所示。

（4）细化建筑结构与玻璃幕墙上的树冠映射造型，并进一步完善乔灌木树冠及马路周边景物表现，统一画面节奏，如图6-86所示。

图6-86

（5）塑造画面的明暗关系，通过排线，加强主体建筑与配景植物树冠的明暗表现，使画面视觉冲击力更强，如图6-87所示。

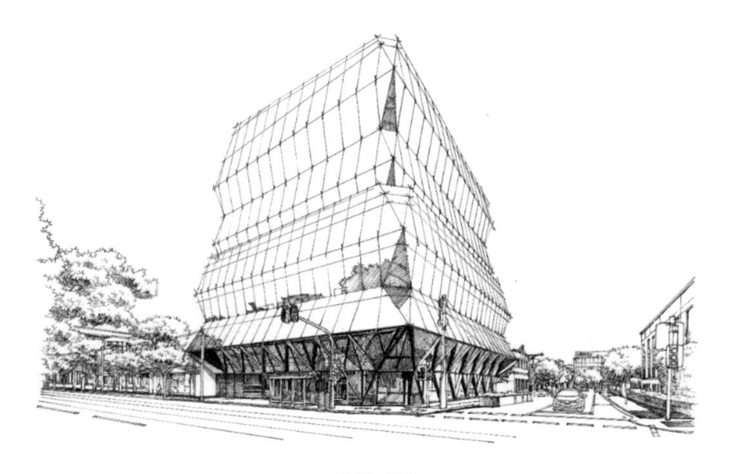

图6-87

图6-88

（6）使用普蓝色粉，整体表现出天空和建筑的基调。建筑的局部留白，根据天空云彩的造型而定，如图6-88所示。

（7）运用马克笔加强建筑体玻璃幕墙的固有色，并绘制出植物的树冠、马路地面及沿街商铺的色调，如图6-89所示。

图6-89

（8）通过深色调的马克笔加强主体建筑与植物树冠的明暗转折，并表现出玻璃幕墙上的环境颜色，如图6-90所示。

图6-90

图6-91

（9）加强前景马路固有色的表现，将植物树冠的固有色表现到位，并加强主体建筑的暗部层次，使画面明暗对比更强烈，如图6-91所示。

（10）使用提白笔、黑色马克笔及彩铅整体调整画面，让画面视觉效果更加突出，如图6-92所示。

图6-92

技巧提示

商业建筑效果图表现的重难点与需要注意的地方有以下3点。

① 前期构图阶段，心中要有视平线（HL）和消失点（VP），只有将建筑整体看成一个方体，才能将造型与透视关系画准，如图6-93所示。

② 玻璃幕墙材质与环境色，可以使用彩铅和色粉表现，如图6-94所示。

③ 绘画此案例时，视平线（HL）高度大约在画面的1/6处，如图6-95所示。

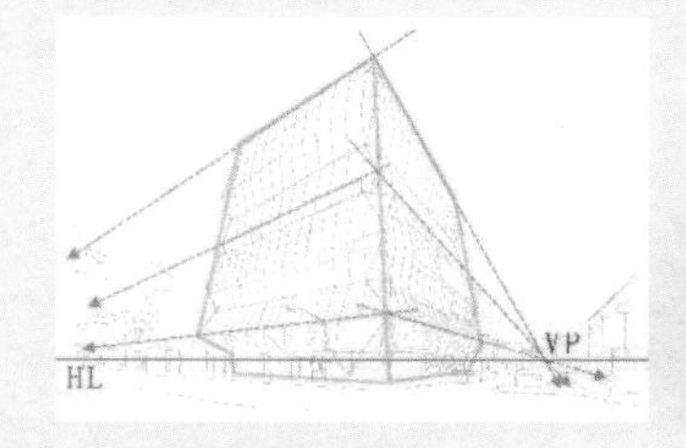

图6-93

图6-94

图6-95

6.5 异形建筑效果图综合表现

异形建筑效果图综合表现

6.5.1 异形建筑概述

异形建筑主要是指在建筑设计中，采用非传统的建筑结构与形态，使建筑的外在造型、线条、材料、色彩等方面呈现出独特的个性化风格的建筑。异形建筑往往具备独特性和复杂性，相对传统建筑而言其造价相对会更高，由于异形建筑外在造型追求新颖奇特，需要采用一些特殊材料，如不锈钢板、铝板、钛合金、弧形玻璃等，同时它对施工工艺与技术相对要求也比较高。解构主义建筑大师扎哈·哈迪德在异形建筑领域的贡献巨大，国内典型的代表作品有广州歌剧院（见图6-96）、长沙梅溪湖国际文化艺术中心（见图6-97）、北京望京银河SOHO（见图6-98）等。

图6-96

图6-97

图6-98

除此以外，国家体育场鸟巢（见图6-99）、热带雨林植物馆（见图6-100）、博物馆（见图6-101）以及世博会展馆（见图6-102）等都属于异形建筑的范畴。

图6-99　图6-100

图6-101　图6-102

6.5.2 异形建筑效果图表达

异形建筑效果图表达部分以一张建筑夜景图作为表现对象。手绘夜景效果相对白天自然光线的表现要难一些，要点是掌握灯光的表现及弱化植物的体积，更多地注重建筑造型、建筑体受环境色的影响、镜面水的表现。

手绘参考图如图6-103所示，手绘效果图配色如图6-104所示。

图6-103

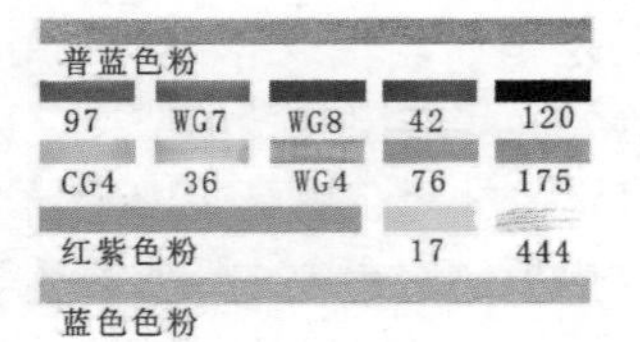

图6-104

异形建筑效果图如图6-105所示。

图6-105

（1）用铅笔打底稿，仔细找准建筑体块之间的大小关系，每个区域的位置，绘画异形建筑不要一味地追求快，而是要把画准造型透视作为目标，如图6-106所示。

图6-106

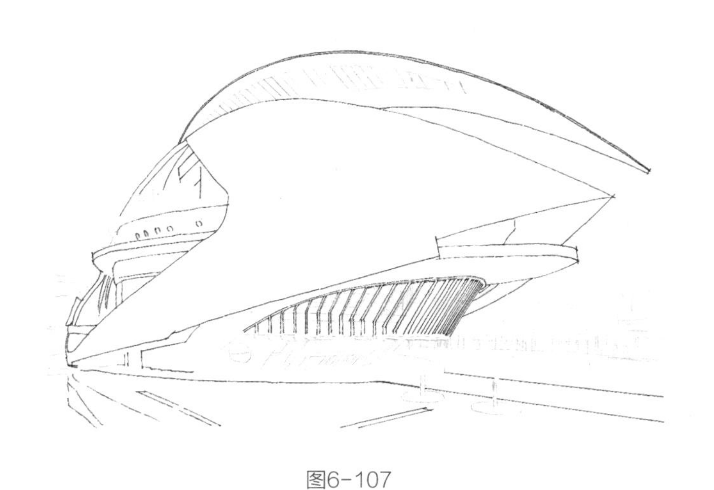

图6-107

（2）根据铅笔底稿，绘制出建筑轮廓线，并细化建筑局部作为后续参照，如图6-107所示。

（3）细化建筑，将建筑结构整体绘制完成，统一画面节奏，局部加深明暗关系，如图6-108所示。

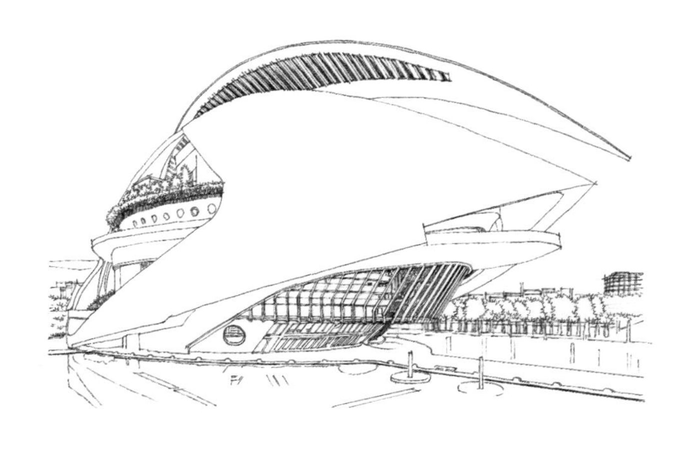

图6-108

（4）通过排线加强画面建筑及水面的明暗对比关系，并进一步完善建筑周围交通路线的绘画，如图6-109所示。

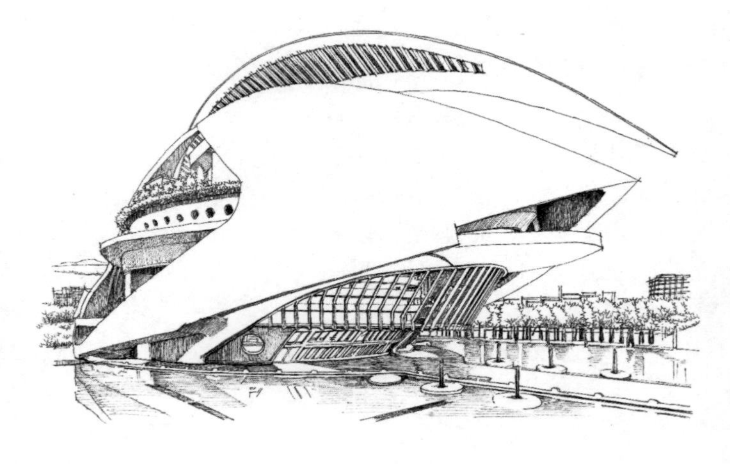

图6-109

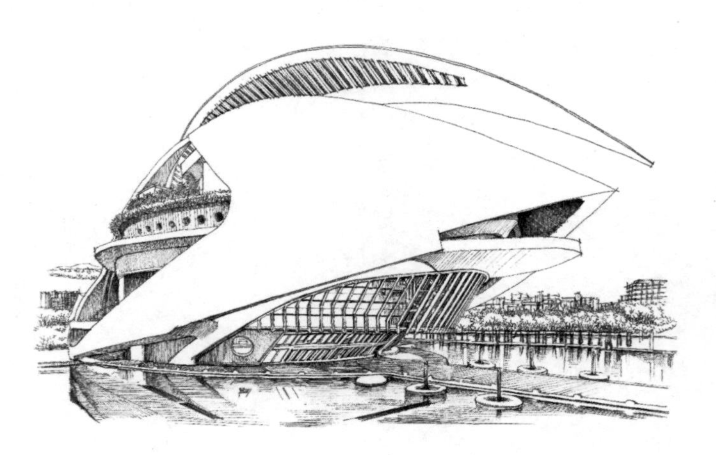

图6-110

（5）整体调整画面，局部加深背光面，塑造暗部的明暗层次，处理好远景、中景及近景的虚实关系，如图6-110所示。

（6）使用普蓝色粉整体绘制出天空和水面的颜色，奠定画面的基调，如图6-111所示。

图6-111

（7）运用马克笔暖灰、绿色及红偏紫的颜色，绘制出建筑体的背光面及植物的颜色和灯光的颜色，如图6-112所示。

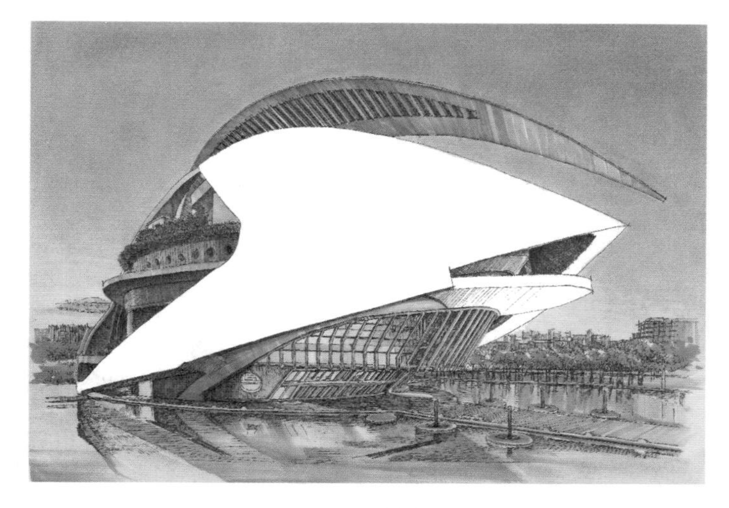

图6-112

图6-113

（8）使用红偏紫的色粉及蓝色色粉表现出大面积受环境色影响的建筑灰面，并加强水面环境色的表现，如图6-113所示。

（9）塑造画面的明暗关系，加强画面暗部层次，运用色粉进一步表现建筑体的颜色，让色彩更加鲜明，使用丙烯黄色颜料提出树冠和远景建筑周边的灯光颜色，如图6-114所示。

图6-114

（10）整体调整画面，使用提白笔局部提出画面高光，进一步修改灯光颜色和造型，运用彩铅处理过渡，完成绘画，如图6-115所示。

图6-115

技巧提示

对于基础薄弱的绘画者而言，异形建筑要注意以下4个方面的重难点。

① 构图与造型解析，在打底稿造型时，可将其归纳概括成几个不同的三角形组合，根据大体位置再仔细找结构与造型，如图6-116所示。

② 建筑环境色与灯光的表现，如图6-117所示。

③ 配景植物体积的弱化表现，夜景的植物体积及轮廓不能画得太清晰，如图6-118所示。

④ 色彩冷暖对比关系，冷暖是相对的并不是绝对的，见图6-119所示，1：2相对偏暖，2：3也相对偏暖一些。

图6-116

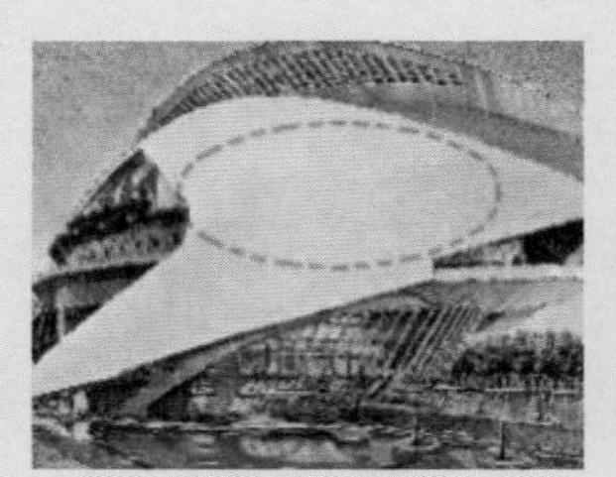

图6-117

图6-118

图6-119

6.6 本章小结

本章主要讲解了建筑别墅、欧式建筑、中式建筑、商业建筑、异形建筑的基础知识和各自的效果图表达步骤，以及绘制过程中每一个步骤的绘制技巧。通过案例技巧提示，清楚阐述每一类建筑案例的重点和难点，给出指导性建议与提醒，以及具体的解决方法，帮助读者在具体绘画过程中绘制出高质量的效果图。

6.7 课后实战练习

6.7.1 临摹综合空间案例

设计源于生活而高于生活，建筑设计的灵感往往来源于新旧建筑的学习与解读，要站在巨人的肩膀上临摹与学习，采用多种多样的表现方式训练综合空间的表达。一般以水彩表现、马克笔表现与彩铅色粉表现较常见，不要仅限于某一种表现技法，而要尝试多种表达方式，下面提供一些综合空间作品供大家参考和临摹。

6.7.2 参考实景图案例

收集前沿的实景图进行照片写生时，要尽量收集清晰度高的实景图，以便于绘画时看清细节。同时收集的图片要符合自身的审美标准，能让绘画者有动笔的欲望，若实景图太难，基础薄弱者在绘画过程中容易受挫；若实景图太简单，则无法提升绘图者的能力。此外，还需要积累设计素材，开阔眼界，真正好的设计是以人为本，既体现了设计师的阅历与眼界，又是理性的功能需求和感性的内心世界的展示，如下图所示。

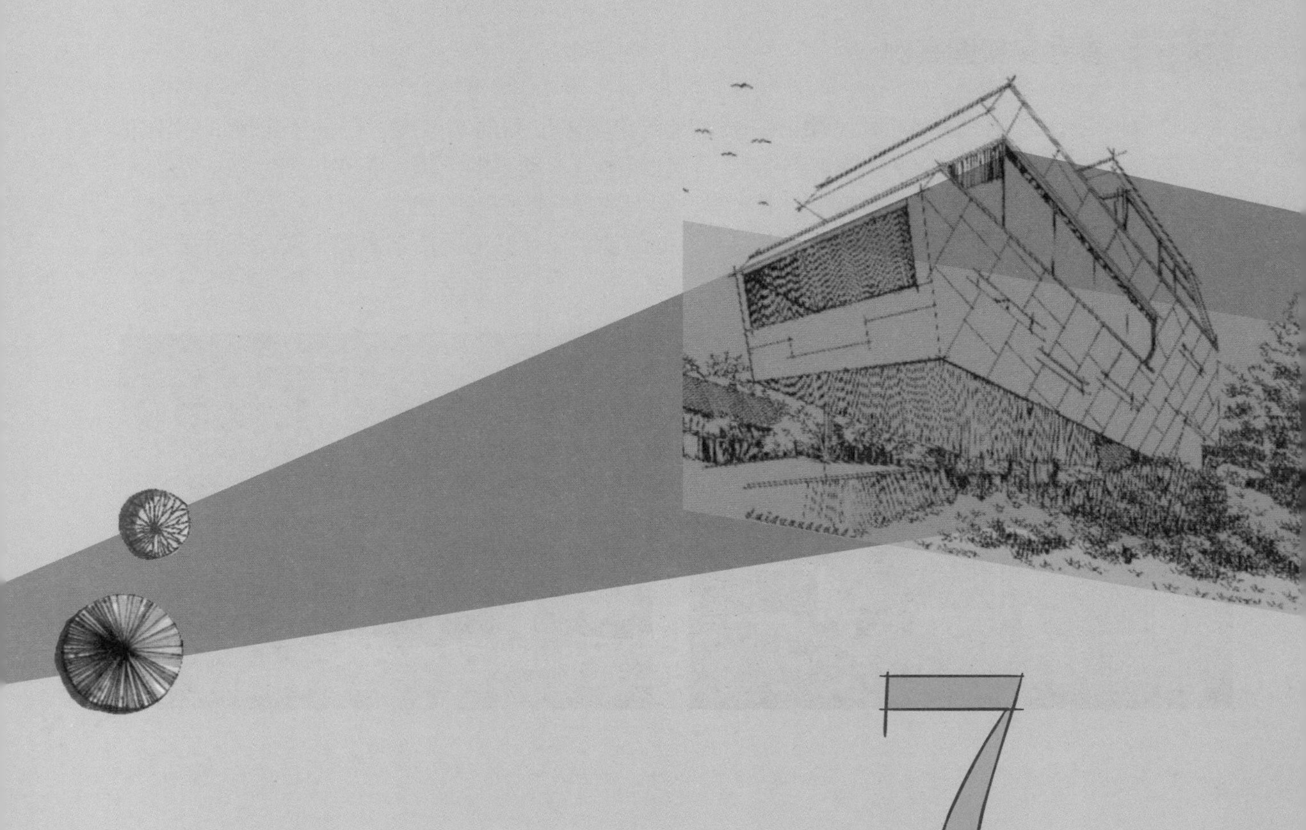

第7章

建筑设计方案快速表达

本章概述

本章着重探讨如何利用各类设计图，精确且迅速地传递设计构想。这些设计图包括平面图、立面图、鸟瞰图和分析图。每一种设计图都有其独特的绘制技巧和步骤，本章将对其进行详尽的解析。通过学习和掌握这些关键技巧和步骤，设计师能更有效地展现其设计方案，从而为项目的顺利实施保驾护航。

7.1 建筑设计平面绘制

7.1.1 平面图例与比例说明

在建筑设计图纸中，比例和图例是必不可少的元素。比例是指图纸上的尺寸与实际建筑物之间的比例关系，而图例则用于解释图纸上各种符号、线条和颜色的含义。本文将主要从植物平面图例、图纸大小与常规比例尺、建筑图线的类型、详图索引标志、建筑标高、建筑常用图例6大方面进行详细展示与说明。

1. 植物平面图例

在建筑设计总平面图中，植物平面图例的重要性不容忽视。首先，为方便后续实际项目的手绘工作，可以预先绘制较多的乔灌木图例作为平面素材，如图7-1所示，此类图例可提供丰富的参考。其次，为了进一步完善植物平面图例，可以补充棕榈、针叶、阔叶的乔灌木图例，并进行合理的排列组合，如图7-2所示，此类图例有助于设计师在实际设计图纸中更好地运用。最后，为确保植物搭配的合理性，应对乔灌木进行科学的组合设计，如图7-3所示。

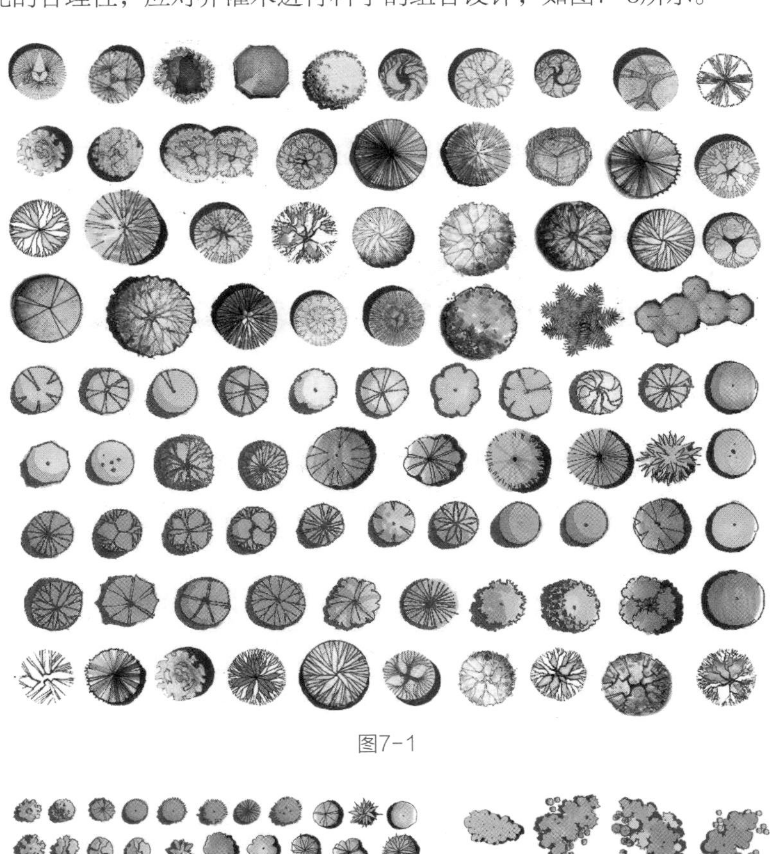

图7-1

图7-2

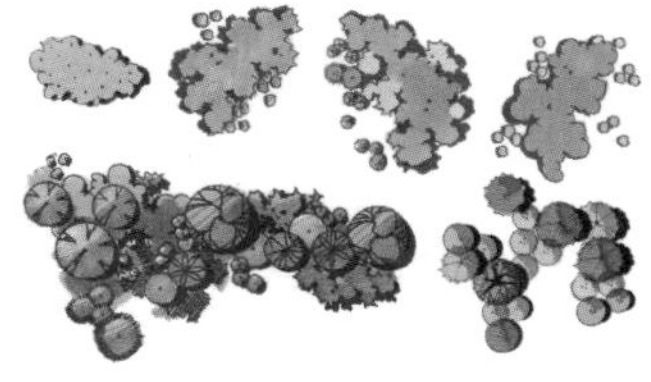

图7-3

2. 图纸大小和指北针与常规比例尺

（1）图纸大小

图纸大小见表7-1。

表7-1　常见图纸大小

图纸大小 / 幅面	A0	A1	A2	A3	A4
尺寸	1189mm × 841mm	841mm × 594mm	594mm × 420mm	420mm × 297mm	297mm × 210mm

常规比例尺见表7-2。

表7-2　常规比例尺

总平面图常规比例尺（单位：m，保留小数点后两位）	1：300、1：500、1：1000、1：2000
建筑物或构筑物的平面图、立面图、剖面图（常用单位：cm或者mm，根据具体图纸而定）	1：50、1：100、1：200、1：300
建筑物或者构筑物的局部放大图（常用单位：mm）	1：10、1：20、1：30、1：50
配件及构造详图（单位：以mm作为基本单位，也可以是cm或者m，根据具体情况而定）	1：1、1：2、1：5、1：10、1：15、1：20、1：25、1：30、1：50

（2）指北针与常规比例尺

在建筑总平面图中指北针（见图7-4）和比例尺不可或缺，总平面图一般涉及范围广、面积大，线段比例尺的标注是十分常见的一种比例尺标注，如图7-5所示。

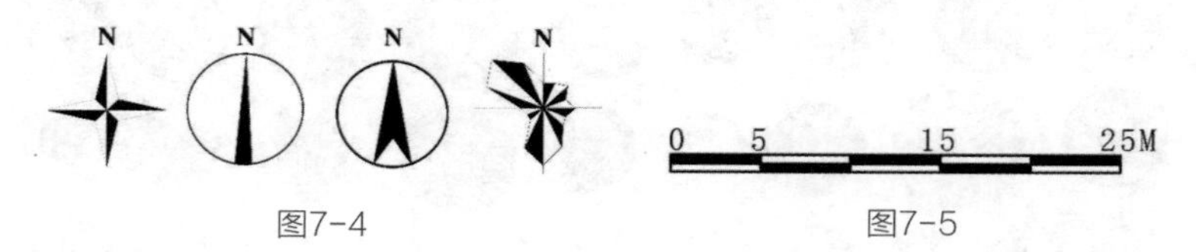

图7-4　　图7-5

3. 建筑图线的类型

常规图线有标准实线、细实线、中实线、粗实线、折断线、点划线、虚线等，详见图7-6。

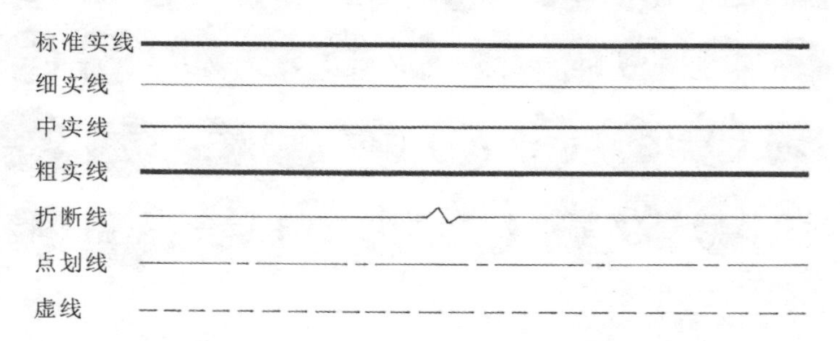

图7-6

定位轴线：定位轴线编号垂直方向用阿拉伯数字由左往右标注；水平方向采用大写汉语拼音字母（为了更好地与其他数字区分，一般不适用汉语拼音字母I、O及Z3个字母）由下往上标注，详见图7-7。

剖切线：表示剖视方向，一般向图面的上方或左方，剖切线尽量不穿插图面上的线条，详见图7-8。

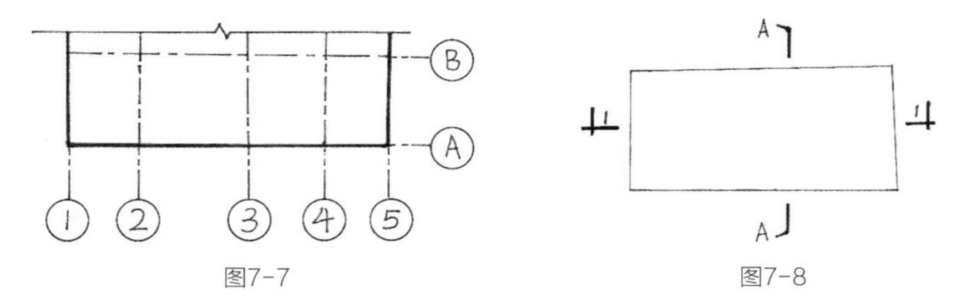

图7-7　　图7-8

引出线：首先，引出线应采用细直线，并附带文字说明；其次，索引详图的引出线，应对准圆心；最后，引出线同时索引几个相同部分时，各引出线相互保持平行，具体见图7-9。

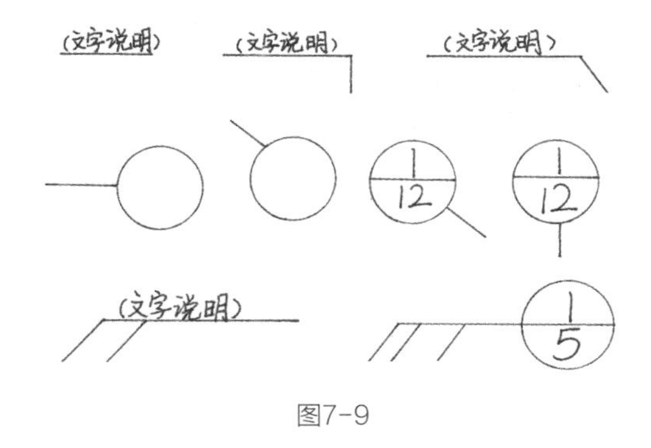

图7-9

4. 详图索引标志

详图索引标志说明，详见图7-10。

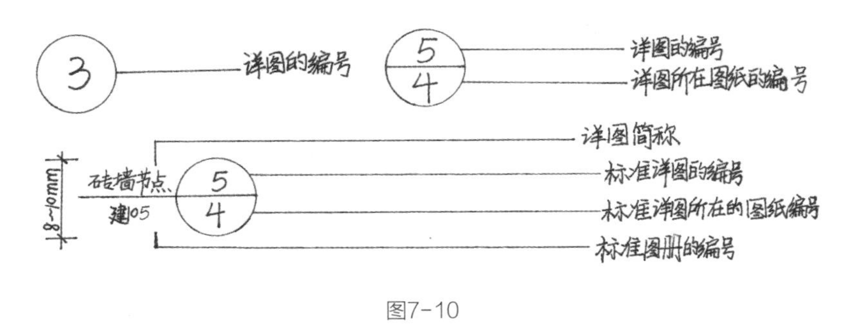

图7-10

5. 建筑标高

标高一般标注到小数点后第3位，如±0.000、3.000、40.000和－3.000等，建筑总图中的地形、剖面和立面标高较为常见，详见图7-11。

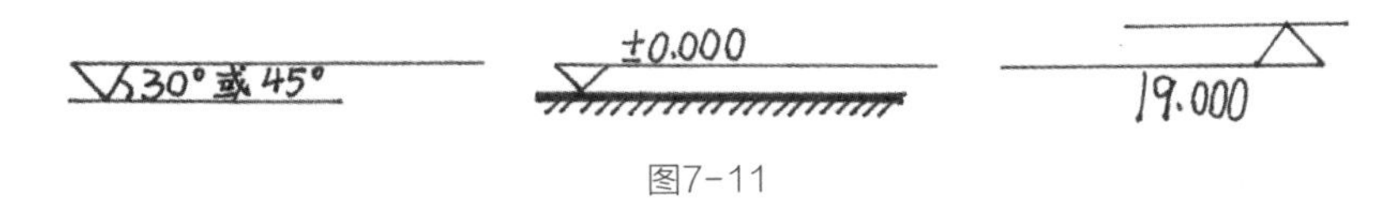

图7-11

6. 建筑常用图例

（1）新建建筑物：需要时，可以用实心三角形表示入口，用点或者数字在图形内右上角表示层数，如图7-12所示；建筑物外形（一般以±0.000高度处的外墙定位轴线或者外墙面线为准）用粗实线表示。需要时，地面以上的建筑用中粗实线表示，地面以下建筑用细虚线表示，如图7-13所示。

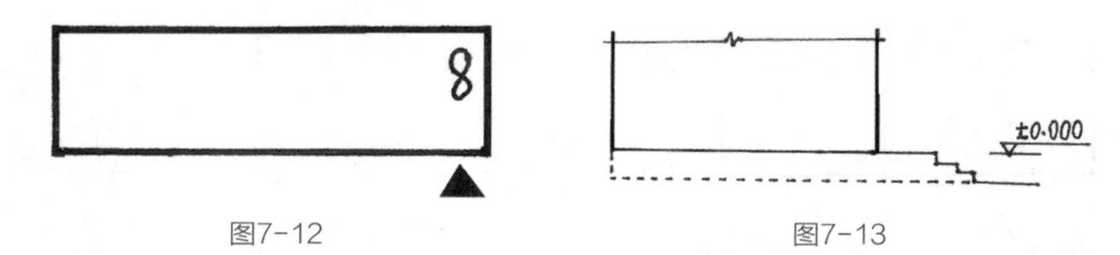

图7-12　　图7-13

（2）新建的道路：“R8”表示道路转弯半径为8m；“50.000”为路面中心控制点标高；“5”表示5%，为纵向坡度；“45.000”表示变坡点间距，如图7-14所示。

（3）原有的建筑物和原有的道路用细实线表示，如图7-15和图7-16所示。

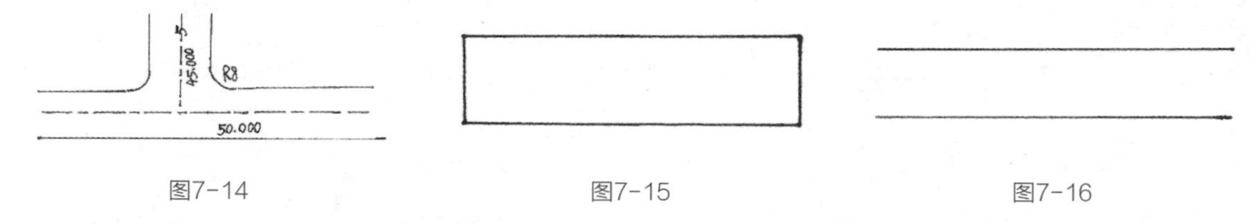

图7-14　　图7-15　　图7-16

（4）计划扩建的预留地或建筑物，以及计划扩建的道路用中粗虚线表示，如图7-17和图7-18所示。

（5）拆除的建筑物（见图7-19）、拆除的道路（见图7-20），用细实线表示。

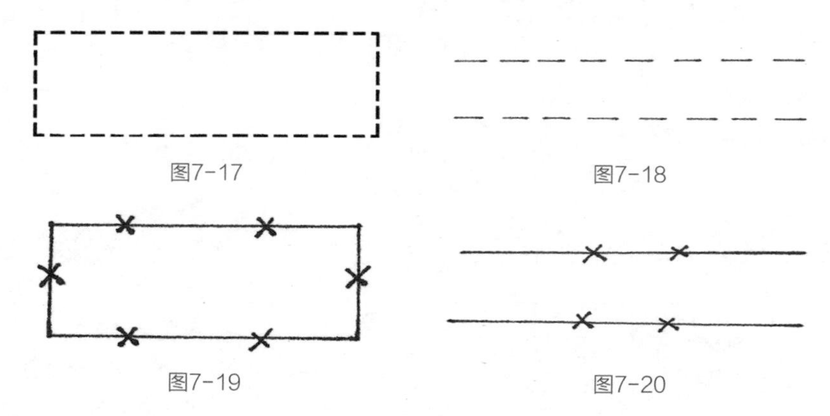

图7-17　　图7-18

图7-19　　图7-20

（6）坐标：包括测量坐标（见图7-21）和建筑坐标（见图7-22）。

（7）桥梁：包括铁路桥梁（见图7-23）和公路桥梁（见图7-24）。

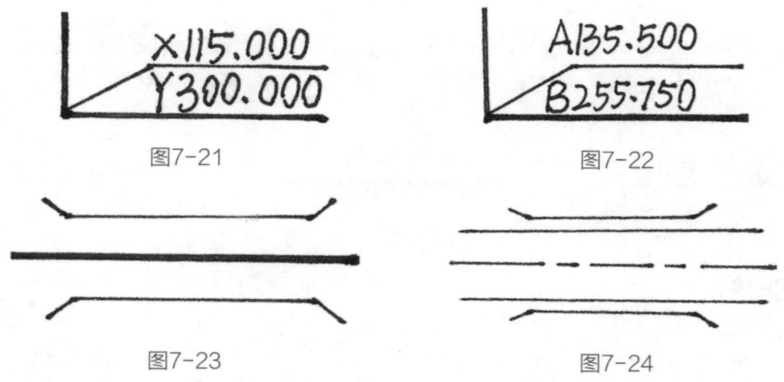

图7-21　　图7-22

图7-23　　图7-24

（8）围墙及大门：有实体性质的围墙（见图7-25）和通透性质的围墙（见图7-26），若仅表现围墙，则不画大门。

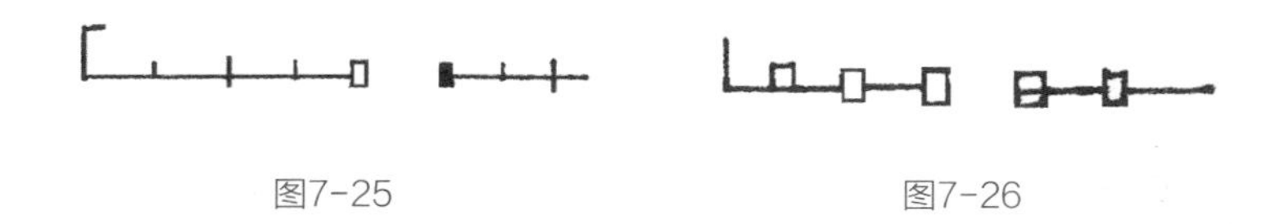

图7-25　　　　图7-26

（9）台阶：箭头指向的方向代表向下，如图7-27所示。

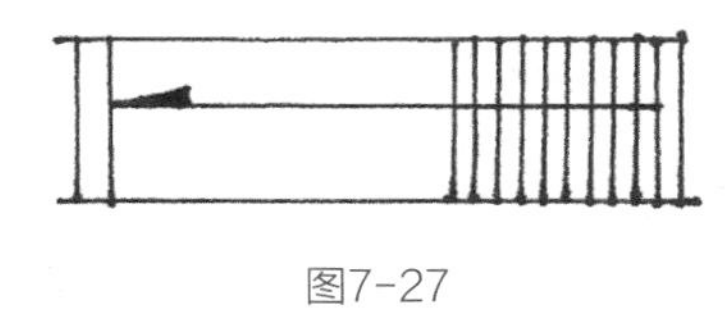

图7-27

7.1.2 建筑平面图绘制要点

建筑平面图的绘制要点和案例讲解

在绘制建筑平面图的过程中，应着重关注以下6点。

（1）总平面图是建筑平面图的起点，用于展示整个建筑基地的总体布局。它表明了新建房屋的位置、朝向和周围环境，包括原有建筑、交通道路、绿化和地形等。用地红线是一条粗虚线，所有新建房屋必须在其范围内并满足消防和日照规范，如图7-28所示。

（2）为确保信息被准确理解，我们需要对总平面图中的图例符号及其表达方式进行深入探究。由于信息内容广泛，因此许多细节信息可通过图例进行表达。对于面积较小的总平面图，为了保持图面的整洁美观，可以使用线段比例尺进行标注，以避免过多的尺寸标注，如图7-29所示。

（3）在开始绘图前，需要对建筑物的性质、用地范围、地形地貌和周边环境有全面的了解，这有助于了解项目背景和限制条件。

（4）在绘图过程中，要遵循图例规范。新建建筑物的水平投影外轮廓用粗实线表示，原有建筑用中实线表示。附属部分如散水、台阶和水池等可以用细实线绘制，次要内容可选择不画。种植图例应按照常用图例符号绘制。

（5）添加定位尺寸或坐标网以确保各部分位置准确。

（6）绘制比例尺和风向频率玫瑰图，填写标题栏以完善总平面图的完整性。总平面图通常采用较小的比例，如1：300、1：500或1：1000，尺寸单位为m。总平面图上通常会有指北针或风向频率玫瑰图。为了精确地表现总平面图，也可以通过Auto CAD（Autodesk Computer Aided Design，自动计算机辅助设计）软件导出总平面图，然后通过色块填充（见图7-30）或者手绘两种方式完成，这是建筑设计项目中较常见的。

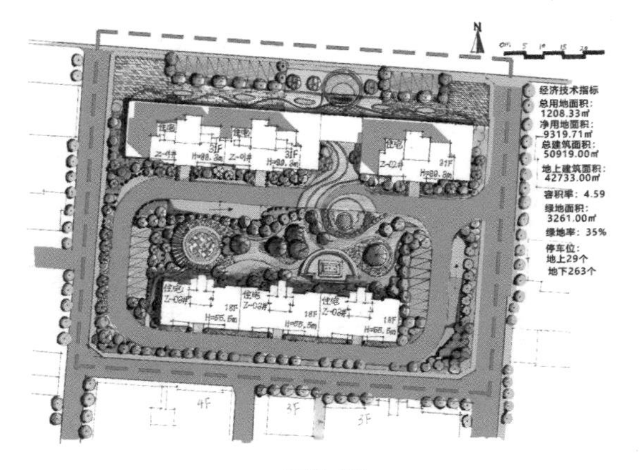

图7-28

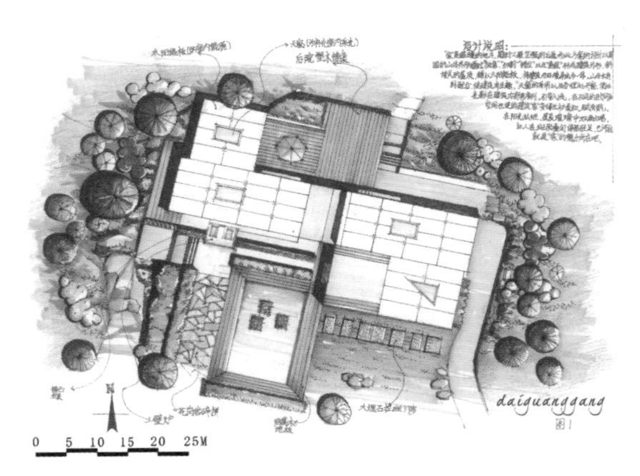

图7-29

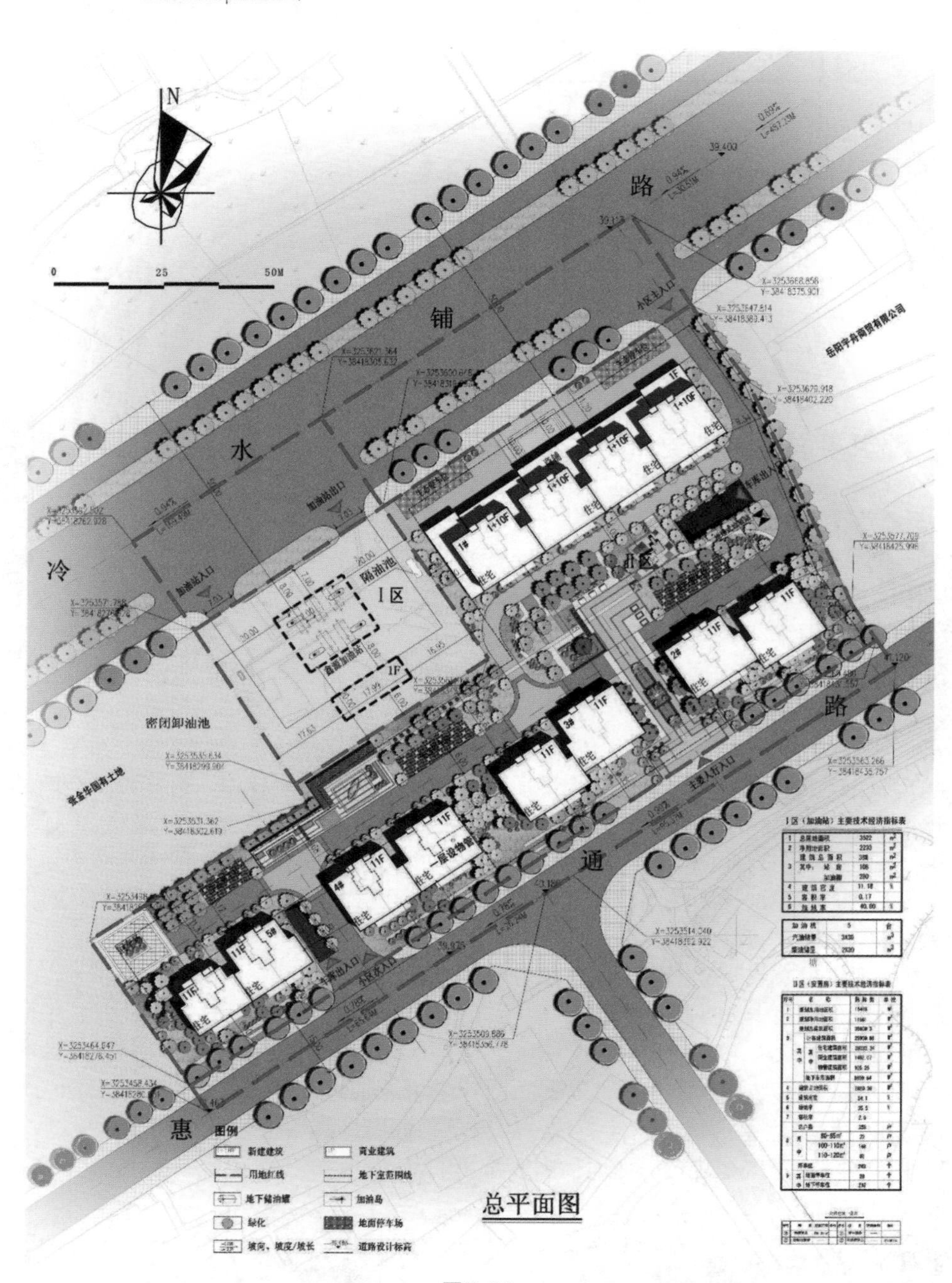

图7-30

7.1.3 总平面图绘制步骤

在绘制总平面图时，由于其覆盖面积较广，涉及的色彩元素也相对丰富。为了确保图面的整洁与清晰度，必须对使用的颜色种类进行合理控制，以避免因色彩过多而导致视觉效果过于杂乱。在接下来的步骤中，我们将讲解完整的绘制流程，并附上相应的配色方案，如图7-31所示。

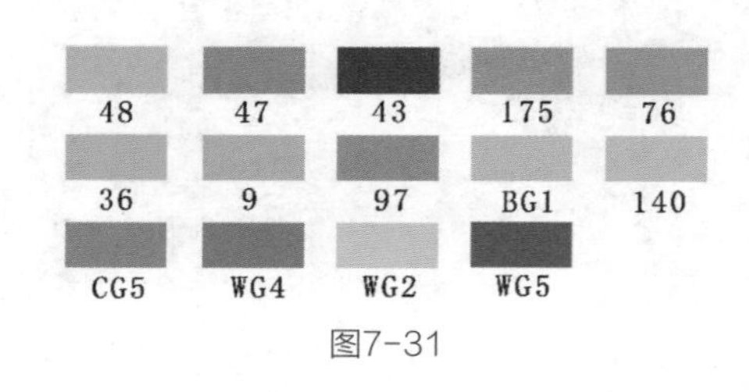

图7-31

（1）先确定比例尺与指北针，使用铅笔进行整体规划布局建筑和景观，如图7-32所示。

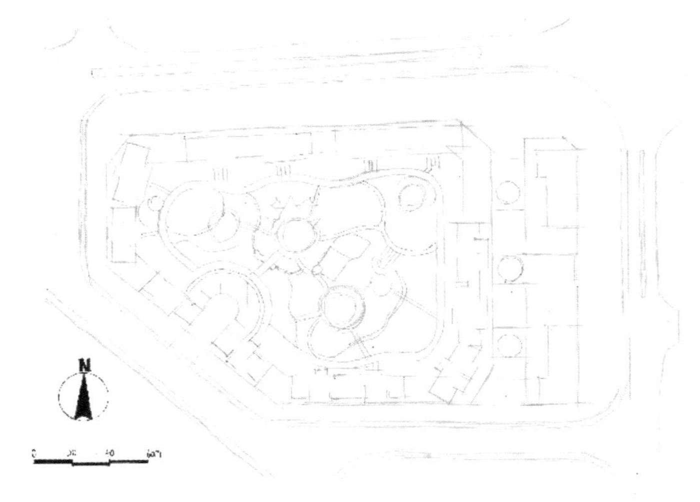

图7-32

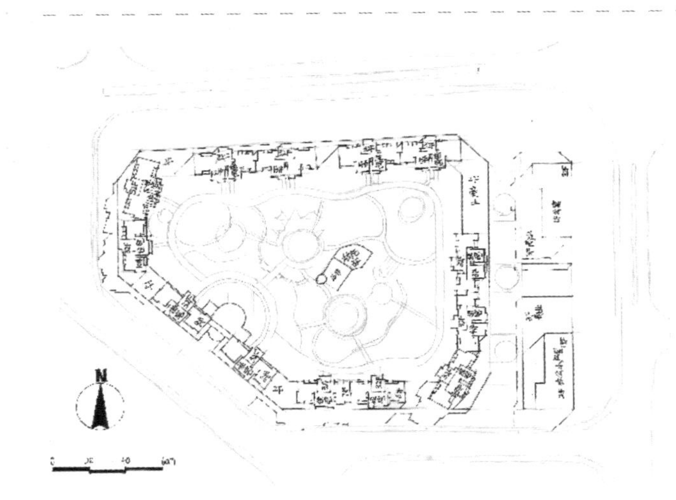

图7-33

（2）根据初步规划，绘制商业建筑和住宅的平面图，并确定投影造型，如图7-33所示。

（3）绘制街道绿化植物的平面图，并添加影子效果，如图7-34所示。

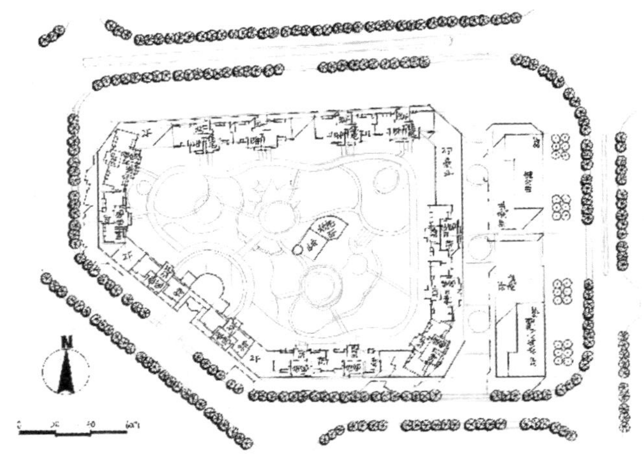

图7-34

（4）完善小区内的景观节点布局，并为这些节点进行植物组团设计，如图7-35所示。

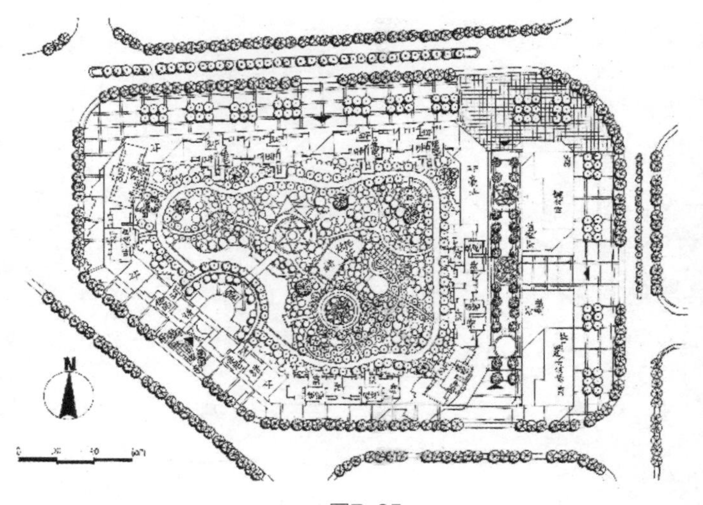

图7-35

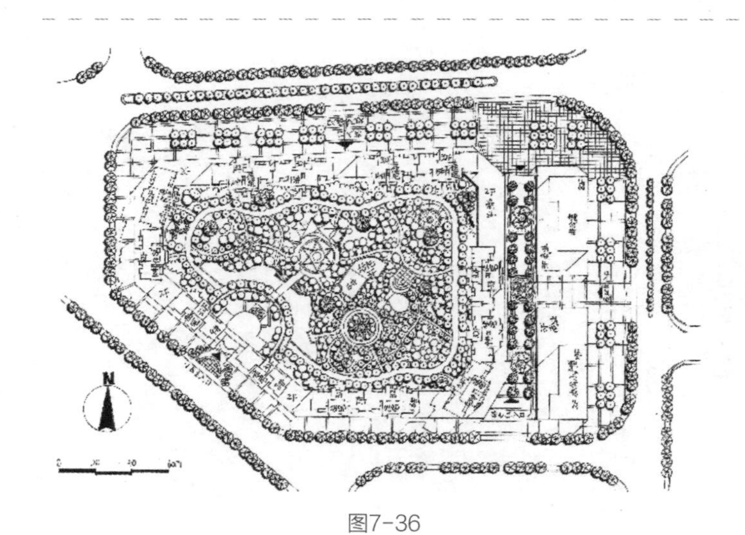

图7-36

（5）调整画面细节，完善小区内植物和平面景观节点的细节，完成线稿绘制，如图7-36所示。

（6）使用马克笔的暖灰色绘制建筑投影，注意楼层高度与影子长度的关系，突出画面中的鲜亮色调植物，如图7-37所示。

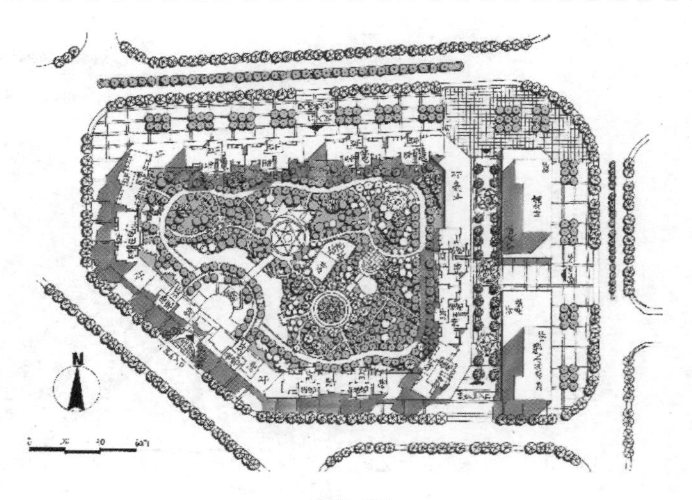

图7-37

（7）继续完善平面植物的冷色调部分，确保画面具有冷暖对比效果，如图7-38所示。

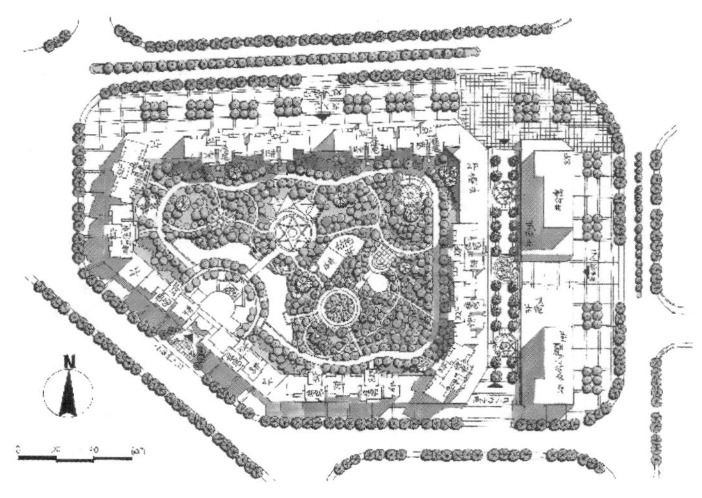

图7-38

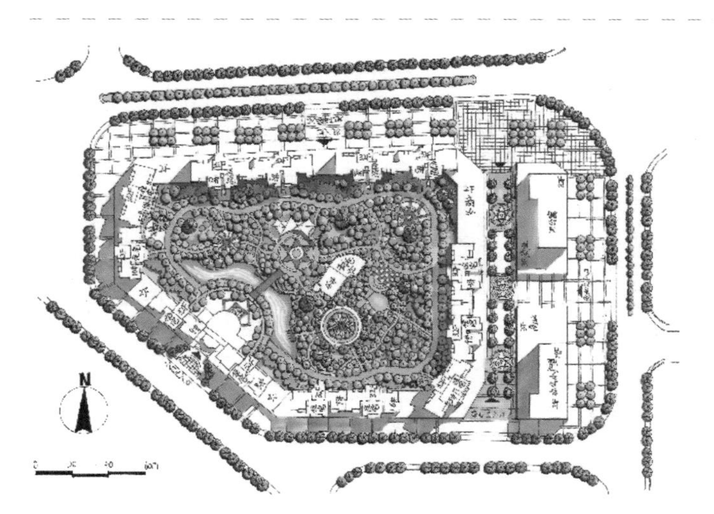

图7-39

（8）加强平面植物的固有色调，突出水景、硬质铺装广场和园路的色彩，确保上色节奏统一，如图7-39所示。

（9）使用深绿色表现平面植物的暗部和乔木的颜色，并初步展示商业街道的地面亮色铺装，如图7-40所示。

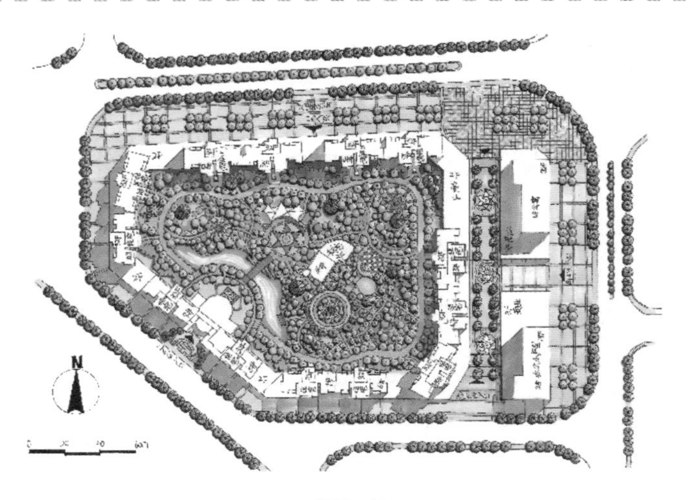

图7-40

（10）以深色冷灰色绘制城市道路的颜色，并局部增强商业街道的地面铺装效果，提升画面的层次感，如图7-41所示。

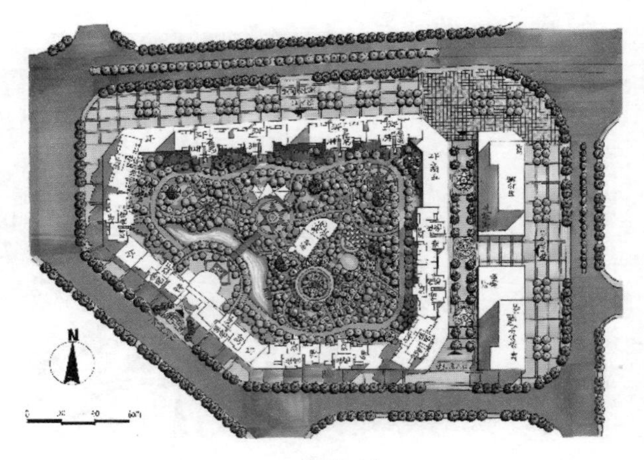

图7-41

（11）完成平面图的绘制后，我们需要对其进行详细的标注说明。具体来说，需要标注出不同的景观、商业建筑与住宅建筑的主次入口，如图7-42所示。通过这样的标注，可以使平面图更加清晰、易懂，为后续的设计和施工工作提供便利。

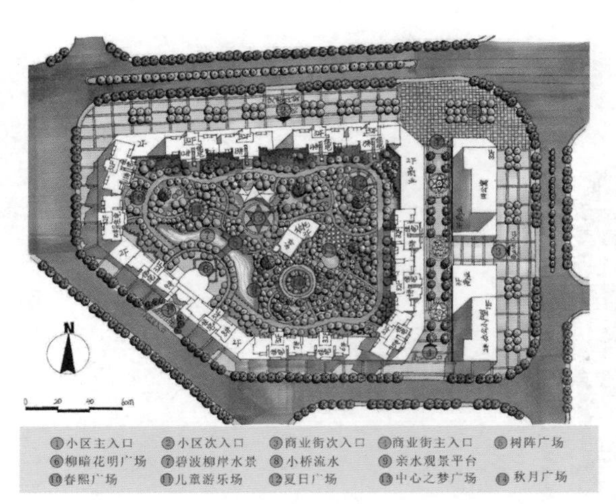

图7-42

7.2 建筑设计立面图绘制

建筑设计立面图绘制要领和案例表现

7.2.1 建筑剖面图、立面图的绘制要领

绘制建筑剖面图、立面图时，需遵循以下4个要点。

（1）剖、立面图的比例尺通常为1∶100，尺寸单位为cm或mm，具体可参见图7-43。

（2）对于特殊的剖立面断面节点详图，比例尺可能有所不同，常见的比例有1∶50、1∶40、1∶30、1∶20、1∶10和1∶5等，可根据实际情况进行选择。

（3）为清晰地区分不同的物体和剖切部分，在绘制剖、立面图时，应使用不同粗细的实线。

（4）剖面图的表示方法一般为A—A剖面图（见图7-44）、B—B剖面图、1—1剖面图、2—2剖面图等，可根据需要选择合适的表示方法。

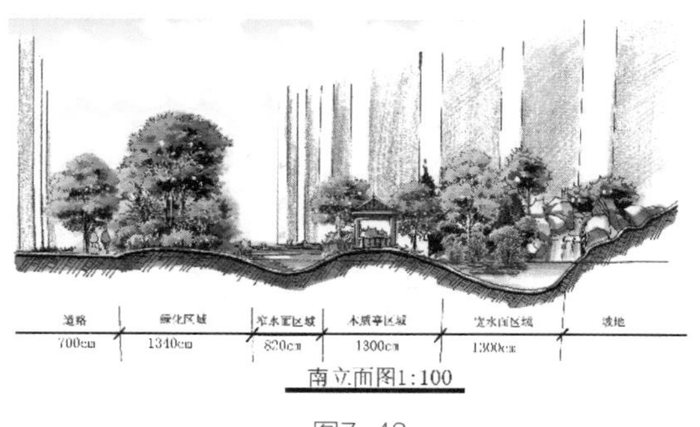

图7-43

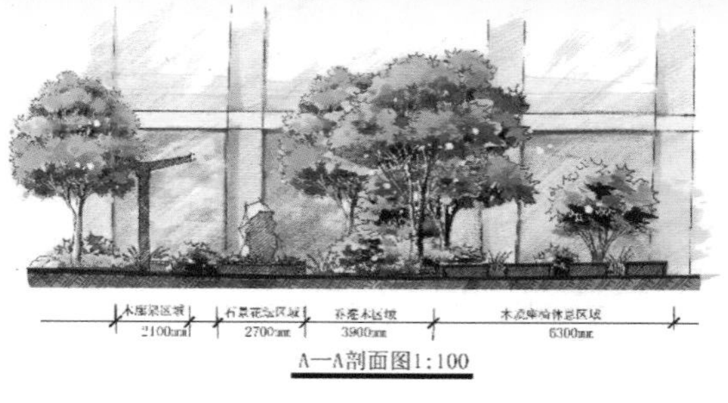

图7-44

7.2.2 建筑剖面图、立面图的绘制步骤

1. 建筑剖面图表现

剖面手绘图中需要深入探索建筑内部结构和空间关系，以精准的线条勾勒出建筑的立体感和深度。这样的手绘图有助于深化对建筑设计的理解，并为工程实施提供重要的参考依据。通过剖面手绘图，我们不仅能感受到建筑的内在美和艺术魅力，还能领悟到建筑师的创新与设计理念。为了更好地学习，我们特别整理了案例的主要配色供读者参考、学习，如图7-45所示。

建筑设计剖面图案例表现

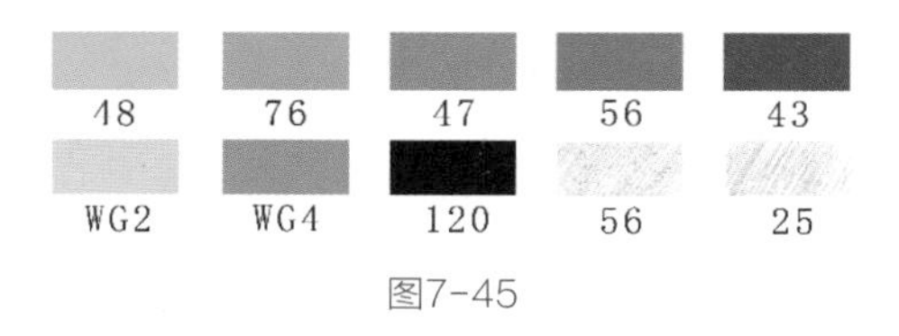

图7-45

（1）在绘图过程中，首先需要确定适当的比例尺，精确绘制剖切墙体，并标注尺寸。在此基础上，还需对室内各房间的功能进行合理划分，如图7-46所示。

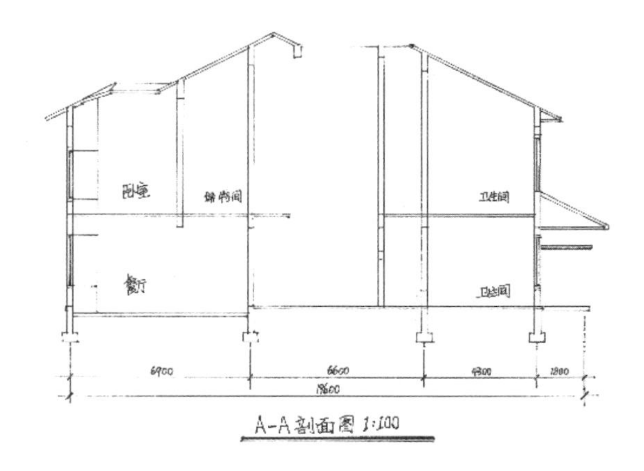

图7-46

（2）为了突显剖切面，需将剖切的墙体柱子以黑色填充。此外，还需对室内的楼梯、围栏、扶手和窗户进行细致的描绘，确保清晰度和准确性，如图7-47所示。

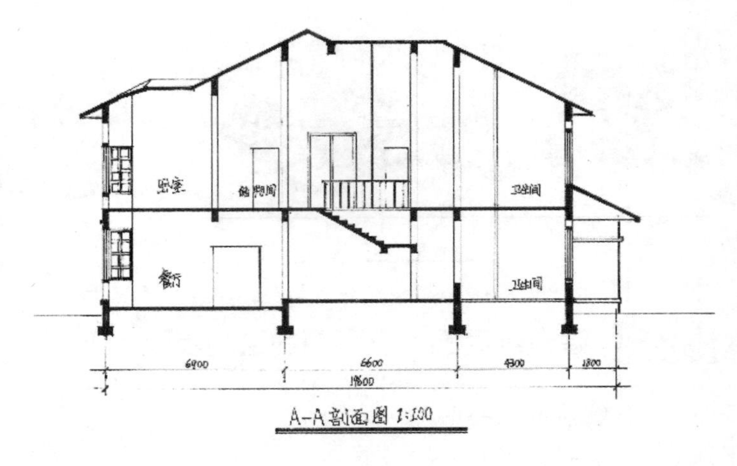

图7-47

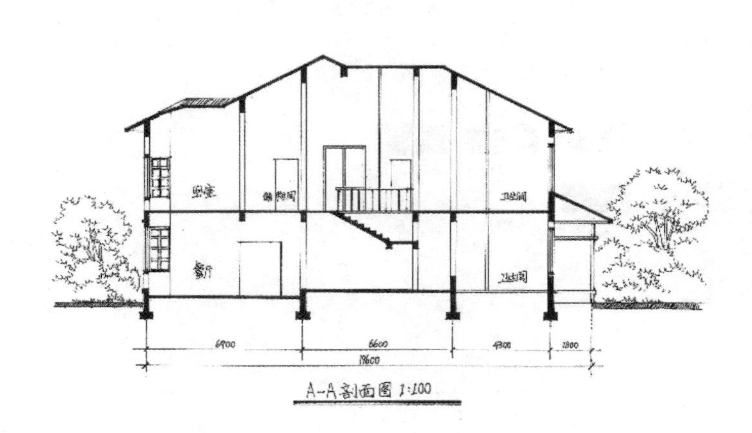

图7-48

（3）在建筑剖面图中，需运用抖线技法描绘乔灌木，以丰富画面元素。同时，需注意保持画面的整体协调性，如图7-48所示。

（4）为了增强乔灌木的立体感，需加强明暗关系处理。同时，需清晰标注剖面标高和尺寸，以确保绘图的准确性和完整性，如图7-49所示。

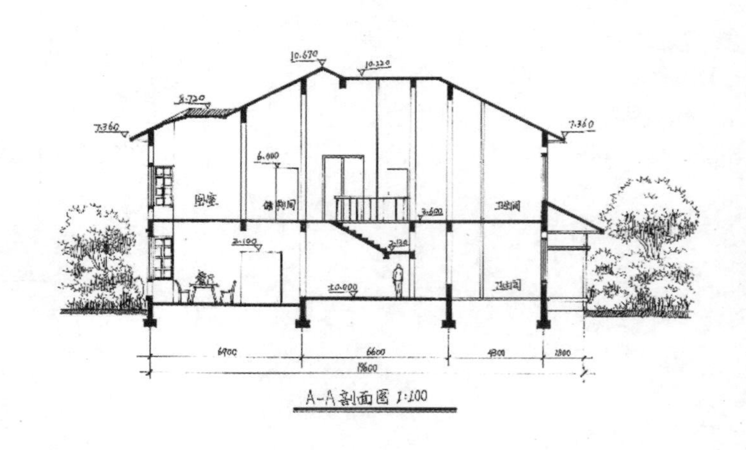

图7-49

（5）使用黑色马克笔加强画面乔灌木暗部深层次，进一步增强画面的层次感和立体感。同时，完善尺寸标注，确保绘图的规范性和严谨性，如图7-50所示。

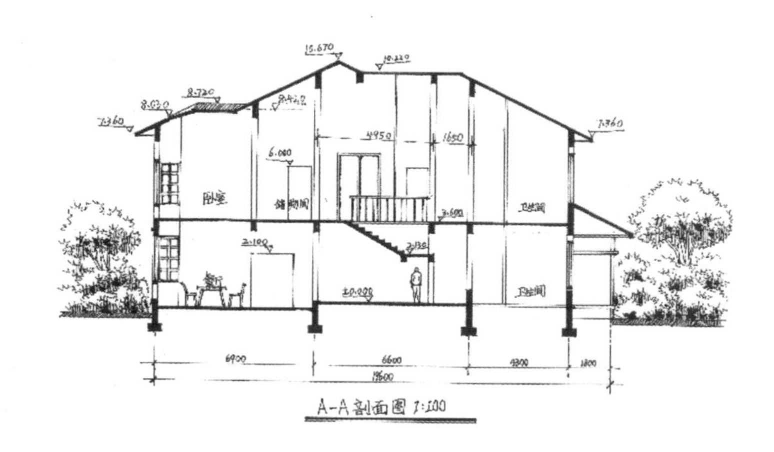

图7-50

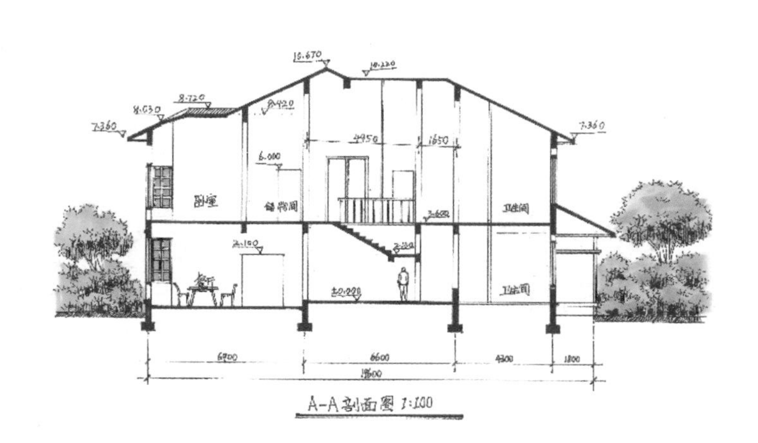

图7-51

（6）运用马克笔快速表现玻璃窗、乔灌木树冠的亮色，以增强画面的色彩对比度和丰富性。同时，需注意保持画面的整体协调性和美感，如图7-51所示。

（7）运用暖灰色快速表现剖面图室内的色调，使画面更加完善和协调。同时，需注意保持色调的统一性和美感，如图7-52所示。

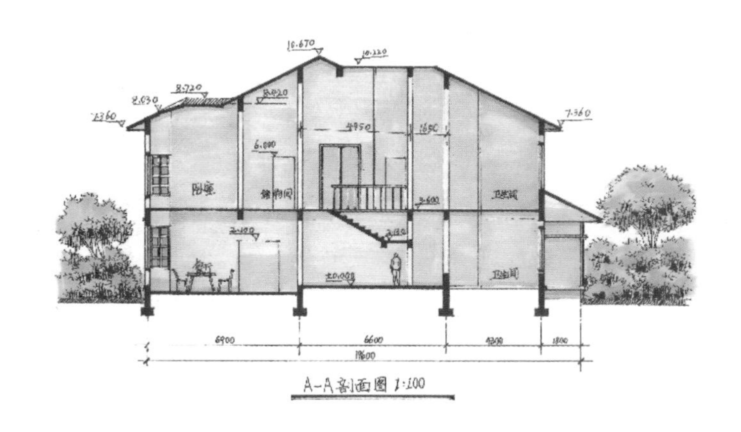

图7-52

（8）加强乔灌木树冠的固有色和暗部重色，塑造树冠的光影和体积。通过精细的色彩处理和造型刻画，增强画面的视觉效果和艺术性，如图7-53所示。

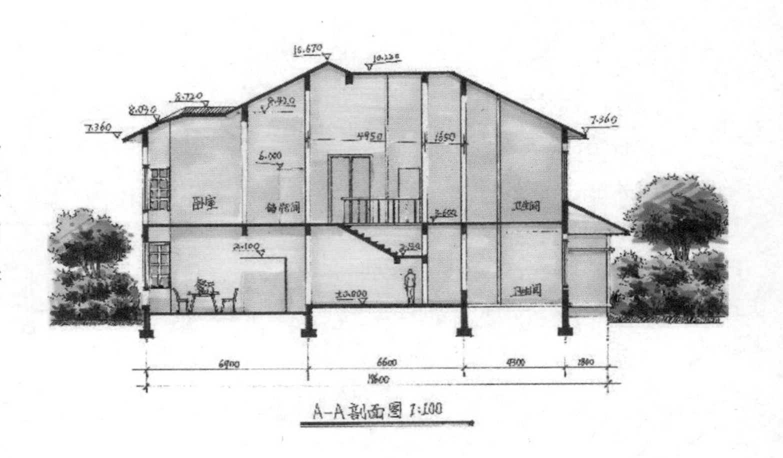

图7-53

（9）使用蓝色色粉表现天空的色调，绘制出柔和的云彩造型。通过色彩和形状的处理，营造出天空的广阔感和深远感，如图7-54所示。

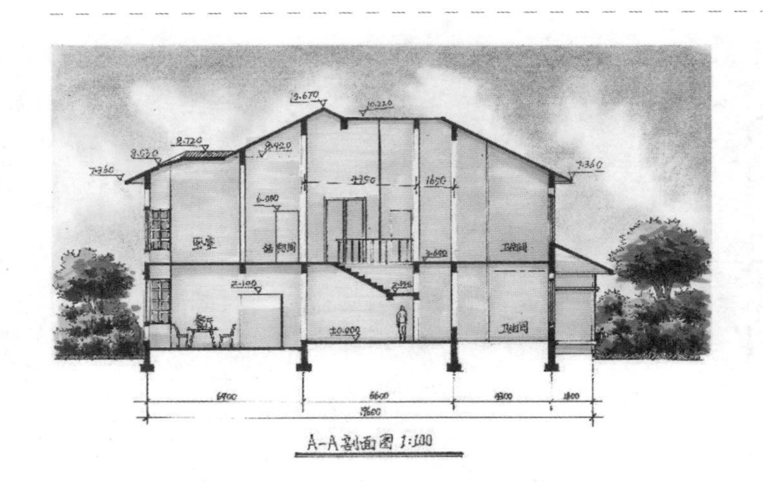

图7-54

（10）运用深色暖灰加强室内空间的色彩层次，并使用彩铅进行画面整体过渡。同时，运用提白笔提出画面高光，增强画面的光影效果和立体感，如图7-55所示。

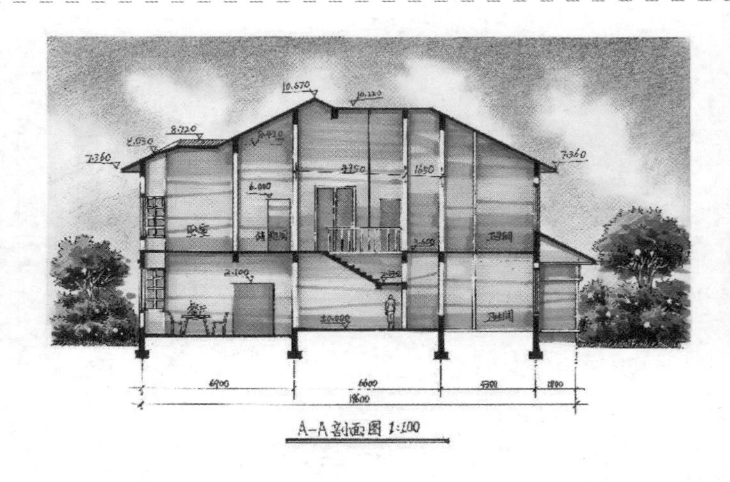

图7-55

2. 建筑立面图表现

建筑立面手绘图展现建筑外观美学，传递设计意图和创意。精准的线条和色彩，呈现建筑形态、材质与细节，感染力强。理解建筑师对形式、空间与细节的追求，感受建筑的外观之美。下面将对建筑立面的手绘创作进行讲解，为了提升学习效果，我们特别整理了主要用色的色卡（见图7-56），以供参考。

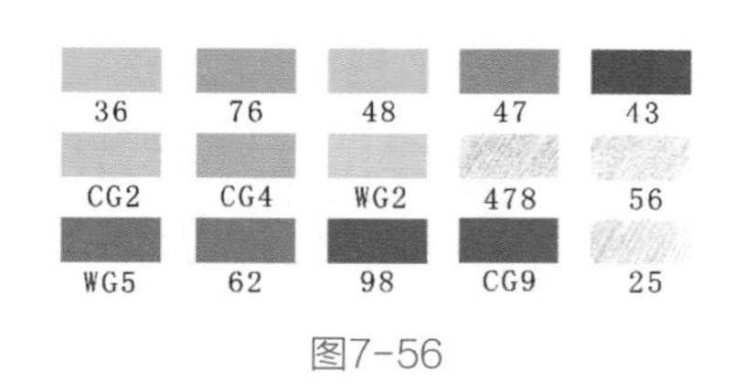

图7-56

（1）确定比例尺，然后全面绘制建筑立面的外轮廓，并对其局部结构进行细分，如图7-57所示。

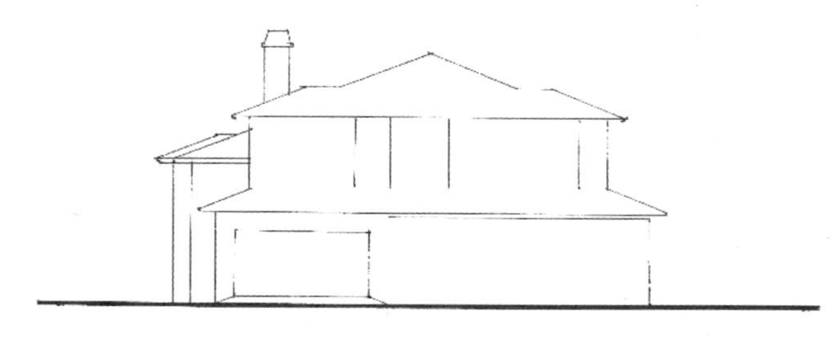

南立面图 1:100

图7-57

（2）绘制建筑的门窗整体结构，并对门窗和围栏进行局部细化，为接下来的工作提供参考，如图7-58所示。

南立面图 1:100

图7-58

（3）细致刻画建筑的细节，包括墙面的铺砖，确保表现得清晰、细致，如图7-59所示。

南立面图 1:100

图7-59

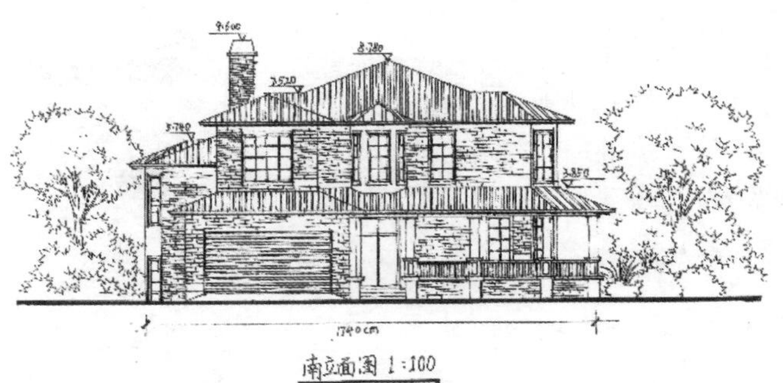

图7-60

（4）绘制建筑立面周围的乔灌木，注意在立面图中表现出乔灌木的体积感，并标注立面标高，如图7-60所示。

（5）进一步细化建筑立面的材质标注和乔灌木的明暗层次，增强画面的体积感，如图7-61所示。

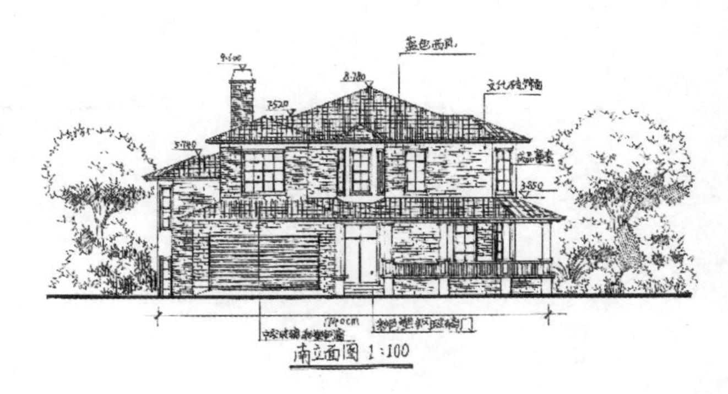

图7-61

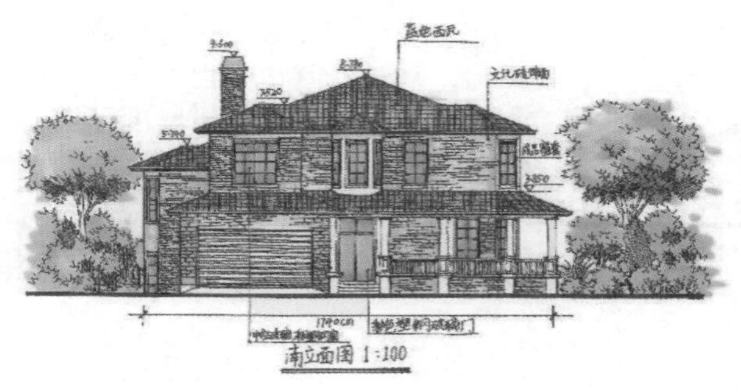

图7-62

（6）使用马克笔为乔灌木、建筑立面墙体和屋顶添加亮色，奠定画面的基调，如图7-62所示。

（7）绘制玻璃幕墙的色调，加强乔灌木的固有色，并使用蓝色色粉渲染天空色调，如图7-63所示。

图7-63

图7-64

（8）强化乔灌木的暗部色调，并对别墅建筑墙面进行更深入的细化处理，如图7-64所示。

（9）细化玻璃幕墙上的植物映射造型，丰富画面色调，增强真实感，如图7-65所示。

图7-65

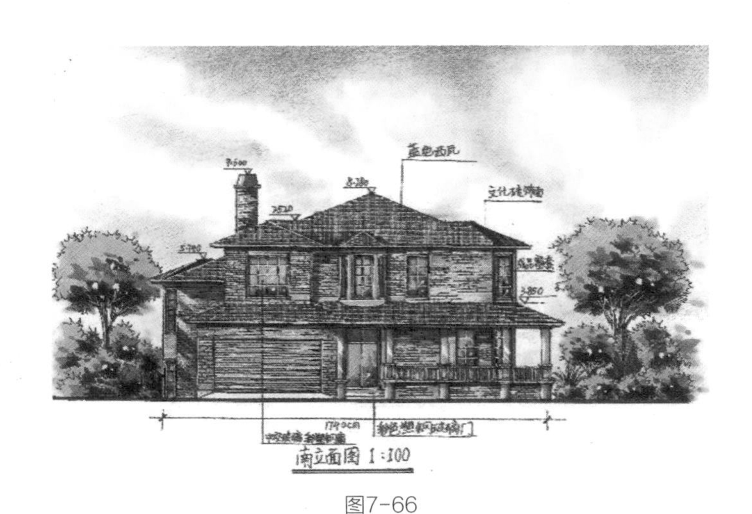

图7-66

（10）使用彩铅进行画面色阶过渡，并用提白笔强调画面高光，使明暗对比更加强烈，如图7-66所示。

3. 节点详图表现

建筑设计节点详图案例表现

接下来以凉亭为例，详述平面、立面、剖面的完整绘制过程，具体操作步骤如下。

（1）确定比例尺，绘制凉亭平面、剖面及立面的外轮廓，如图7-67所示。

（2）进一步细化凉亭平面、剖面及立面的结构，如图7-68所示。

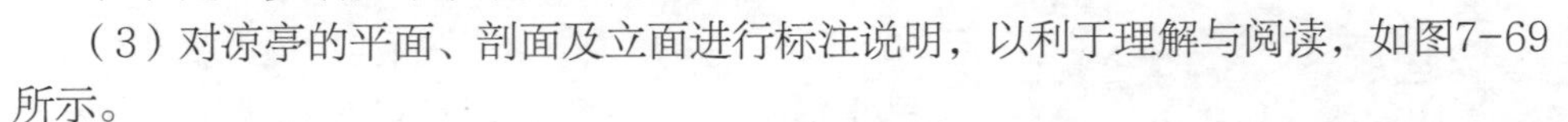

（3）对凉亭的平面、剖面及立面进行标注说明，以利于理解与阅读，如图7-69所示。

（4）添加凉亭平面植物图例，以及剖面和立面的乔灌木具体造型，同时强化剖面和立面乔灌木的明暗层次，如图7-70所示。

（5）运用马克笔润色凉亭平面、剖面及立面的乔灌木与地面铺装的色彩调性，如图7-71所示。

（6）加强凉亭平面图例，以及剖面和立面的乔灌木植物固有色与暗部深层次，完成绘制，如图7-72所示。

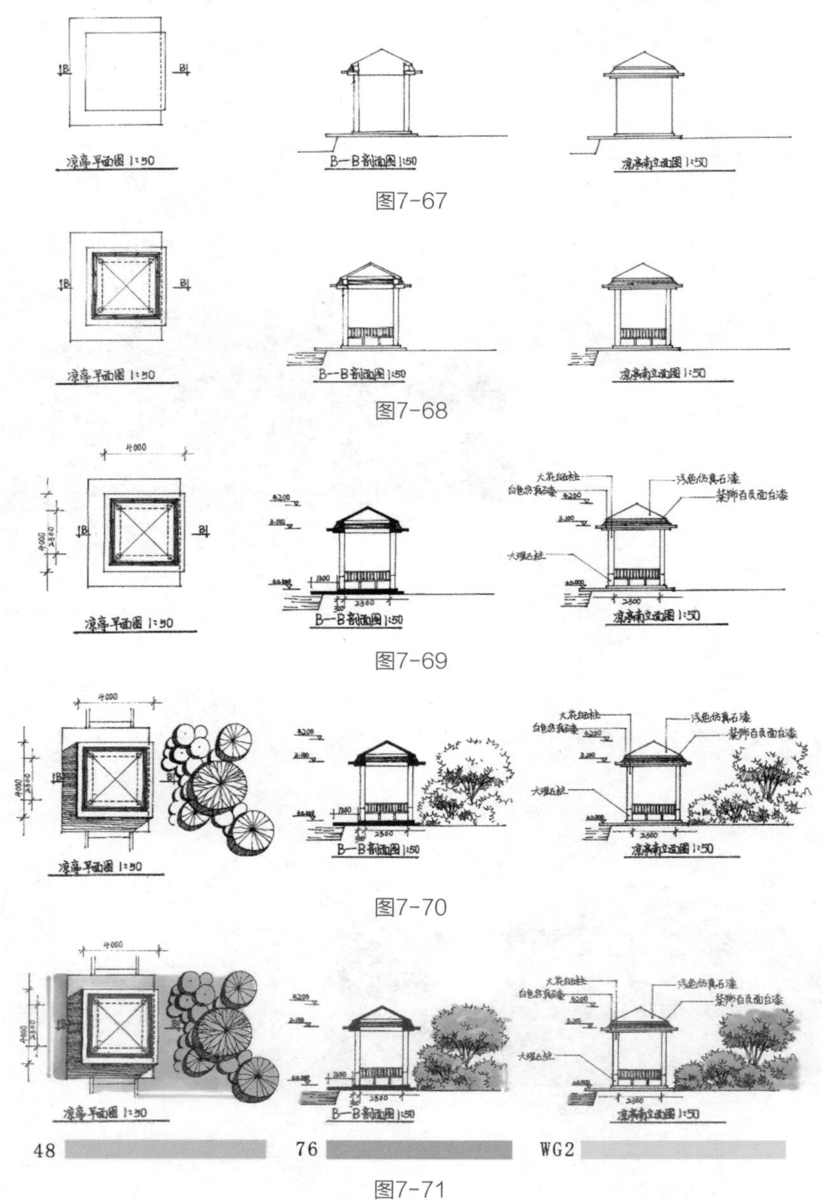

图7-67

图7-68

图7-69

图7-70

图7-71

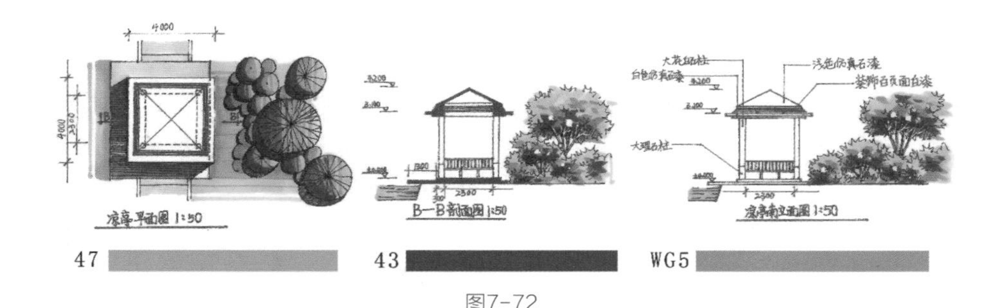

图7-72

7.3 建筑设计鸟瞰图绘制

建筑设计
鸟瞰图绘制

7.3.1 建筑设计鸟瞰图的分类和绘制要点

根据透视角度的不同，鸟瞰图主要分为顶视、平视和俯视3种类型。在建筑设计领域，顶视和平视鸟瞰图的应用占据主导地位，而俯视鸟瞰图的应用相对较少，制作过程较为烦琐的三点透视鸟瞰图，其实际应用更是稀少。

在绘制鸟瞰图时，我们需要关注3个核心要点：①确定透视角度，即透视线；②选择合适的参照物，如建筑或特定的乔灌木等；③根据参照物绘制出配景，以完善画面。

以图7-73为例，这张鸟瞰图采用了顶视角度，并选择合适的参照物和配景绘制出了完整的画面。这种绘图技巧在建筑设计中经常被采用，它对于展现建筑物的整体布局和环境效果具有重要的意义。

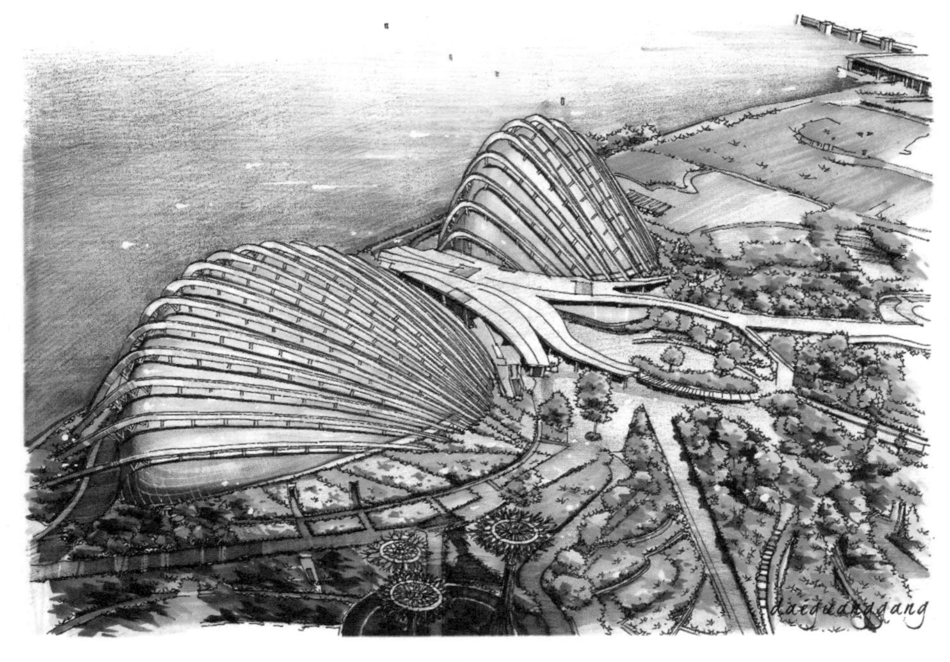

图7-73

7.3.2 建筑设计鸟瞰图的绘制步骤解析

在建筑设计中，手绘鸟瞰图是一项非常重要的技能。这种表现形式能够充分展现建筑之美与设计创意，通过精准的线条和细腻的色彩，将宏伟气势和独特魅力完美呈现出来。作为视觉艺术享受和设计工具，手绘鸟瞰图不仅可以记录思考过程和创作灵感，还可以为建筑设计提供宝贵的参考。为了方便学习与临摹，我们将提供具体案例中的主要配色方案（见图7-74），以供参考。

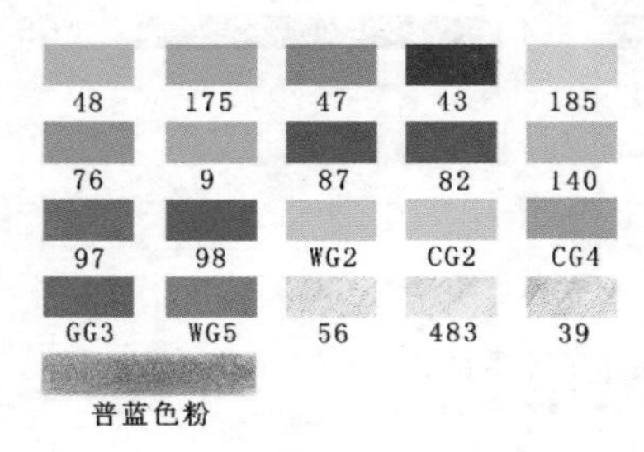

图7-74

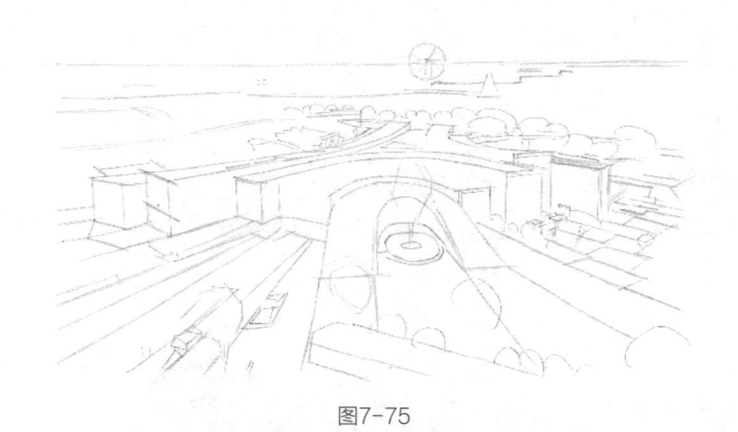

图7-75

（1）运用铅笔，详细描绘鸟瞰图的全部内容，并确保建筑的整体透视关系准确无误，如图7-75所示。

（2）基于铅笔底稿，精确绘制建筑的整体造型，并着重表现中心景观的乔木造型，为后续乔灌木的绘制提供参考，如图7-76所示。

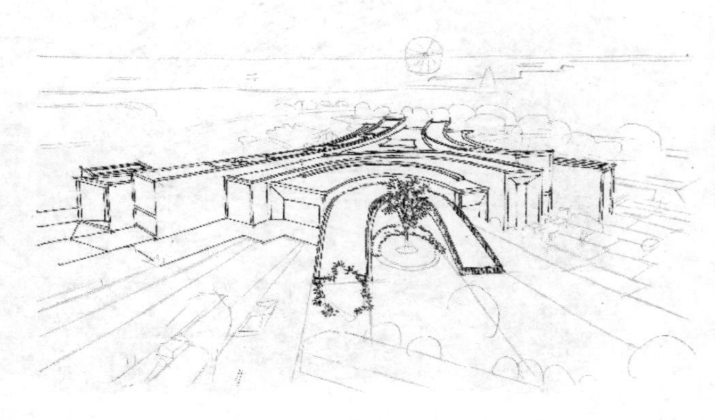

图7-76

（3）绘制前景和中景的乔灌木，并强调建筑暗部的表现，如图7-77所示。

图7-77

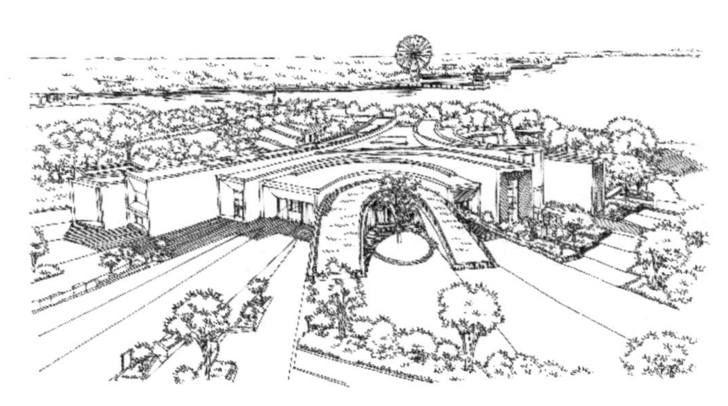

图7-78

（4）完成画面乔灌木的造型绘制，并对建筑的投影进行完善，如图7-78所示。

（5）调整乔灌木的明暗关系，添加飞鸟以活跃画面的气氛。从整体角度出发，展现画面的深远空间和虚实关系，如图7-79所示。

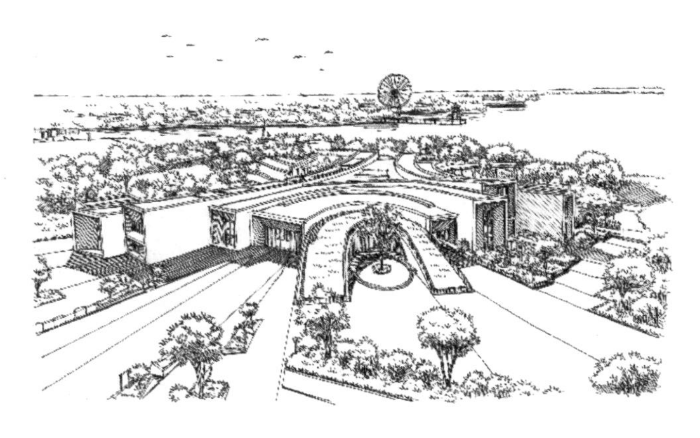

图7-79

（6）运用马克笔快速呈现乔灌木的亮色和水面的整体色调。前景色调偏暖，远景颜色则偏冷偏灰，从而更好地展现画面空间层次，如图7-80所示。

图7-80

图7-81

（7）刻画建筑背光面和门窗的色调，确保前景铺装以暖灰色为主。同时，进一步加强水面的固有色调，如图7-81所示。

（8）使用普蓝色粉和蓝色彩铅调制天空的色调，并对水面进行自然的过渡处理，如图7-82所示。

图7-82

（9）整体塑造画面中乔灌木的固有色和暗部色调，并加强建筑暗部及投影的自然过渡，如图7-83所示。

图7-83

图7-84

（10）对画面细节进行整体调整。使用提白笔标出画面中的高光点。使用暖色系彩铅对前景铺装进行自然过渡处理，并精细描绘前景乔灌木的投影，如图7-84所示。

7.4 建筑设计分析图绘制

建筑设计分析图主要涵盖了区位、现状、交通、设计理念、功能、绿化、体块组织、空间、剖面图及前期分析等各类信息。建筑设计分析图有多种类型，其绘制是为了清晰地阐述设计思路，并为后续的实际施工提供必要的参考依据。通过各类建筑设计分析图，我们可以全面地了解和掌握建筑的各种特性和具体要求，从而确保设计方案能够与实际需求相匹配。

7.4.1 功能分区图

在构思阶段，我们深入分析了建筑的使用需求，明确了各种功能区域，包括居住建筑风格、建筑配套设施、中心集散广场、水景区、防护隔离带和商业街区等。这些分区不仅满足了不同人群的需求，还使得空间得以充分利用，增添了建筑的整体活力。基于以上在方案设计之初，我们着重考虑了建筑设计的功能分区。通过细致规划，确保每个区域都有其独特的功能定位，同时又相互协调，形成一个有机的整体。我们运用色块来表现不同的功能分区，使得图面清晰明了，方便理解和沟通。

绘制功能分区图时，我们常见的方式是借助完整的总平面进行色块区分，或者在构思阶段通过草图进行初步分析，表示各功能区域。通过不同色块的变化，可以直观地区分不同的功能，使得图纸更具有视觉冲击力。在此基础上，我们可以灵活运用线条、阴影等手法，进一步提升图面的层次感和立体感，如图7-85所示。

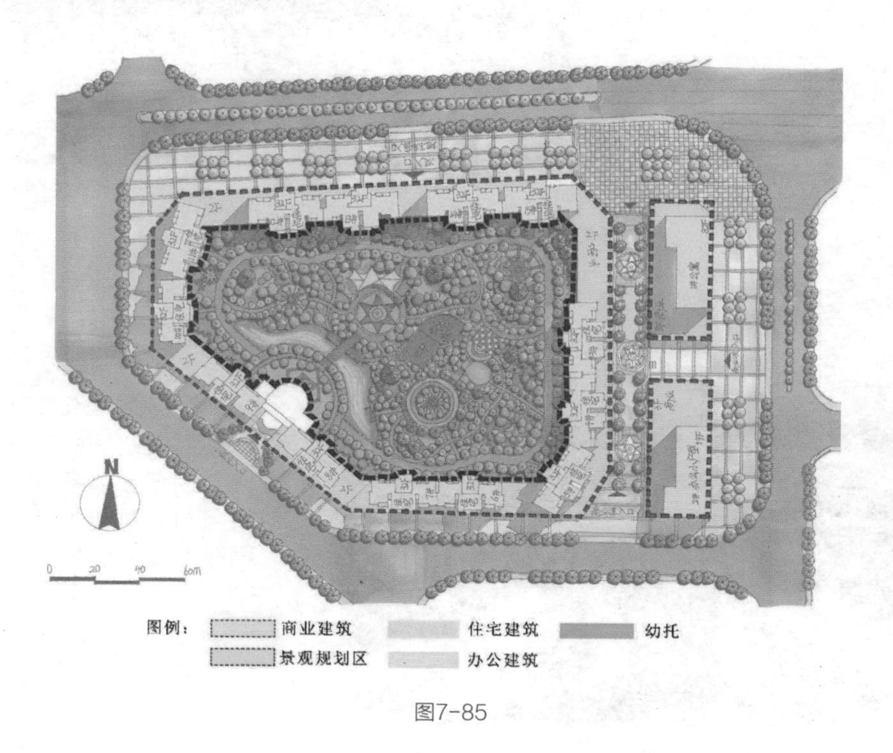

图7-85

7.4.2 景观节点分析图

从建筑角度看，景观节点是小区环境设计的核心。这些节点不仅具有实用功能，更是塑造小区整体形象的关键。主要景观节点需与建筑协调，确保风格统一，为居民提供舒适、和谐的居住环境。次要景观节点则起到过渡作用，使整体设计更具连贯性。

注意要点：在前期设计阶段，要特别关注景观节点的分布。主要节点应与建筑体块相互呼应，形成和谐统一的整体。同时，要注意景观渗透，使建筑与外部空间相互交融，提供内外一致的景观体验。此外，合理规划景观视线也是提升整体环境品质的关键。

绘制景观节点时，一般使用色块或图标来表示各个节点。这有助于更直观地展示节点间的关系和布局。此外，景观视线一般用箭头表示，如图7-86所示，具体可以根据底图进行适当调整。这种绘制方法并非绝对，可根据实际情况灵活调整。

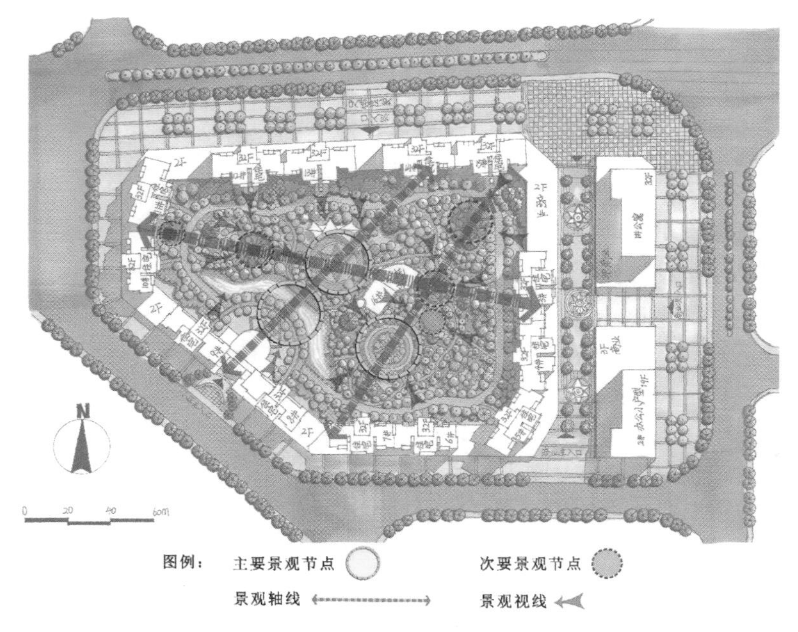

图7-86

7.4.3 交通分析图

交通分析主要考虑人行入口、车行入口、主要的车行道路及人行道路、消防车道、地下车库入口等。一般人行入口、车行入口、地下车库及车行道路在前期规划中已经确定好。因为步行道有时候会随着景观规划的步行系统进行修改，所以步行道是根据后期的景观设计来确定的。一般景点的道路都属于游步道。

入口一般是用箭头表示，道路用虚线段表示，各级道路常用不同颜色和线条的粗细来加以区分，如图7-87所示。

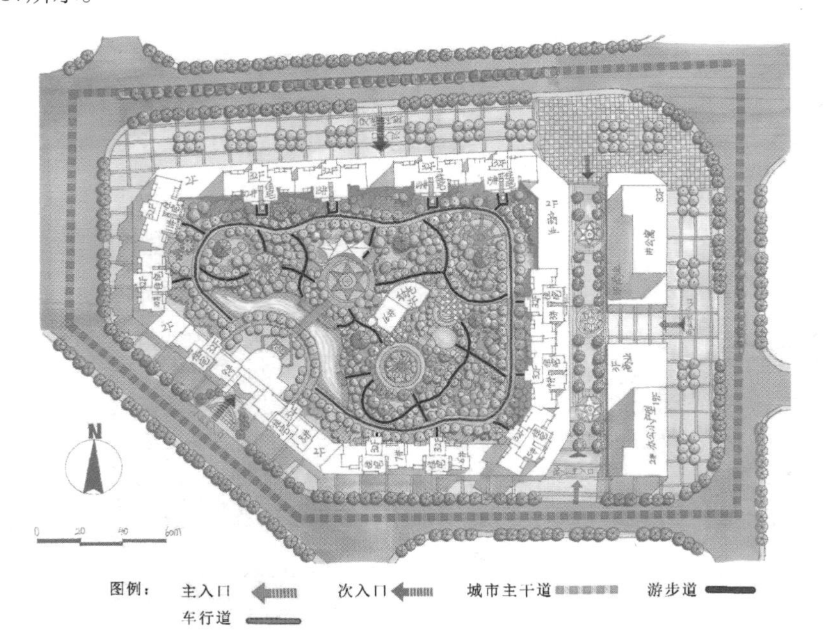

图7-87

7.4.4 设计理念分析图

1. 设计理念

本设计以“自然、和谐、人文”的理念，将周边环境与建筑设计、景观规划相结合，力求创造一个既舒适，又富有特色的居住环境。

2. 设计顺序与内容

（1）几何形体的构思与建筑体块设计图：为了使整个小区建筑与自然环境相融合，我们首先从几何形体的构思出发，利用不同的几何形体组合，形成具有现代感的建筑体块。建筑立面设计上，我们采用简洁的线条和明快的色彩，使建筑在视觉上更加舒适。

（2）小区景观设计图：在建筑体块的基础上，我们进行小区景观设计。以“生态、休闲、人文”为主题，打造一个宜居的绿色环境。设置绿化带、花坛、水景等元素，丰富景观层次。同时，结合地形地貌，创造具有特色的景观节点，如广场入口、休闲亭台等。

（3）周边城市主干道与行道树设计图：为了提升小区的交通环境，我们对周边城市主干道进行优化设计。采用合理的线型和断面布局，确保交通流畅。同时，注重行道树的选择与配置，选用高大挺拔、冠幅较大的树种，形成林荫大道的景观效果，为居民提供遮阴避暑的舒适环境。

（4）商业街设计图：为了满足小区居民的生活需求，我们在小区内规划了一条商业街。商业街的设计注重营造热闹、繁华的氛围。在店铺布局上，我们采用灵活多变的形式，使每个店铺都有良好的展示面和吸引力。同时，设置公共休闲区域，为居民提供休息、交流的空间。

本设计通过整体构思和多层次的规划布局，使住宅小区在功能完善的同时，与周边环境保持和谐、统一。从几何形体的构思到建筑体块的设计，再到小区景观、周边道路和商业街的规划，每个环节都充分考虑了居民的生活需求和居住体验。最终将打造出一个舒适宜居、特色鲜明的住宅小区，如图7-88所示。

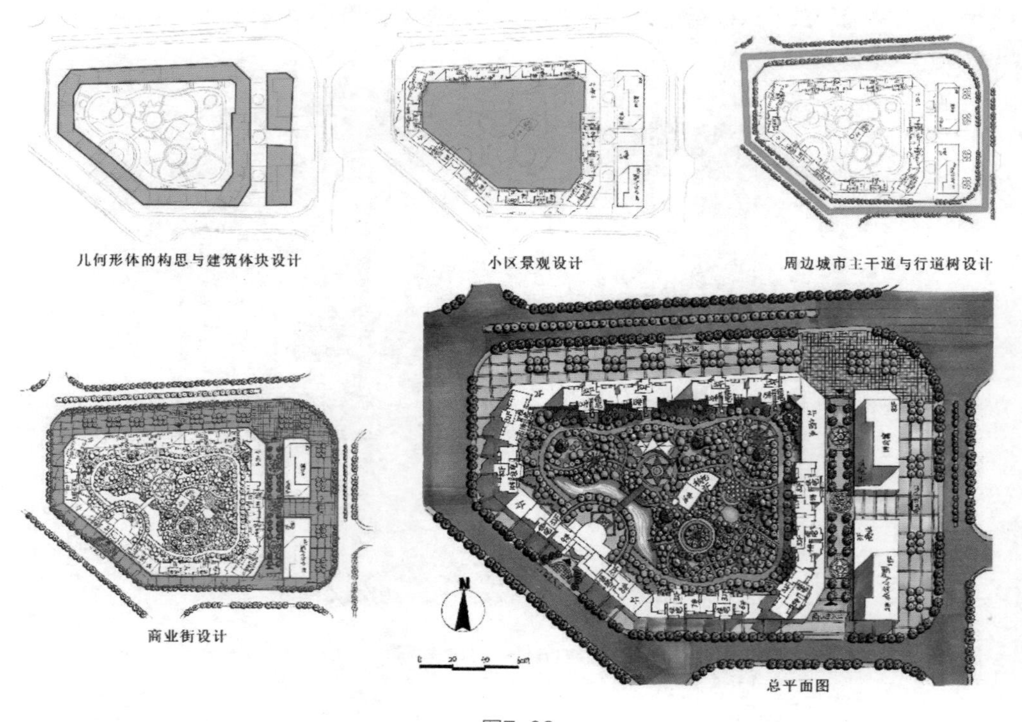

图7-88

7.5 本章小结

通过之前的学习，我们深入了解了平面图、立面图、鸟瞰图和分析图的绘制技巧，以更精确、高效地表达建筑快速设计方案。这些技巧不仅有助于建筑师更清晰地传达设计意图，提高设计方案的专业性和准确度，还有助于加强与其他专业人士的沟通协作，确保项目的顺利实施。对于建筑设计师来说，不断学习和实践这些技巧是提升设计水平和效率的重要途径。

7.6 课后实战练习

7.6.1 掌握设计方案快速表达要点

掌握设计方案快速表达要点如下。

（1）图例与比例：熟悉各类建筑图例及其代表的意义，以及常用的比例尺，这有助于更准确、更高效地表达设计。

（2）明确目标与限制：在设计初期，明确地理解设计的目标及相关的限制条件（如预算、时间等），可以帮助设计师在短时间内传达设计的关键信息。

（3）选择合适的工具：选择适合自己的工具和媒介，例如，绘图笔、纸张、电子设备等，以提高设计的表现力。

（4）简化细节：在快速表达中，不过于纠结于细节，而是要抓住设计的主要特点和核心概念，快速呈现设计的整体效果。

（5）培养构图与透视感：通过大量的练习，培养快速构图的能力，并准确把握透视原理，使设计表达更加立体和真实。

（6）加强手绘技巧：持续地练习以提升手绘技巧，使线条流畅、准确，增强设计的表现力。

（7）建立素材库：建立一个属于自己的素材库，包括常用的图形、符号、纹理等，以便在需要时快速调用。

（8）实践与反思：不断地实践并反思自己的设计表达技巧，不断优化和提升快速设计表达的能力。

熟练掌握这些要点后，设计师便可以更加高效地与客户沟通、记录设计灵感和展示设计构思。

7.6.2 设计新中式别墅草图方案

题目：新中式别墅草图方案

要求：

（1）设计一个现代主义风格的中式别墅，保持传统中式建筑的神韵，同时融入现代设计的元素。

（2）别墅布局需分为3层：1楼为公共生活区域，包括客厅、餐厅、厨房和家庭活动室；2楼为主卧室套房和其他客卧；3楼为开放式阁楼，可用作娱乐室或瑜伽室。

（3）设计元素需包括传统的中式建筑风格元素，如飞檐、斗拱、马头墙等，同时需要融入现代设计元素，如大面积的玻璃窗、简洁的线条和现代化的设施。

（4）别墅需设有私人庭院和花园，以及一个露天泳池，庭院和花园要种植中式植物，如竹子、梅花等，泳池为现代化设计。

（5）整体设计需体现舒适、宁静的生活环境，精心设计每一处细节。

（6）以手绘快速表达草图的方式交代清楚总体平面图的设计和两个视角的透视效果，体现建筑设计的理念。

（7）在3小时内完成草图设计方案效果图。